实用新型塑料制品
配方·应用·实例

黄兆阁 夏琳 阚泽 等编著

U0392775

化学工业出版社
·北京·

内容简介

随着高新技术和环保、医疗等行业的蓬勃发展，对塑料制品提出了更新和更高要求。本书较为系统和全面地介绍了新型塑料制品与材料的配方设计、制备方法及性能等，内容涵盖木塑复合材料配方与应用实例、纳米复合塑料配方与应用实例、光学塑料配方与应用实例、医用塑料配方与应用实例、阻燃塑料配方与应用实例、蛋白质塑料与纤维素塑料配方与应用实例，以及抗静电、导电塑料配方与应用实例、降解塑料配方与应用实例、废旧塑料回收与应用实例等内容。

本书以大量应用技术实例为基础，力求新颖、先进和可操作，强调实际生产的具体实践。本书可供从事塑料生产、科研、应用、技术开发等单位的技术人员阅读和参考，也可以作为相关专业在校师生的教学参考书使用。

图书在版编目（CIP）数据

实用新型塑料制品配方·应用·实例/黄兆阁等编著.—北京：化学工业出版社，2022.9
ISBN 978-7-122-41693-3

Ⅰ.①实…　Ⅱ.①黄…　Ⅲ.①塑料制品-配方②塑料制品-制备　Ⅳ.①TQ320

中国版本图书馆 CIP 数据核字（2022）第 105508 号

责任编辑：朱　彤　　　　　　　　　　文字编辑：师明远　段曰超
责任校对：边　涛　　　　　　　　　　装帧设计：刘丽华

出版发行：化学工业出版社（北京市东城区青年湖南街 13 号　邮政编码 100011）
印　　装：三河市延风印装有限公司
787mm×1092mm　1/16　印张 16¾　字数 443 千字　2023 年 1 月北京第 1 版第 1 次印刷

购书咨询：010-64518888　　　　　　售后服务：010-64518899
网　　址：http://www.cip.com.cn
凡购买本书，如有缺损质量问题，本社销售中心负责调换。

定　　价：98.00 元

前　言

随着塑料改性技术、配方设计与加工技术的不断创新，塑料在现代生活中发挥了越来越重要的作用，促进了我国塑料工业的高速发展。近年来，随着环保、医疗和高新技术的发展，对塑料工业的技术进步与发展提出了更新和更高的要求；新型塑料基础树脂与塑料助剂的不断涌现，带来了相关配方的调整，出现了一大批功能化塑料新品种，例如医用塑料与制品、木塑复合材料与制品、可降解塑料与制品，以及阻燃塑料与制品、光学塑料与制品等新型塑料制品就是其中的典型代表。

为了使从事塑料方面的广大读者更好地了解并掌握新知识，在广泛收集近几年国内外资料的基础上，作者结合自己的长期工作经验和大量实践体会，编写了这本《实用新型塑料制品配方·应用·实例》一书。本书较为系统地介绍了新型塑料制品与材料的相关配方设计、制备方法及其对应的性能等，希望通过本书能帮助读者加深对新型塑料制品配方设计的理解，为从事塑料配方的开发工作提供必要的帮助和较为便捷的查询指南。本书适合塑料行业及塑料应用厂家、制品设计、制造加工及从事塑料产品开发、生产、销售的人员阅读和参考，也可以作为高校和高职院校高分子专业、塑料专业的教学参考书使用。

目前关于塑料配方的图书不少，本书在编写时尽量从先进性、新颖性和实际应用角度出发，强调实际生产的具体实践。本书共分为9章，主要内容包括木塑复合材料配方与应用实例、纳米复合塑料配方与应用实例、光学塑料配方与应用实例、医用塑料配方与应用实例、阻燃塑料配方与应用实例、蛋白质塑料与纤维素塑料配方与应用实例，以及抗静电、导电塑料配方与应用实例、降解塑料配方与应用实例、废旧塑料回收与应用实例等方面内容。需要说明的是，全书包括的主要配方中，没有标注单位的一般均为质量份。此外，由于塑料加工企业情况比较复杂，加工条件和设备也存在差异等，书中配方及性能和列出的数据尚不是很全面和完整，仅供读者参考和借鉴。

本书第1章和第6章由青岛科技大学黄兆阁编写，第2章、第4章和第9章由青岛科技大学夏琳编写，第3章、第5章和第7章由青岛科技大学阚泽编写，第8章由青岛科技大学王勋林编写。全书由青岛科技大学邱桂学教授负责审阅。在本书编写过程中，还得到青岛科技大学其他教师的支持和帮助，并得到青岛赛诺新材料科技有限公司焦京广、青岛威尔塑料机械有限公司刁智德和青岛佳佰特新材料科技有限公司徐吉军的大力支持，在此一并表示感谢！参考文献不能全部列出，希望原作者见谅，在此深表谢意！

由于编著者水平有限，本书疏漏之处在所难免，敬请广大读者批评、指正。

编著者
2022 年 2 月

目　录

1　木塑复合材料配方与应用实例 / 001

　1.1　概述 / 001

　　1.1.1　概念 / 001

　　1.1.2　木塑复合材料的特点 / 001

　　1.1.3　木塑复合材料的应用领域 / 002

　1.2　聚氯乙烯木塑复合材料的配方与应用实例 / 002

　　1.2.1　聚氯乙烯木塑复合装饰板 / 002

　　1.2.2　PVC 木塑复合材料 / 003

　　1.2.3　聚乙烯基木塑复合材料 / 010

　　1.2.4　聚丙烯基体木塑复合材料 / 024

　1.3　其他高分子基体木塑复合材料 / 033

　　1.3.1　PBS/水曲柳木屑木塑复合材料 / 033

　　1.3.2　聚乙烯/聚丙烯/木粉复合材料 / 033

　　1.3.3　PLA/PBS/秸秆粉可生物降解木塑复合材料 / 034

　　1.3.4　SEBS 基热塑性弹性体木塑复合材料 / 034

　　1.3.5　秸秆粉/聚乳酸木塑复合材料 / 035

　　1.3.6　BF/PCL/PLA 复合材料 / 035

　　1.3.7　异氰酸基木塑材料 / 036

　　1.3.8　PP/LDPE 芦苇木塑复合材料 / 036

　　1.3.9　木粉/聚乳酸复合材料 / 037

　　1.3.10　炭塑复合材料 / 037

　　1.3.11　EG/APP 阻燃 ABS 基木塑复合材料 / 038

　　1.3.12　PBS/杨木纤维阻燃发泡复合材料 / 039

　　1.3.13　乙酰木粉基热塑性复合材料 / 040

　　1.3.14　呋喃树脂基木塑复合材料 / 040

　　参考文献 / 041

2　纳米复合塑料配方与应用实例 / 042

　2.1　纳米塑料的概念 / 042

　2.2　纳米材料的制备方法 / 043

　　2.2.1　溶胶-凝胶法 / 043

　　2.2.2　插层法 / 043

　　2.2.3　共混法 / 044

　　2.2.4　原位分散聚合法 / 044

　　2.2.5　LB 制膜法 / 044

　　2.2.6　分子自组装法 / 045

　2.3　纳米复合塑料配方实例 / 045

　　2.3.1　碳纳米管类塑料配方实例 / 045

2.3.2 石墨烯类塑料配方实例 / 049

2.3.3 蒙脱土类塑料配方实例 / 052

2.3.4 碳酸钙类塑料配方实例 / 054

2.3.5 二氧化硅类塑料配方实例 / 055

2.3.6 二氧化钛类塑料配方实例 / 057

2.3.7 埃洛石类塑料配方实例 / 058

2.3.8 其他纳米复合塑料配方实例 / 059

参考文献 / 064

3 光学塑料配方与应用实例 / 065

3.1 光学性能概念和影响因素 / 065

3.1.1 光学性能概念 / 065

3.1.2 塑料光学性能的影响因素 / 065

3.2 透光性塑料配方设计 / 067

3.2.1 透明性多功能聚丙烯母粒 / 067

3.2.2 高透明 LDPE 树脂 / 067

3.2.3 透光 PVC(一) / 067

3.2.4 透光 PVC(二) / 068

3.2.5 高硬度透明聚氨酯材料 / 068

3.2.6 聚苯胺/聚合物透明导电复合膜 / 069

3.2.7 高透明 PP/PS 复合材料 / 069

3.2.8 透明医用消肿止痛多孔聚酯薄膜 / 069

3.2.9 自增强透明 PET/PC 合金 / 071

3.2.10 透明隔热 PC 阳光板 / 071

3.2.11 苯甲酸改进 PP 透明性膜材料 / 072

3.2.12 透明己内酯接枝淀粉可降解薄膜 / 072

3.2.13 自增强透明 PET/PC 合金 / 073

3.2.14 透明 PC/PBT 改性合金材料 / 074

3.2.15 透明耐刮擦 PC/PMMA 合金材料 / 074

3.2.16 高透明耐磨耐刮擦 PC 材料 / 075

3.2.17 透明增韧 PMMA 材料 / 075

3.2.18 高阻燃透明 PET 材料 / 076

3.2.19 高透明性气管插管专用聚氯乙烯粒料 / 076

3.2.20 透明耐候 PVC 片材 / 077

3.3 高光泽塑料配方设计 / 077

3.3.1 高光泽 PS/PP / 077

3.3.2 高光泽 PC / 078

3.3.3 高光泽 PP / 078

3.3.4 高光泽 PP/PETG / 079

3.3.5 高光泽耐热型聚丙烯 / 079

3.3.6 高光泽聚丙烯 / 079

3.3.7 高光泽抗刮伤水性聚氨酯 / 080

3.3.8　高光泽高黑度 ASA 材料　/　080

3.3.9　高光泽高强韧 PVC 管材　/　081

3.3.10　高透明度高光泽 PVC 材料　/　081

3.3.11　高光泽抗菌阻燃 AS/MS 复合材料　/　082

3.3.12　高光泽低浮纤增强聚碳酸酯材料　/　082

3.3.13　高光泽高附着力增强型 PPS 复合材料　/　083

3.3.14　阻燃型高光泽聚丙烯复合材料　/　084

3.3.15　高韧性高光泽聚丙烯复合材料　/　084

3.3.16　高光泽尼龙增强材料　/　085

参考文献　/　085

4　医用塑料配方与应用实例　/　087

4.1　医疗行业对医用塑料的要求　/　087

4.1.1　高安全性　/　087

4.1.2　生物相容性　/　088

4.1.3　高能效与高精度　/　088

4.2　体外医疗塑料制品配方　/　089

4.2.1　医用塑料瓶　/　089

4.2.2　医用薄膜　/　091

4.2.3　医用包装材料　/　095

4.2.4　医用注射器　/　097

4.2.5　其他体外医疗塑料　/　100

4.3　体内医用塑料制品　/　101

4.3.1　人工器官　/　101

4.3.2　其他体内高分子材料　/　104

4.4　其他医用塑料　/　106

4.4.1　抗菌塑料概况　/　106

4.4.2　塑料抗菌配方实例　/　106

参考文献　/　109

5　阻燃塑料配方与应用实例　/　110

5.1　阻燃性能的概念和影响因素　/　110

5.1.1　高分子聚合物的燃烧机理　/　110

5.1.2　影响塑料燃烧的因素　/　110

5.1.3　阻燃剂作用机理　/　111

5.1.4　阻燃剂选用原则　/　111

5.1.5　聚合物阻燃技术　/　112

5.2　阻燃塑料配方设计　/　112

5.2.1　改性 SLDH 阻燃抑烟聚丙烯材料　/　112

5.2.2　PC/ABS-HRP/SAN 阻燃合金　/　113

5.2.3　ABS/PPTA/EG/APP 阻燃材料　/　113

5.2.4　阻燃剂 SR201A/溴-锑系阻燃母粒 M 制备阻燃聚丙烯　/　114

5.2.5　阻燃剂 SR201A/蒙脱土复配阻燃聚丙烯　/　114

5.2.6　三嗪成炭剂复配聚磷酸铵阻燃聚丙烯　/　114

5.2.7　PVC/ABS 阻燃合金　/　116

5.2.8　分子筛改性无卤阻燃聚丙烯复合材料　/　116

5.2.9　木质素/MCA/APP 膨胀阻燃聚乙烯泡沫材料　/　117

5.2.10　PVC/蛭石/BaSO$_4$ 隔声阻燃复合材料　/　118

5.2.11　PVC 改性阻燃塑料　/　118

5.2.12　泡沫阻燃聚丙烯塑料　/　119

5.2.13　低密度阻燃聚乙烯塑料　/　119

5.2.14　复合阻燃塑料　/　120

5.2.15　用于 3D 打印的阻燃增强 PLA 复合材料　/　121

5.2.16　阻燃环保型聚乳酸塑料　/　121

5.2.17　汽车内饰用阻燃聚乳酸塑料　/　122

5.2.18　无卤阻燃聚丙烯材料　/　123

5.2.19　碳纳米管改性的阻燃增强聚丙烯材料　/　123

5.2.20　高效阻燃型聚丙烯材料　/　124

5.2.21　阻燃聚丙烯　/　125

5.2.22　阻燃增强 PET 工程塑料　/　125

5.2.23　膨胀阻燃低密度聚乙烯　/　126

5.2.24　膨胀型无卤阻燃 ABS　/　126

5.2.25　非卤阻燃聚氨酯硬质泡沫塑料　/　127

5.2.26　阻燃 ABS 材料　/　127

5.2.27　用于 3D 打印的低气味无卤阻燃 PLA/PC 材料　/　128

5.2.28　高韧性阻燃 PLA/PC 合金材料　/　128

5.2.29　丙烯酸五溴苄酯与三元乙丙橡胶的接枝共聚物阻燃的 V-0 级 PP　/　129

5.2.30　阻燃剂 SNP 阻燃聚碳酸酯　/　130

5.2.31　水滑石阻燃改性聚乙烯　/　131

5.2.32　阻燃 HDPE 木塑复合材料　/　132

5.2.33　白炭黑/IFR/聚丙烯阻燃材料　/　132

5.2.34　PP/IFR 阻燃复合材料　/　133

5.2.35　OMMT/ATH/MH/PP 阻燃复合材料　/　133

5.2.36　生物基阻燃剂阻燃聚丙烯　/　134

5.2.37　硅藻土-氯化石蜡阻燃聚苯乙烯　/　134

5.2.38　可膨胀石墨（EG）/APP 阻燃聚苯乙烯　/　135

5.2.39　聚苯乙烯泡沫（EPS）保温板阻燃材料　/　135

5.2.40　高抗冲聚苯乙烯/氢氧化镁/微胶囊红磷（HIPS/MH/MRP）的阻燃材料　/　136

5.2.41　聚碳酸酯阻燃材料　/　136

5.2.42　低烟无卤阻燃 LDPE　/　136

5.2.43　膨胀型无烟阻燃 LLDPE　/　137

5.2.44　UHMWPE 阻燃　/　137

5.2.45　无卤阻燃改性 PP　/　138

5.2.46　TDBP 阻燃改性 PP　/　138

5.2.47　阻燃增强改性 PP　/　138

5.2.48　低烟低卤 PVC 阻燃改性　/　139

5.2.49　无卤阻燃改性 PVC　/　139

5.2.50　绝缘阻燃 PVC 改性　/　139

5.2.51　阻燃/消烟 PVC 改性　/　140

5.2.52　高填充阻燃 PVC 改性　/　140

5.2.53　通用级 PS 阻燃改性　/　141

5.2.54　HIPS 阻燃改性　/　141

5.2.55　无卤阻燃改性 HIPS　/　141

5.2.56　ABS 树脂阻燃改性　/　142

5.2.57　ABS 无卤阻燃改性　/　142

5.2.58　ABS 阻燃消烟　/　142

5.2.59　透明 ABS 阻燃改性　/　143

5.2.60　PDBS 阻燃改性 PA6　/　143

5.2.61　低烟 Mg(OH)₂ 阻燃 PA6　/　144

5.2.62　Mg(OH)₂ 无卤阻燃 PA66　/　144

5.2.63　DBDPO 阻燃改性 PA66　/　144

5.2.64　玻璃纤维(GF)增强阻燃 PA66　/　145

5.2.65　TDBPPE 阻燃改性 PC　/　145

5.2.66　PC/ABS 阻燃合金　/　145

5.2.67　玻璃纤维(GF)增强 PC/PET 共混阻燃　/　146

参考文献　/　146

6　蛋白质塑料与纤维素塑料配方与应用实例　/　148

6.1　蛋白质塑料　/　148

6.1.1　概念　/　148

6.1.2　蛋白质塑料特点　/　148

6.1.3　蛋白质塑料发展历史　/　148

6.2　蛋白质塑料的改性　/　149

6.3　大豆蛋白质塑料配方、制备与性能　/　149

6.3.1　挤出级大豆蛋白质塑料　/　149

6.3.2　甘油增塑大豆蛋白质塑料　/　150

6.3.3　大豆蛋白质/蒙脱土纳米复合材料　/　150

6.3.4　纳米级羟丙基木质素/大豆蛋白质塑料　/　151

6.3.5　豆粕/二甲基二氯硅烷塑料　/　151

6.3.6　大豆蛋白质/亚麻纤维复合材料　/　152

6.3.7　大豆蛋白质/还原剂材料　/　152

6.3.8　大豆蛋白质/硬脂酸复合材料　/　152

6.3.9　大豆蛋白质/水性聚氨酯塑料　/　153

6.3.10　大豆蛋白质/甲基丙烯酸缩水甘油酯塑料　/　153

6.4　其他蛋白质塑料配方、制备与性能　/　154

6.4.1　棉籽蛋白质/甘油塑料　/　154

6.4.2　棉籽蛋白质/环氧氯丙烷塑料　/　154

6.4.3　无腺棉籽蛋白质塑料　/　154

6.4.4　小麦蛋白质/辛醛塑料　/　155

6.4.5　明胶蛋白质塑料　/ 155

6.5　纤维素塑料　/ 156
6.5.1　简介　/ 156
6.5.2　纤维素塑料性能特点　/ 156
6.5.3　纤维素塑料配方、制备与性能　/ 156
参考文献　/ 164

7　抗静电、导电塑料配方与应用实例　/ 165
7.1　抗静电、导电塑料概念　/ 165
7.1.1　概念　/ 165
7.1.2　塑料电磁性能的影响因素　/ 166
7.1.3　抗静电塑料配方设计、制备与性能　/ 167
7.1.4　导电塑料配方设计　/ 179
7.2　绝缘塑料配方、制备方法与性能　/ 185
7.2.1　高导热高绝缘 FEP/AlN 复合材料　/ 185
7.2.2　绝缘 PVC　/ 185
7.2.3　聚碳酸酯及聚碳酸酯合金导热绝缘高分子材料　/ 186
7.2.4　导热绝缘阻燃增强 PBT　/ 186
7.2.5　软质 PVC 电缆料　/ 186
7.2.6　高性能 LLDPE 电缆护套　/ 187
7.2.7　超细煤粉填充高分子绝缘材料　/ 187
7.2.8　导热绝缘 PPS　/ 188
7.3　磁性塑料配方设计　/ 188
7.3.1　挤出成型各向同性磁性塑料条　/ 188
7.3.2　磁性聚苯醚　/ 189
7.3.3　耐热磁性 PVC 门封塑胶套　/ 189
7.3.4　注射成型钕铁硼塑料粘接磁体　/ 190
7.3.5　复合型磁性塑料　/ 190
参考文献　/ 190

8　降解塑料配方与应用实例　/ 192
8.1　概述　/ 192
8.1.1　生物破坏性塑料　/ 193
8.1.2　完全生物降解塑料　/ 193
8.1.3　光降解塑料　/ 194
8.2　生物破坏性塑料配方、制备与性能　/ 195
8.3　光降解塑料配方、制备与性能　/ 195
8.3.1　可光降解聚丙烯/黏土纳米复合物　/ 195
8.3.2　含铁配合物类光敏剂的降解塑料　/ 196
8.3.3　可光降解聚丙烯/纳米钛白粉　/ 196
8.4　完全生物降解塑料　/ 196
8.4.1　聚乳酸基完全生物降解塑料　/ 196

8.4.2　PBAT 基完全生物降解塑料　/ 211

8.4.3　PBS 基完全生物降解塑料　/ 220

8.4.4　PPC 基完全生物降解塑料　/ 229

8.4.5　PCL 基完全生物降解塑料　/ 233

8.4.6　PHBV 基完全生物降解塑料　/ 235

参考文献　/ 238

9　废旧塑料回收与应用实例　/ 239

9.1　概况　/ 239

9.2　废旧塑料的分选　/ 239

9.2.1　筛分　/ 240

9.2.2　重力分选与风力分选　/ 240

9.2.3　浮力分选　/ 240

9.2.4　磁力分选　/ 241

9.2.5　电力分选与静电分选　/ 241

9.2.6　电磁分选　/ 241

9.2.7　光电分选　/ 241

9.2.8　新分选技术　/ 242

9.3　废旧塑料的鉴别　/ 243

9.3.1　标记区分　/ 243

9.3.2　燃烧法鉴别　/ 244

9.3.3　根据用途区分　/ 244

9.3.4　根据外观手感区分　/ 245

9.3.5　区分膜类废旧塑料方法　/ 246

9.4　热塑性废旧塑料的回收利用　/ 247

9.4.1　废旧聚乙烯的回收利用　/ 247

9.4.2　废旧聚丙烯的回收利用　/ 248

9.4.3　聚氯乙烯的回收利用　/ 249

9.4.4　聚苯乙烯的回收利用　/ 250

9.4.5　聚对苯二甲酸乙二酯(聚酯)的回收利用　/ 251

9.5　热固性废旧塑料的回收利用　/ 252

9.5.1　热固性塑料应用现状及回收困境　/ 252

9.5.2　热固性塑料的回收方法　/ 253

9.5.3　废旧热固性塑料的再生利用　/ 255

参考文献　/ 257

1

木塑复合材料配方与应用实例

1.1 概述

1.1.1 概念

木塑复合材料是一类新型复合材料，主要利用聚丙烯、聚氯乙烯和聚乙烯等为基础树脂，与用量超过50%以上的木质纤维素（木粉）和秸秆粉（如稻壳粉、甘蔗渣和竹粉）等植物纤维以及部分增容剂、润滑剂、稳定化助剂、色粉和发泡剂等混合而成的"新型木质材料"；再经挤压、模压和注射成型等塑料加工工艺生产出的板材或型材，大量应用于建材、家具和包装等行业。

我国木材资源十分短缺，但在木材的加工和使用过程中却有20%～30%的木粉和边角余料被作为"废料"燃烧或作为固体垃圾处理，在原材料被浪费的同时，还造成一定程度的环境污染。为保护生态环境，我国已明令减少对天然森林的砍伐，在这种背景下，急需一种新型材料来替代天然木材，木塑复合材料由此应运而生。

1.1.2 木塑复合材料的特点

木塑复合材料兼备了木材和塑料的双重特性，可加工制成多种颜色，其纹理和加工性能与木材相似，同时还具有化学性能稳定、强度高、抗虫菌效果较好、可回收利用等多项优势，是一种极具发展前途的"低碳、绿色、可循环"材料。木塑复合材料的出现是对森林资源最好的保护，1t木塑复合材料可折合木材2.5m³，这大概是1亩（1亩＝666.7m²）土地上速生林1年的最大成材量，即每采用1t木塑复合材料，可减少1亩土地的森林砍伐。据有关统计，我国每年废弃塑料的总量高达7000万吨左右，废弃塑料在填埋后分解完毕需要很长一段时间，且分解过程中会生成有毒物质，对土质造成破坏；另外，我国每年还有约7亿多吨的秸秆需处理，而处理方式大都是焚烧，会产生3.5亿多吨的CO_2排放量，造成严重的空气污染和温室气体效应。木塑复合材料从使用原料方面来看，可以在一定程度上缓解"白色污染"问题，也可以缓解废弃农作物秸秆焚烧造成的空气污染问题。木塑复合材料的出现不仅可使大量农作物秸秆得到利用，也可有效缓解森林资源紧缺的矛盾。

木塑复合材料主要组成是通用热塑性塑料和木质纤维，决定了其自身具有塑料和木材的某些特性，有以下主要特点：

① 具有类似木材的外观和感观以及良好的物理力学性能，其制品在许多地方可以替代木质材料；

② 具有热塑性塑料的加工性能，容易成型；

③ 具有同木材相类似的加工性能，可锯、可钉、可刨，使用木工器具即可完成，握钉力明显优于其他合成材料，产品规格形状可根据用户的要求进行调整，灵活性大；

④ 耐水、防虫、防腐、耐老化、耐化学品，吸水性小，不会吸湿变形，具有良好的尺寸稳定性和耐候性；

⑤ 可100%回收再生产，可以分解，不会造成"白色污染"，是真正的绿色环保产品，能重复使用，对环境友好。

1.1.3 木塑复合材料的应用领域

① 建筑材料：包括基材、墙材、模板、地板、栅栏、铺板、立柱、扶手和装饰材等。

② 车船制造：可制成车船底板、扶手、仪表板、内装饰板、船舱隔板等。

③ 包装运输：可制成各种规格工业托盘、仓库铺垫板、各类包装箱、运输货架等。

④ 户外设施：可制成室外桌椅、花箱、废物箱、露天地板、庭院扶手及装饰板等。

⑤ 家具制造：可制成衣柜、橱柜、茶几、花架、桌椅、板凳、沙发、床柜和书架等。

⑥ 交通设施：可制成隔栏、隔板、护墙、标示牌等。

木塑复合材料增长较快的应用市场为各种铺板、窗户、门和栅栏，在欧美国家已经利用木塑复合材料制造高速公路护栏、立柱、隔音板等公路安全防护体系。在窗户、门板、板条和家具生产、制造过程中，木塑复合材料的应用量一直在增长，尤其在汽车工业用天然纤维填充塑料方面，也被大家看好。

1.2 聚氯乙烯木塑复合材料的配方与应用实例

室内装修要用到大量装饰板材，如橱柜、踢脚线、家具和门板等每年消耗大量的木材，因此木塑复合材料应运而生，其中聚氯乙烯（PVC）装饰板材占据较大比重，主要是由于聚氯乙烯具有阻燃、耐腐蚀、防水、综合力学性能良好、价格低廉和不含甲醛等特点，能够满足 GB/T 24137—2009《木塑装饰板》标准规定的质量要求。

PVC 塑料的密度较大，加工过程中的挤压工艺使木质粉料密实化，制得的木塑复合材料密度较大，有较好的质感。木塑复合材料发泡能减小复合材料密度，降低生产成本，同时泡孔的存在可钝化裂纹尖端，阻止裂纹扩张，改善复合材料的抗冲击性和韧性，拓展木塑复合材料的使用领域，提高其市场价值。

1.2.1 聚氯乙烯木塑复合装饰板

1.2.1.1 PVC 木塑复合装饰板

（1）产品配方

PVC 树脂	100	PE 蜡	2
粉末丁腈橡胶	5	石蜡	0.5
木粉	100	硬脂酸	0.7
改性聚甲醛/低密度聚乙烯共聚物	10	硅烷偶联剂	1
CPE(氯化聚乙烯)	8	ACR(丙烯酸类树脂)	2
热稳定剂	3~5		

（2）制备方法

① 改性聚甲醛/低密度聚乙烯共聚物制备方法　将聚甲醛、低密度聚乙烯按2:5质量比例均匀混合后，在双螺杆挤出机上挤出，造粒，得到聚甲醛/低密度聚乙烯共聚物。挤出机各段温度为一区185℃、二区185℃、三区190℃、四区210℃、五区200℃。将聚甲醛/低密度聚乙烯共聚物熔融后，添加到高速混合机中，然后添加聚甲醛/低密度聚乙烯共聚物质量3.8%的反丁烯二酸和其质量0.22%的过硫酸铵，高速混合30min，混合速度为2500r/min，然后再添加到双螺杆挤出机中进行造粒，得到改性聚甲醛/低密度聚乙烯共聚物。

② 木粉表面处理　将木粉在质量分数为2.2%的丁二酸溶液中浸泡30min，浸泡温度为40℃，然后过滤，洗涤，再烘干至含水量低于10%。

③ PVC木塑复合板装饰成型　将PVC树脂、粉末丁腈橡胶、改性聚甲醛/低密度聚乙烯共聚物、木粉、硅烷偶联剂按各质量份配比放入高速混合机中混合至物料温度达到105~115℃时，加入其他助剂，继续混合至物料温度达到118~125℃时，将物料添加到低速混合机中，继续混合至物料温度达到55~60℃时排出物料，物料投入双螺杆挤出机中，挤压、加工成不同厚度的板状熔融物料，经定型模冷却定型成板材，再经过切割，得到标准板材。

（3）产品性能

符合GB/T 24137—2009《木塑装饰板》性能指标要求。

1.2.1.2　PVC木塑地板

（1）产品配方

聚氯乙烯(SG5)	100	偶联剂	5
植物粉	50	相容剂	4
碳酸钙	40	抗氧剂	0.5
钙锌稳定剂	3	抗冲击填充剂	5
润滑剂	5		

（2）制备方法

按配方称取各组分后在高速混合机中搅拌5~10min，得到混合物料，将混合物料加入热平板中压制，模压温度为200℃，模压压力为13MPa，热压定型10min，再冷压至80℃以下得到PVC木塑地板。

（3）产品性能

符合GB/T 24508—2020《木塑地板》性能指标要求。

1.2.2　PVC木塑复合材料

1.2.2.1　PVC/椴木复合材料

（1）产品配方

聚氯乙烯(SG-5)	100	硬脂酸钙	1
椴木粉(150μm)	30	三盐基硫酸铅	3
R-ACR-g-GMA	10	石蜡	0.7
CPE	8	聚乙烯蜡	0.9
硬脂酸	1		

（2）制备方法

① R-ACR-g-GMA 核壳改性剂的制备　　R-ACR-g-GMA 的合成在 3000mL 的三口烧瓶中进行，三口烧瓶配有冷凝管、搅拌电机、氮气管及单体进料管，采用连续滴加的方式补加单体，进料泵转速为 5r/min。采用氧化还原引发剂在 45℃水浴中，氮气保护的条件下，以种子乳液聚合的方式制备 R-ACR-g-GMA 核壳改性剂。

② 木塑复合材料的制备　　对木粉进行干燥处理，将其含水率控制在 0.8%以下，然后将干燥木粉与 PVC、R-ACR 及加工助剂进行高速混合，高速混合后在 170℃双辊开炼机上混炼 5～7min，塑化均匀后下片。将制得的片材层叠后置于模具中于平板硫化机 190℃下预热 5min，然后于 10MPa 压力下热压 3min，冷压至 50℃以下得到 PVC/WF/R-ACR 复合材料的板材。

（3）产品性能

材料的冲击强度随着木粉添加量的增加而下降，最后趋于平稳，PVC/木粉复合材料中木粉的最优添加量为 30 质量份，复合材料的拉伸强度达到最大值（70.8MPa），弯曲强度达到最大值（115MPa）。

1.2.2.2　PVC/稻壳粉复合材料

（1）产品配方

PVC(DG-1000K)	60	钙锌稳定剂	3
稻壳粉(180～250μm)	40	润滑剂	1
玻璃纤维(GF)	变量	ACR	2
硅烷偶联剂(KH550)	2		

（2）制备方法

将稻壳粉 90℃干燥 4h，将 PVC 和 GF 在 80℃下烘干 4h，将乙醇和硅烷偶联剂按照 1：5 的比例进行稀释后处理稻壳粉。把处理的稻壳粉、PVC、GF 与硅烷偶联剂放在搅拌机中混合均匀后放到厚度 4mm 的模具中，设定模压温度为 160℃，压力为 5～10MPa，预热 3min，热压 10min，冷压 5min 制得片材。

（3）产品性能

材料的硬度随着 GF 用量的增多呈现先减后增的规律，在 10%时最低。GF 含量在 15%以下时，随着 GF 含量的增加，木塑复合材料的拉伸强度与冲击强度总体上随之增加，超过 15%则随 GF 含量增加而减小。弯曲强度出现先减后增的趋势，在 15%时最小。弯曲弹性模量呈现先减后增的规律，在 10%时最大。材料的耐磨损性在 GF 含量 15%时最佳，摩擦系数在 GF 含量 15%时最大。硅烷偶联剂（KH550）处理能提升木塑复合材料的硬度、拉伸强度、弯曲强度、弯曲弹性模量。

1.2.2.3　硅藻土增强聚氯乙烯木塑复合材料

（1）产品配方

| PVC(SG-5) | 100 | 改性松木粉(250μm) | 50 |

硅藻土(化学纯)	15	钙锌稳定剂	3
PE-g-MAH	5	润滑剂	1
复合发泡剂(AC)	5	ACR	2

（2）制备方法

将 AC 发泡剂与硬脂酸锌按 1∶1 质量比在 80℃高速混合机中混合，制得复合发泡剂，复合发泡剂的发泡温度约为 180℃；将松木粉和马来酸酐接枝聚乙烯（PE-g-MAH）置于高速混合机中，在 80℃下混合制得改性松木粉，按配方称量后放入高速混合机中混合均匀，当温度达到 100℃左右时放到低速混合机中，温度达到 50℃左右时在锥形双螺杆挤出机中造粒，挤出机各段温度分别是 140℃、160℃、175℃、170℃，造粒后注塑制备标准样条。

（3）产品性能

复合材料的拉伸强度达到 47MPa，弯曲强度达到 82.5MPa，冲击强度达到 18.5kJ/m²，并具有较好的甲醛吸附能力。

1.2.2.4　纳米 Al_2O_3 增强木塑复合材料

（1）产品配方

聚氯乙烯(PVC-SG)	60	纳米 Al_2O_3(平均粒径 60nm)	5
DOP(邻苯二甲酸二辛酯)	20	石蜡(56 号)	0.5
杨木粉(2.0mm±0.5mm)	定量	硬脂酸	0.8
热稳定剂	5	硅烷偶联剂(KH550)	视不同情况

（2）制备方法

① 将纳米 Al_2O_3 干燥后，制成浓度为 3%的纳米粒子水溶液，用 NaOH 调节 pH＝9 后，在 60℃下超声分散 15min，缓慢加入纳米 Al_2O_3 粒子质量 3%的 KH550，再分散 15min 后干燥、研磨，制成分散后的纳米 Al_2O_3 粉体。

② 将 PVC 分别与其质量 40%和 80%的 DOP 在 80℃下高速搅拌 3min，再与一定比例的其他助剂（重质碳酸钙、复合稳定剂、EVA 等）塑炼 3min，制得 PVC 与其配料的混合物。

③ 将质量为木质纤维 5%的硅烷偶联剂（KH550）制成的无水乙醇水溶液与木质纤维充分混合，将分散改性的纳米 Al_2O_3 粒子制成的无水乙醇水溶液与木质纤维充分混合，待木质纤维自然干燥后，与 PVC 及其助剂的混合物混炼，造粒后压制成型，190℃下预热 5min，然后于 10MPa 压力下热压 10min，最后室温下冷压定型 5min 得到复合材料板材。

（3）产品性能

在纳米 Al_2O_3 的作用下，拉伸强度提高了 74%，耐磨性能提高了 30%，热稳定性能得到一定程度提高，同时 PVC 与木质纤维相容性变好。

1.2.2.5　尼龙（尼龙为聚酰胺的商品名）/PVC 木塑复合材料

（1）产品配方

PVC(S700)	100	钙锌稳定剂	6
木粉(150μm)	60	铝酸酯	1
轻质碳酸钙(1250 目)	5	硬脂酸	0.5
低熔点尼龙(PAM17)	20	聚乙烯蜡	0.8
EVA-g-MAH	3	ACR(ACR-ZB-401)	6

（2）制备方法

将木粉和轻质碳酸钙在90℃的烘箱中干燥4h，使木粉、轻质碳酸钙含水率小于0.3%。将低熔点尼龙在80℃的烘箱中干燥4h，干燥后密封存放。按配方称量后在双螺杆挤出机（各段温度分别是160℃、170℃、175℃，机头温度170℃）中挤出造粒，将造粒料放在温度为175℃的压机上预热5min，0.5MPa预压5min后，3MPa热压15min，冷压5min后脱模，得到尼龙PVC木塑复合材料。

（3）产品性能

EVA-g-MAH的增容效果最为明显，尼龙/PVC木塑复合材料的弯曲强度、拉伸强度和冲击强度分别较PVC木塑复合材料提高了17%、13.3%和39%，达到59.2MPa、30.4MPa和7.4kJ/m^2。

1.2.2.6 PVC/稻壳粉建筑模板

（1）产品配方

聚氯乙烯树脂（SG-5型）	100	改性硅藻土（平均粒径7μm）	30
稻壳粉（180～200μm）	40	复合润滑剂	1.8
复合稳定剂	4	AC发泡剂	0.8
氯化聚乙烯（135A）	6	发泡调节剂（LS-90）	1.2
丙烯酸酯类共聚物（ACR-201）	4		

（2）制备方法

按配方将各组分原料称量后投入高速混合机中，在转速为400r/min下搅拌5～10min，得到混合物料。利用木塑材料的挤出生产线，制备硅藻土改性PVC/稻壳粉木塑板，将所得样品制成测试样条，进行性能测试。

（3）产品性能

ACR与CPE对硅藻土改性PVC/稻壳粉复合材料的各项力学性能都有一定的增强作用，其中ACR对复合材料拉伸和弯曲强度增强效果更明显，而CPE对冲击强度增强效果较好。复合材料的拉伸强度达到61MPa，冲击强度为18.5kJ/m^2，弯曲强度可达64MPa。

1.2.2.7 PVC/改性剑麻纤维木塑复合材料

（1）产品配方

PVC(SG-5)	100	液体石蜡（化学纯）	1
剑麻纤维（长5cm）	30	硬脂酸钡（工业级）	1.5
硅烷偶联剂（KH550）	剑麻纤维的2%	硬脂酸钙（工业级）	1
三碱式硫酸铅（工业级）	3	光稳定剂（自制）	1
DOP（分析纯）	10		

（2）制备方法

① 光稳定剂的合成　按投料比称取光稳定剂共聚单体，加入250mL三口烧瓶中，以甲苯为溶剂（用量为共聚单体总质量的2倍），溶解后升温至80℃，加入引发剂AIBN（AIBN用量为所用共聚单体总质量的1%），电动搅拌，氮气保护下反应24h，反应结束后冷却，用石油醚沉淀、过滤，于45℃真空干燥2h，得到淡黄色高分子光稳定剂。

② 剑麻基复合材料的制备　a. 剑麻纤维的预处理：将长度为5cm的剑麻纤维加入2%氢氧化钠水溶液中，于90℃浸泡30min，取出后用水洗涤多次直到纤维呈中性为止，于80℃下烘干至恒重；然后在95%乙醇溶液中加入约5%的冰醋酸，在搅拌下向其中加入2%

的硅烷偶联剂（KH550），水解 5min；将上述碱处理干燥后的剑麻纤维投入其中浸泡 1.5h，于 80℃下烘干至恒重。b. 板材的制备：按上述配方称重后在高速混合机中混合 60s，然后在 170℃开放式混炼机上进行塑炼，塑炼后的样品用平板硫化机模压成 4mm 厚的板材，模压温度 180℃，压力 14.5MPa，热压 15min，冷压 10min，按照标准将板材制样。

（3）产品性能

剑麻纤维复合材料的拉伸强度保持率随老化时间的延长而下降，加入光稳定剂后复合材料的拉伸强度保持率降低幅度有所减缓，自制光稳定剂的 PVC/改性剑麻纤维木塑复合材料的拉伸强度保持率降低幅度最小。

1.2.2.8　PVC/竹片木塑复合材料

（1）产品配方

PVC 薄膜(厚度 0.025mm)	硅烷偶联剂(KH550)
竹片(100mm×100mm×10mm)	

（2）制备方法

称量特定质量的 PVC 薄膜，按照图 1-1 所示方法平铺于两片竹片之间，放置竹片时，保证相邻竹片的纹理垂直，胶合板毛坯为 5 层木塑复合材料，其中三层竹片，两层 PVC 膜。组坯完成后，将其放置到预先设定好温度的热压机中热压成型，热压温度为 180℃，热压时间为 12min，热压压力为 10MPa，冷压压力为 10MPa，冷压时间为 10min，得到样品厚度为 10mm、面积为 100cm^2 的板材。

图 1-1　PVC 木塑复合板毛坯示意图

（3）产品性能

PVC/竹片木塑复合板的胶合强度达到 1.21MPa，膜材料的力学性能和界面相容性得到明显改善。

1.2.2.9　耐热 PVC 木塑复合材料

（1）产品配方

PVC(5 型)	50	超细白云母	3
CPVC	50	凹凸棒土	3
木粉(180μm)	15	稳定剂及其他助剂	20

（2）制备方法

① CPVC 改性 PVC 木塑复合材料　将 CPVC 与 PVC 按 1∶1 混合好。CPVC 与 PVC 混合物合计 100 份，木粉 15 份，稳定剂及其他助剂 20 份。在双辊开炼机中先加入 PVC、CPVC 以及其他助剂混炼约 5min，然后加入经偶联剂处理的木粉，待所有物料塑化均匀，

出片。在热压机 185℃、10MPa 条件下热压 5min，然后用冷压机冷却定型，得到 PVC/CPVC 木塑复合板材。

② 无机刚性粒子改性 PVC/CPVC 木塑复合材料的制备　固定 CPVC 与 PVC 配比为 50∶50，合计 100 份，木粉 15 份，稳定剂及其他助剂 20 份；再在其中分别加入无机刚性粒子，制得 PVC/CPVC 木塑复合材料。

（3）产品性能

木塑材料的热变形温度达到 80℃ 以上，拉伸强度和弯曲强度显著提高；当超细白云母和凹凸棒土用量为 3 份时，热变形温度分别提高了 14.3℃ 和 19.7℃，同时复合材料的力学性能较好。相比于超细白云母，凹凸棒土对复合材料耐热性和力学性能的改善效果更显著。

1.2.2.10　吸甲醛 PVC 木塑材料

（1）产品配方

聚氯乙烯(SG-5)	100	硬脂酸	0.6
松木粉(80～150μm)	80	CPE	10
硅藻土(化学纯)	10	聚乙烯蜡	1.5
钙锌热稳定剂	4	ACR	2

（2）制备方法

按配方称重后在高速混合机中混合 5min，然后在 170℃ 开放式混炼机上进行塑炼，塑炼后的样品用平板硫化机模压成 4mm 厚的板材，模压温度 180℃，压力 14.5MPa，热压 15min，冷压 10min，按照标准将板材制样。

（3）产品性能

PVC 木塑复合材料的甲醛吸附能力随硅藻土用量的增加呈上升趋势，并随吸附时间的延长、吸附温度的提高呈上升趋势，最终由于吸附饱和而趋于平缓。PVC 木塑复合材料具有较好的力学性能。

1.2.2.11　不同木质纤维/PVC 木塑复合材料

（1）产品配方

马尾松	100	聚氯乙烯(SG-5)	100
杉木	100	复配稳定剂	4
枫香	100	润滑剂	0.8
尾巨桉	100	复合加工助剂	5
白千层	100	CPE	8
蓖麻秆	100		

6 种木粉分别单独使用。

（2）制备方法

将原木去皮，放入刨片机中进行刨切处理，并通过手提式粉碎机将木片进一步粉碎，然后进行过筛和振动分选，选取 180～200μm 的木粉，并干燥至含水率低于 3%。分别按配方比例在高速混合机中混合后，再在同向双螺杆挤出机和锥形双螺杆挤出机中通过两步成型法进行加工制备。

（3）产品性能

长径比高和表面接触角大的木质纤维制备的木塑复合材料的综合力学性能突出。杉木制备的木塑复合材料综合力学性能最佳，弯曲强度、弯曲模量、拉伸强度和抗冲击强度分别为45.6MPa、3247MPa、29.1MPa和6.4kJ/m²。蓖麻秆制备的木塑复合材料综合力学性能最差，各项参数与杉木的差距较大。这证明木塑复合材料中"木"质部分对PVC木塑复合材料的综合力学性能的影响甚大，建议在实际生产中加以区分选择。

1.2.2.12　聚氯乙烯/秸秆木塑复合材料

（1）产品配方

PVC(QS-1000E)	60	钙锌稳定剂	3
秸秆粉(250μm)	40	硬脂酸	0.8
硅烷偶联剂(KH570)	秸秆粉的2%	聚乙烯蜡	1.5
钛酸酯偶联剂	秸秆粉的2%	CPE	8

（2）制备方法

① 秸秆粉的制备　用粉碎机将碎秸秆磨粉，再用装有250μm滤网的振动筛进行筛粉，然后再对直径较长的秸秆粉进行二次磨粉和筛粉，最终得到直径为250μm的秸秆粉，并在105℃电热鼓风干燥箱中干燥12h，得到最终秸秆粉。分别选用钛酸酯偶联剂和硅烷偶联剂对秸秆粉进行改性，用量为秸秆粉的2%。在小喷雾瓶中量取一定含量的无水乙醇和偶联剂的混合液，摇匀，同时将均匀混合的秸秆粉与PVC材料放入铺有铝箔纸的托盘中，边喷洒无水乙醇和偶联剂的混合液，边用搅拌棒搅拌混匀后在室温下通风处放置12h，使偶联剂与混合材料充分发生反应。

② PVC/秸秆粉复合材料的制备　将干燥后的秸秆粉与PVC混合材料采用模压成型法，通过平板硫化机，将混合材料模具放置于模压设备上，加压至14MPa。当上下板温度稳定在160℃时，计时，开始放气操作。每5min放气一次，一共放气3次，取下模具，冷却至室温，即可脱模，制备出PVC/秸秆粉复合材料板材。

（3）产品性能

秸秆纤维在PVC基体中分布比较均匀，复合材料的整体性能相对较好；经硅烷偶联剂改性的秸秆粉含量为50%时，复合材料的洛氏硬度、弯曲强度均最大，且在复合材料内部，秸秆纤维更均匀地融入PVC基体中。

1.2.2.13　聚氯乙烯/竹粉发泡复合材料

（1）产品配方

聚氯乙烯(SG-5)	60	DOP	6
竹粉(210μm)	40	聚乙烯蜡	1
氯化聚乙烯(135A)	4.5	AC(工业级)	3
热稳定剂(GKD-701A)	4	氨基硅烷偶联剂	竹粉用量的1%
硬脂酸钙	2.5	碳酸氢钠(工业级)	1
硬脂酸	0.5		

（2）制备方法

① 竹粉制备　将竹粉过150μm筛后在80℃环境中干燥4h。

② 复合材料制备　按配方称好物料，将聚氯乙烯放入高速混合机中，然后将热稳定剂、硬脂酸、硬脂酸钙放入高速混合机中与聚氯乙烯共混10min后加入氨基硅烷偶联剂混合5min，加入DOP后再混合20min，最后加竹粉混合均匀后在双螺杆挤出机中挤出造粒，挤

出机各段温度为 140℃、160℃、180℃，机头温度 175℃，转速 30r/min。

（3）产品性能

① 复合材料的配方成分都会对流变性能产生影响，随竹粉和冲击改性剂含量增加，复合材料的熔体黏度增大；随增塑剂含量增加，复合材料的熔体黏度减小；随温度升高、剪切速率增加，复合材料的熔体黏度减小。因此，配方成分和工艺参数可以相互协调，进一步改进配方组成、优化工艺。

② 聚氯乙烯/竹粉发泡复合材料在加工过程中，聚氯乙烯基体黏度大，竹粉填充量高，复合材料熔体流动性差，要加入适量的润滑剂才能得到良好的制品外观，所用润滑剂包括内润滑剂和外润滑剂。

③ 聚氯乙烯/竹粉发泡复合材料在加工过程中，喂料速度、主机转速、加工温度都会对复合材料产生影响，彼此之间相互作用，对复合材料的成型加工起着重要作用。

1.2.3 聚乙烯基木塑复合材料

聚乙烯（PE）在发泡木塑复合材料的基体树脂中应用较多，PE 的分子量对发泡材料的发泡率和孔结构具有较大影响，PE 基发泡复合材料中的木质材料主要是木粉和废纸板。马来酸酐接枝聚乙烯可以明显改善聚乙烯基木塑复合材料的某些力学性能，提高木粉的分散性，并可以提高木粉与 PE 间的润湿性及两相界面结合力。EAA 作为相容剂对 PE 基木塑复合材料也有良好的增容作用，能明显提高材料的拉伸强度和冲击强度。

1.2.3.1 木塑栈道板（PE 木塑）

（1）产品配方

PE(回收料)	100	色粉	适量
杨木粉(200μm)	300	抗氧剂(J-225)	0.8
专用润滑剂(J-602)	5	紫外线吸收剂(UV531)	0.8
硅烷偶联剂	2		

（2）制备方法

按配方称好物料，放入高速混合机中混合 2min 后加入硅烷偶联剂再混合 10min，在双螺杆挤出机中挤出造粒，挤出机各段温度为 140℃、160℃、175℃，机头温度 170℃，转速 30r/min，利用造好的颗粒进行挤出压延板材。

（3）产品性能

材满足 GB/T 24137—2009《木塑装饰板》性能指标要求。

1.2.3.2 PE 木塑地板

（1）产品配方

PE(回收料)	100	复合润滑剂	2
杨木粉(180μm)	65	相容剂(PE-g-MAH)	2
滑石粉(粒径18μm)	10	颜料	适量

（2）制备方法

按各质量份称重后放入高速混合机中混合至物料温度达到 105～115℃，投入双螺杆挤出机中挤出造粒后再挤压压延成不同厚度的板状熔融物料，经定型模冷却定型成板材，经过切割得到标准板材。

（3）产品性能

基本满足 GB/T 24508—2020《木塑地板》性能指标要求。

1.2.3.3 HDPE/竹粉/GF复合材料

（1）材料配方

| HDPE(高密度聚乙烯) | 30 | 玻璃纤维(GF) | 3～10 |
| 竹粉(粒径小于380μm) | 60～67 | 硅烷偶联剂(A-171) | GF用量的4% |

（2）制备方法

① 竹粉制备　将自然风干的新鲜竹材经破碎机粉碎后，筛选出粒径小于380μm的竹粉，105℃下干燥至含水率小于3%，用浓度为4%的硅烷偶联剂溶液对竹粉进行喷淋、混匀。

② 复合材料制备　按配方将各组分的原料在高速混合机中混合均匀后，在160～180℃密炼机中混炼15～20min下料后在平板硫化机中热压成型，热压温度为175～180℃，压力为8～10MPa，保温、保压时间为20min，将平板硫化机加热板自然冷却至50℃以下，取出板材，将压制好的复合材料按照测试标准，制备成用于性能测试的试样。

（3）产品性能

当玻璃纤维用量为3%时，复合材料的拉伸强度和弯曲强度分别提高19.4%和23.5%，线膨胀系数明显减小；当玻璃纤维用量为10%时，复合材料的磨损率降低了49%。

1.2.3.4 HDPE/稻壳粉复合材料

（1）产品配方

| HDPE(HD5070EA) | 100 | 硅烷偶联剂(KH151) | 1 |
| 稻壳粉(180μm) | 50 | BPO(分析纯) | 3 |

（2）制备方法

将稻壳自然晒干（或者烘干），去除霉变、结块和杂物，粉碎过筛，制得稻壳粉，110℃干燥至含水率小于3%。将处理后的稻壳、HDPE和添加剂（发泡剂）按配方的比例加入搅拌机高速搅拌10min。将混合物倒入模具中，平板硫化机温度设定为160℃，压力为14MPa，压模时间为10min，中间放气3次。待模具温度完全变为室温后再开模取出木塑复合材料，再将其用机械加工的方式加工成性能测试所需要的尺寸。

（3）产品性能

硅烷偶联剂的加入降低了熔体流动速率，改善了HDPE/稻壳粉复合材料内部各组分的分散性和相容性，使复合材料的弯曲强度和冲击强度均有所提高；当硅烷偶联剂、HDPE和稻壳粉质量比为1∶100∶50时，复合材料的弯曲强度和冲击强度最佳；在引发剂的作用下，乙烯基三乙氧基硅烷与HDPE发生了接枝反应。

1.2.3.5 水稻秸秆粉/聚乙烯阻燃复合材料

（1）产品配方

HDPE(5000S)	28	纳米SiO$_2$(VK-SP30S)	3
水稻秸秆粉(180μm)	42	HDPE-g-MAH	9
聚磷酸铵(APP,聚合度>1000)	17	抗氧剂(1010)	1

（2）制备方法

将 180μm 的水稻秸秆粉在 80℃ 烘箱中干燥 12h，将干燥好的水稻秸秆粉、HDPE 与 HDPE-g-MAH、抗氧剂（1010）、APP、纳米 SiO₂ 按配方称量，在高速混炼机中进行预混，将混合物在转矩流变仪（160℃）中进行熔融共混，并制成标准样条，用于性能测试。

（3）产品性能

添加 17% 的 APP 与 3% 的纳米 SiO₂ 时，复合材料力学性能最好，材料的 UL-94 等级达到 V-0 级，极限氧指数提高了 30.8%，且燃烧后形成致密炭层。

1.2.3.6　HDPE/稻壳发泡木塑复合材料

（1）产品配方

高密度聚乙烯	55	氧化锌（化学纯）	0.5
稻壳粉	45	小苏打（化学纯）	1.5
AC	1.5	聚磷酸铵（APP，工业级）	10
KH550	0.2	纳米蒙脱土（工业级）	3

（2）制备方法

偶联剂 KH550 的用量为稻壳粉质量的 2%。偶联剂 KH550 和乙醇按照体积比 1∶5 配成溶液后，均匀喷洒至稻壳粉上，放置 12h，然后放入紫外烘箱，在 105℃ 烘干 1h。将预处理过的稻壳粉按照不同的木塑比例和 HDPE 放入高速混合机内搅拌 10min，然后 105℃ 干燥 0.5h。将配制好的混合物先置入模具中，然后再放入平板硫化机中，模压温度为 150℃，压力为 12.5MPa，保压时间为 8min，制备成 HDPE/稻壳发泡木塑复合材料，成型板材尺寸为 120mm×100mm×5mm。

（3）产品性能

AC 用量为 1.5% 时，复合材料综合力学性能、导热性能、残炭率和吸水性比较好；APP 用量为 10%，纳米蒙脱土用量为 3% 时，复合材料的性能最好。

1.2.3.7　HDPE/桉木粉木塑复合材料

（1）产品配方

HDPE（HB0035）	25	HDPE-g-MAH	10
桉木粉（180μm）	65		

（2）制备方法

将桉木粉在 100℃ 电热鼓风干燥箱中烘干 2～3h，按比例将 HDPE、桉木粉及适量液体石蜡混合均匀，混合物经转速为 120r/min 的同向双螺杆挤出机挤出共混并造粒，挤出机的加料段、熔融段及机头温度分别控制在 160℃、180℃、200℃。所得颗粒料在 160℃ 双辊混炼机上混炼 5min 出片，160℃ 平板硫化机上模压成复合材料试片。经万能制样机分别制成 4mm 厚的标准冲击试样（缺口深度为 2mm）、弯曲试样及拉伸试样（1B 型哑铃状）。

（3）产品性能

马来酸酐接枝物可以明显改善木粉与 HDPE 之间的界面黏结性。HDPE-g-MAH 复合材料的力学性能优良，并且随木粉含量的增加，木塑复合材料的弯曲强度及模量明显增加。当 HDPE-g-MAH 用量为 15%、木粉质量分数为 60% 时，木塑复合材料的拉伸强度、弯曲强度及弯曲模量分别达到 37.3MPa、41.5MPa 和 2485MPa。

1.2.3.8 茶叶梗/HDPE/CNT复合材料

（1）产品配方

HDPE(MDA-8008)	62	CNT-0H(TNMH1)	2
茶叶梗(150μm)	30	MAPE(PE-1)	6

（2）制备方法

将 HDPE、茶叶梗和碳纳米管（CNT-OH）等放入 100℃ 干燥箱中干燥 24h，然后按一定比例将物料放入转矩流变仪中进行熔融共混，共混温度为 170℃，40r/min 转速密炼 10min。将密炼产物破碎后放入注塑机中制成试样条。注塑机 3 段温度分别是：170℃、175℃、180℃。注塑试样尺寸按 GB/T 1040.2—2006 规定的 1A 型试样和 GB/T 9341—2008 进行制备。

（3）产品性能

当 CNT-OH 质量分数低于 0.5% 时，CNT-OH 起着增塑剂的作用，降低了体系的黏度和储能模量；当 CNT-OH 质量分数高于 0.5% 时，体系的黏度和储能模量随着 CNT-OH 含量的增加而增加；当 CNT-OH 质量分数超过 2% 时，由于 CNT-OH 的团聚和界面性能的下降，体系的黏度和储能模量也随之下降。CNT-OH 对体系强度的提高效果不明显，对结晶行为和热性能影响明显，CNT-OH 的加入降低了复合材料的熔点和结晶度，材料的热分解温度从 328.4℃ 增加到 362.4℃。

1.2.3.9 聚乙烯/竹粉木塑真菌降解复合材料

（1）产品配方

PE(FHC7260)	50	竹粉(150μm)	50

（2）制备方法

① WPCP 微生物降解样品的制备　将过 150μm 筛的竹粉用去离子水多次洗涤，除去杂质，过滤后于 120℃ 下干燥 24h。将 PE 与竹粉按质量比 50:50 混合均匀，于开放式炼胶机中进行熔融塑化，温度为 170℃，然后热压制成 WPC 样品，压力 15～20MPa，温度 175℃，时间 6min。将 WPC 样品用粉碎机打碎，粉末过 250μm（300μm）筛后用于微生物降解试验。

② 培养基的制备

a. 变色圈实验培养基。用蔗糖、蛋白胨、琼脂和去离子水制备培养基。

b. PDA 培养基。将煮烂马铃薯汁、葡萄糖和琼脂加热熔化后在高压锅内灭菌 30min。

c. 麦芽浸膏培养基。将麦芽浸膏、七水硫酸镁、七水硫酸亚铁、十二水磷酸氢二钾和蒸馏水搅拌均匀后放入高压锅内灭菌 30min。

d. 无机盐培养液。将葡萄糖、硝酸铵、磷酸氢二钾、十二水磷酸氢二钠、七水硫酸镁、维生素 B、氯化钙和七水硫酸亚铁混合均匀后在高压锅内灭菌 30min。

③ 液体菌种培养　将所选两种菌种在 PDA 培养基上培养 7d，用无菌打孔器切取等大的菌丝接入盛有麦芽浸膏培养基的锥形瓶中培养 7d 制成液体菌种。

（3）产品性能

平菇和凤尾菇均对竹粉和 WPC 有良好的降解作用，其中平菇的生物降解能力更大。在微生物降解过程中，竹粉发生酶解生成木质素单体等小分子降解产物，但两种真菌对竹粉的降解产物有一定不同，PE 基体也发生一定的降解而产生脂肪烃或酯类的小分子产物，微生物的降解破坏了 PE 的分子链，分子规整性下降导致 PE 晶体热稳定性变差。

1.2.3.10 木粉/HDPE 发泡复合材料

（1）产品配方

HDPE(5000S)	70	MADE(CMG-9801)	5
木粉（杨木）(110～150μm)	30	聚乙烯蜡	2
AC 发泡剂（AC-401）	变量		

（2）制备方法

将杨木粉置于烘箱中，在 103℃ 条件下鼓风干燥 8h，使其含水率低于 3％；之后将干燥的木粉与 HDPE、发泡剂、润滑剂、相容剂按一定比例置于高速混合机内进行预混合 5～8min。其中，木粉与 HDPE 的总量固定为 100 质量份，润滑剂的添加量为 2 质量份，相容剂 MADE 为 5 质量份，发泡剂含量（质量份）分别为 0.5、1.0 和 1.5。得到的预混料选用平行双螺杆挤出机造粒，最后通过单螺杆挤出机制备发泡木塑复合材料试样。试样在 25℃、相对湿度 50％ 的条件下放置 48h，用于性能测试。

（3）产品性能

木粉添加量的增加，能够在一定程度上改善 HDPE 木塑发泡复合材料的泡孔分布，降低泡孔成核自由能垒，提高泡孔成核速率，同时提高复合材料的拉伸强度。然而木粉添加量增加导致熔体体系黏度升高，抑制泡孔的生长，不利于制备具有良好泡孔形态的 HDPE 木塑发泡复合材料，同时对复合材料的冲击韧性具有一定的负作用。在较低木粉填充量时，增加发泡剂的用量，能够有效提高泡孔成核率，有利于良好泡孔结构的形成，提高复合材料的冲击韧性；但在较高木粉填充体系中，发泡剂含量的增加容易导致泡孔坍塌、气体逃逸等缺陷，对材料的力学性能产生不利影响。

1.2.3.11 纳米木塑复合材料

（1）产品配方

再生 HDPE	25	纳米填料	10
木粉(150μm)	60	填料处理剂（CK-100）	变量

（2）制备方法

将木粉放入烘箱于 105℃ 干燥 8h，恒重后按配方将木粉放入高速混合机中，然后计量加入纳米填料、填料处理剂（CK-100）进行高速混合处理；最后加入一定量的再生 PE、润滑剂等 80℃ 混合 10min，出料后用 PE 木塑专用双螺杆挤出机造粒，各段温度分别是 145℃、150℃、160℃，机头温度 155℃。将粒料采用模压成型制成纳米木塑复合材料，将所制备的材料通过制样机制备成标准样条。

（3）产品性能

填料处理剂（CK-100）在木粉和再生 HDPE 中起到偶联的作用，从而提高了木塑复合材料的界面相容性，加入量为木粉用量的 2.5％ 时，纳米木塑复合材料的力学性能达到最大值；在纳米填料改性木塑复合材料中，纳米蒙脱土制备的纳米木塑复合材料力学性能最大；当纳米蒙脱土含量为 10％ 时，复合材料的力学性能达到最大；观察纳米木塑复合材料的扫描电镜图得出，加入 MMT 和 CK-100 后复合材料的界面相容性得到提高。

1.2.3.12 微胶囊红磷木塑复合材料

（1）产品配方

| PE | 40 | 氢氧化镁包覆红磷（IERP） | 变量 |
| 木粉 | 60 | | |

（2）制备方法

① 氢氧化镁包覆红磷（IERP）的制备　向三口烧瓶（500mL）中加入 36.3g 硫酸镁，用蒸馏水溶解至 87mL，水浴加热并搅拌后，投入 20g 红磷，继续搅拌 10min，缓慢滴加氢氧化钠溶液调节 pH 值至 10，加入凝聚剂后再搅拌约 1h，使生成的 $Mg(OH)_2$ 逐渐沉积在红磷表面形成均匀而致密的包覆层。过滤、洗涤，120℃真空干燥 10h，得到氢氧化镁包覆红磷（IERP）。

② 木塑阻燃复合材料的制备　将一定比例的 IERP 和 WPC 投入到高速混合机中充分混合 10min，将混合物料加入温度为 180～200℃、螺杆转速为 50～100r/min 的双螺杆挤出机中进行熔融混合造粒，各段温度分别是 140℃、155℃、160℃，机头温度 155℃，注塑成型各种标准试样，注塑机各段温度分别是 155℃、165℃、170℃，喷嘴温度 165℃，注塑压力 15MPa，保压时间 5s，模具温度 40℃，冷却时间 15s。

（3）产品性能

① 随着氢氧化镁包覆红磷中氢氧化镁生成量的增多，包覆率先增大后减小，氢氧化镁的生成量为 30% 时，对应的包覆率为 85.5%。

② 随着氢氧化镁包覆红磷添加量的增加，复合材料的氧指数逐渐增大。但随着氢氧化镁包覆红磷添加量的增加，其与木塑复合材料的相容性越来越差。因此，综合考虑木塑复合材料的阻燃性能和力学性能，氢氧化镁包覆红磷的优化添加量为 8%，此时氧指数为 28%。

③ 氢氧化镁包覆红磷能显著提高木塑复合材料的热稳定性和残炭量，其与氢氧化镁的协同阻燃作用明显；其添加量少（相对于氢氧化镁和红磷单独使用）时，对材料的力学性能影响较小。

1.2.3.13　玄武岩纤维增强橡胶木粉/R HDPE复合材料

（1）产品配方

| 高密度聚乙烯瓶盖破碎料 | 40 | 马来酸酐接枝聚乙烯 | 5 |
| 玄武岩纤维（BCS16-198） | 变量 | 橡胶木粉(60～150μm) | 60 |

（2）制备方法

将橡胶木粉、RHDPE、马来酸酐接枝聚乙烯、玄武岩纤维原料在烘箱中充分干燥，待用。保持橡胶木粉和 RHDPE 质量比 6∶4 不变，玄武岩纤维的添加比例分别是橡胶木粉和 RHDPE 总质量的 0%、1%、3%、5%、7%、9%。将上述原料按比例加入哈克流变仪中，混合、造粒，螺杆转动方向设置为同向，温度 150℃，共混时间为 10min，转速为 15r/min；造粒后在平板硫化机上模压成型，压力 8MPa，温度 160℃，热压时间 15min；冷却后切割成测试所需试样。

（3）产品性能

随着玄武岩纤维质量分数的增加，橡胶木粉/RHDPE 复合材料的弯曲强度、弯曲模量和拉伸强度均呈现先上升后下降的趋势。在玄武岩纤维质量分数为 5% 时，复合材料的弯曲强度、弯曲模量和拉伸强度达到最大值，吸水率呈明显下降趋势。适量玄武岩纤维与橡胶木粉/RHDPE 复合材料界面结合良好，但随着添加量的增加，过多的玄武岩纤维不易被包裹。

1.2.3.14 玉米秸秆粉/高密度聚乙烯复合材料

（1）产品配方

HDPE	60	MAPE	2
玉米秸秆粉（CSF）	变量	石蜡	1
硼酸锌	变量	ACQ	变量

（2）制备方法

将粒径为 $250\mu m$ 的玉米秸秆粉烘干到含水率3%左右。分别将玉米秸秆粉、HDPE、MAPE、石蜡按配方称量好，于高速混合机中混合后加入双螺杆挤出机中熔融混合造粒，双螺杆温度设定为一区145℃、二区150℃、三区155℃、四区160℃、五区165℃、六区160℃、七区145℃，转速设定为50r/min。双螺杆造粒后在单螺杆挤出机中挤出成型，温度设定为一区145℃、二区150℃、三区155℃、四区160℃、五区160℃、六区160℃、七区160℃、八区160℃，转速设定为10r/min。

（3）产品性能

随ACQ浓度的增加，复合材料的拉伸强度逐渐减小。在ACQ浓度为1%，木粉添加量为60%时，其拉伸强度最大为25MPa，弯曲模量为4.79GPa，冲击强度为6.0kJ/m²。随ZB浓度的增加，拉伸强度呈先增大后减小的趋势，当ZB浓度为2%时，达到最大值，为33MPa；在ZB浓度为2%，木粉添加量为50%时，弯曲强度、弯曲模量均达到最大值，分别为61.3MPa和4.7GPa，冲击强度为10.8kJ/m²。经ACQ处理后，复合材料的含水率逐渐增加，吸水厚度膨胀率呈现先减小后增大的趋势，ACQ浓度一定时，复合材料的含水率和吸水厚度膨胀率均随CSF添加量的增加而增加。经ZB处理后，在相同CSF添加量下，随ZB浓度的增加，含水率和吸水厚度膨胀率逐渐增加。当CSF添加量为60%时，其对含水率影响较明显。经ACQ处理的CSF/HDPE复合材料上均无霉菌生长，具有较好的防腐效果。

1.2.3.15 EG 协同 APP/CFA/SiO₂ 膨胀阻燃剂阻燃 HDPE 木塑复合材料

（1）产品配方

HDPE	31.5	APP/CFA/SiO$_2$	20
木粉（60～180μm）	37.5	抗氧剂（1010）	0.5
PE-g-MAH	6	EG	10

（2）制备方法

将筛分出 $60～180\mu m$ 的木粉作为实验原料，在烘箱中105℃下干燥24h后将HDPE、PE-g-MAH、实验所需所有阻燃剂及其他填料在80℃下干燥8h。在转矩流变仪中熔融共混，温度为135℃，转速为50r/min，将HDPE与PE-g-MAH添加至转矩流变仪中至熔融，加入混合均匀的阻燃剂和木粉混炼，约5～6min混合均匀后将其取出，置于平板硫化机上压片，压片时间约为1min，其中设置平板硫化机上下板温度为135℃，加压压力为7.2MPa。随后将样品撤离热压机，置于凉的大理石板上冷却约5min，待冷却定型后，将样品切割成实验测试所需尺寸标准的样条。

（3）产品性能

EG和APP/CFA/SiO₂阻燃HDPE木塑复合材料体系，通过氧指数仪和垂直燃烧对体系的燃烧性能测试表明，复配体系中随着EG含量的增加LOI先增大后减小，当EG添加9质量份时复合材料的氧指数达到32.2%，垂直燃烧达到V-O级。而单独加入EG或APP/

CFA/SiO$_2$ 时，氧指数只有 29.1% 或 27.9%，表明二者具有良好的协同阻燃效果。当 EG 和 APP/CFA/SiO$_2$ 复配体系中 EG 含量较少时，材料的力学性能有所增强。但随着 EG 含量的增加材料的力学性能下降。TGA 与 DTG 分析显示，EG 和 APP/CFA/SiO$_2$ 复配使用能够有效提升高密度聚乙烯木塑复合材料开始失重的温度，同时提高复合材料燃烧后的残炭量，对材料的阻燃有积极意义。CONE 和 SEM 测试表明，EG 和 APP/CFA/SiO$_2$ 复配使用能够增加复合材料的阻燃性能。由于 APP/CFA/SiO$_2$ 分解后所产生的黏稠物质覆盖在 EG 膨胀后形成的炭层表面，能够有效地将 EG 膨胀疏松的炭层黏结，使炭层的排列更连续结实，同时 CFA 受热后进一步促进了材料的成炭发泡，使材料形成有效的保护层，更有效地隔绝热量和可燃气体，表现出更好的阻燃效果。

1.2.3.16　荻草纤维/HDPE 木塑复合材料

（1）产品配方

HDPE(5000S)	50	SV	变量
荻草粉(180μm)	50	MAPE(KT-12B)	8
PMDI	变量		

（2）制备方法

① 荻草粉的制备　将荻草破碎后过筛得到 180μm 的荻草粉，在 80℃ 烘箱中干燥，干燥时间以荻草质量无变化为准。

② 复合材料的制备　按配方称重后混合均匀，在挤出机中进行造粒，挤出机的温度为 185～195℃，加工转速为 150r/min。注塑机的温度为 180～200℃，注塑压力为 75MPa。而对于模压成型来说，在 150℃ 温度下，在双辊开炼机上先按配方将混合材料混炼至完全塑化，然后再在此温度下混炼约 15min，混炼至荻草均匀分散。称取一定质量的混炼复合材料，放入 160mm×100mm 的模具中，把模具放入平板硫化机中，在 150℃ 下预热 30min，然后在 10MPa 下保压 30min，待模具自然冷却后将模具取出，根据所需样条裁样。

（3）产品性能

PMDI：SV 为 1∶6，SV 含量为 50%，MAPE 含量为 8% 时，复合材料的拉伸强度和弯曲强度达到最大，分别比未处理时提高了 126.1% 和 105.1%，荻草纤维经过 PMDI 喷洒处理后，其复合材料的结晶度得到进一步提高，接触角变大。当加入 MAPE 后，一部分会和游离的 PMDI 和—OH 反应，另一部分会和—NCO 反应。过多的 MAPE 会形成弱的界面层，而且会产生一些副产物。

1.2.3.17　玄武岩纤维增强木塑复合材料

（1）产品配方

HDPE(5000S)	36	硅烷偶联剂(KH550)	玄武岩纤维用量的 3%
玄武岩纤维(BF)	4	硅烷偶联剂(YGO-1203)	玄武岩纤维用量的 3%
杨木粉(140～180μm)	56		

偶联剂用量是玄武岩纤维的 3%。

（2）制备方法

① BF 表面改性处理　先将 BF 在索氏抽提器中用丙酮抽提 12h，再用蒸馏水浸泡 5 次，每次 30min，除去表面杂物，然后在 80℃ 烘箱内烘干 3h，室温下于干燥器中储存备用。配

制无水乙醇与蒸馏水的混合溶剂，加入硅烷偶联剂，搅拌均匀（乙烯基硅烷偶联剂需滴入冰醋酸调节 pH 值至 3.5 左右），偶联剂用量为玄武岩纤维质量的 3%。加入玄武岩纤维，静置 30min 后取出室温晾干，随后在 120℃烘箱内加热 2h，使偶联剂在纤维表面缩聚形成偶联剂层。加热结束后取出 BF 纤维，置于 80℃烘箱内干燥 3h，得到改性 BF 备用。

② 复合材料制备　将木粉干燥至含水率 3% 以下，储存待用。按配方将改性 BF 与木粉、HDPE、马来酸酐接枝聚乙烯（MAPE）、石蜡润滑剂在高速混合机中混合 10min，然后转入 30mm/40mm 双阶挤出机组挤出成型为截面尺寸 40mm×4mm 的片材。其中，熔融区温度为 145℃，挤出区温度为 145～160℃，定型区温度为 165℃。

（3）产品性能

玄武岩纤维经过偶联剂改性处理后，与 HDPE 基体的相容性提高，改善了界面结合，从而提高了复合材料的性能。同时 BF 含量的提高会导致团聚现象的发生，影响复合材料的力学性能；玄武岩纤维经 KH550 处理后，对复合材料抗拉强度和冲击强度的改善优于 YGO-1203，在弯曲强度上次之。试验中添加 4% 的改性 BF 可以使复合材料获得较好的性能。

1.2.3.18　聚酯纤维增强木粉/HDPE 复合材料

（1）产品配方

高密度聚乙烯（HDPE，5000S）	35	杨木粉，40～180μm	54
聚酯纤维（PF）	6	MAPE（CMC9804）	5

（2）制备方法

先将 HDPE 和聚酯纤维在双辊开炼机中按配方进行塑化混炼，前辊温度 150℃，后辊温度 155℃，辊距 2～5mm，混炼至混合物表面看不到团聚的聚酯纤维为宜，然后冷却、粉碎，备用。再按一定比例将杨木粉、润滑剂、偶联剂和混炼粉碎后的 PET/HDPE 共混物在高速混合机中混合 10min，然后通过 SJSH30/SJ45 双阶挤出机挤出截面尺寸为 40mm×4mm 的片材。双螺杆挤出机喂料速度为 12r/min，料筒温度设置为 160～175℃，螺杆转速为 30r/min；单螺杆挤出机料筒温度设置为 145～168℃，螺杆转速为 30r/min。

（3）产品性能

当添加长度为 2mm 的聚酯纤维（PF）时，几乎无法起到增强作用，甚至降低了复合材料的力学性能；随着 PF 添加量和长度的增加，复合材料的力学性能稍有提高；当 PF 的用量为 6%、长度为 4mm 时，复合材料的力学性能最佳、吸水率最低。

1.2.3.19　超临界流体微孔发泡注射成型用麦秆粉/HDPE 复合材料

（1）产品配方

HDPE（2911）	70	硅烷偶联剂（KH550）	2
麦秆粉（40～250μm）	30	HDPE-g-MAH	2
氮气	一定流量		

（2）制备方法

将筛分后的麦秆粉在鼓风干燥箱中于 100℃条件下干燥 24h，使麦秆充分干燥，含水率小于 3%，再用由无水乙醇稀释后的硅烷偶联剂溶液均匀润湿麦秆粉表面。按配方把麦秆粉与 HDPE 均匀混合后用同相双螺杆挤出机进行挤出造粒即可得到麦秆粉/HDPE 复合材料粒料，挤出机各段温度为 155℃、160℃、165℃、165℃，机头温度 150℃，熔体温度 145℃，转速 60r/min。制备得到的麦秆粉/HDPE 复合材料粒料以注塑成型的方式制备麦秆粉/HDPE 复合材料的标准试样。注塑机各段温度为 165℃、170℃、175℃，自锁式喷嘴温度 165℃，模具温度 70℃；注塑压力 70MPa、超临界气体为氮气，控制流量为 0.4%，氮气进入压力 12.6MPa，冷却时间 35s。

（3）产品性能

随麦秆粉含量的增加，麦秆粉/HDPE 复合材料熔融指数大幅下降；麦秆粉粒度对麦秆粉/HDPE 复合材料熔融指数的影响随着麦秆粉粒度的减小而逐渐减小，麦秆粉/HDPE 复合材料注塑试样的密度也不断增加，其中超临界流体微孔发泡成型工艺对制品减重效果最为显著，减重率在 15% 左右，而麦秆粉粒度、硅烷偶联剂对复合材料的密度影响较小；物理发泡的麦秆粉/HDPE 复合材料的冲击断面分层明显，表层未发泡，次表层有大量均匀的微细泡孔存在，次表层的力学性能较好，芯层泡孔尺寸比次表层大，力学性能较差；与硅烷偶联剂相比，HDPE-g-MAH 更能提高麦秆粉/HDPE 木塑复合材料的力学性能，HDPE-g-MAH 与硅烷偶联剂同时使用可以有效改善麦秆粉与 HDPE 基体材料的相容性使两者的界面结合性增强，提高木塑复合材料的发泡效果，使微泡孔更加细小、密致。

1.2.3.20 碳纤维增强 HDPE/木粉复合材料

（1）产品配方

HDPE(5000S)	40	PE-g-MAH(接枝率0.9%)	4
杨木粉(WF,400μm)	40	润滑剂	2
短切碳纤维(SFC,3mm)	10		

（2）制备方法

将杨木粉（WF）、短切碳纤维（SFC）、高密度聚乙烯（HDPE）、偶联剂（马来酸酐接枝聚乙烯，MAPE）、润滑剂（石蜡）等原料使用高速混合机混合，经双螺杆熔融复合挤出后粉碎成颗粒，再经压机模压成型、冷却，得到尺寸为 160mm×160mm×4mm 的碳纤维增强 HDPE/木粉复合材料。

（3）产品性能

复合材料的拉伸强度达到 37.9MPa，拉伸模量 3.79GPa，弯曲强度为 59.7MPa，弯曲模量为 2.92GPa，冲击强度达到 11.4kJ/m^2，PE-g-MAH 的加入可以显著改善木塑复合材料的相容性。

1.2.3.21 竹粉/HDPE 复合材料

（1）产品配方

HDPE(8008型)	与增容剂加和为70	EAA(9005型)	变量
MAPE(CPZ-2012)	变量	竹粉(150μm)	30
MAPOE(7467型)	变量		

（2）制备方法

HDPE、增容剂和竹粉在 80℃ 真空干燥箱中干燥 24h，然后按配方称重后放入 175℃ 转矩流变仪中熔融共混 10min。共混结束后，将共混物粉碎转移至塑料注射成型机，按照国家标准制成标准试样（拉伸、弯曲和冲击试样等）。在竹粉/HDPE 共混物中，竹粉质量分数固定在 30%，三种增容剂的质量分数分别取 3%、6% 和 10%。

（3）产品性能

① MAPE 对竹粉/HDPE 复合材料具有很好的增容效果，使复合材料的拉伸强度、弯曲强度和缺口冲击强度均明显提高，而 MAPOE 和 EAA 则导致竹粉/HDPE 复合材料性能的下降。

② 在吸水率方面，MAPE 的加入大大改善了竹粉/HDPE 复合材料的吸水率，但是 MAPOE 和 EAA 则导致竹粉/HDPE 复合材料的吸水率迅速增加。

③ 在相同增容剂含量下，MAPE 和 EAA 体系的劲度要高于 MAPOE 体系，这与分子结构特征有关，同时在相同频率下，相同含量 MAPE 和 EAA 体系的储能模量低于 MAPOE，即 MAPOE 体系刚性较大。

1.2.3.22　聚乙烯木塑阻燃复合材料

（1）产品配方

高密度聚乙烯（5000S）	200	MAH-g-PE	30
木粉（180μm）	220	氢氧化铝	50
聚磷酸铵	375	三聚氰胺	25
氯化聚乙烯	20		

（2）制备方法

按配方称取干燥的木纤维、HDPE 树脂和各种加工助剂，置于高速混合机中于室温下混合 10～15min，待混合均匀后加入双螺杆挤出机中进行熔融挤出，制得宽度 100mm、厚度 4mm 的片材试样，用于性能测试及表征。

（3）产品性能

① WPC 熔体呈现出流变复杂行为，其复数黏度的临界值移向更低值；与 HDPE 树脂基体相比，WPC 呈现出典型的热流变复杂行为，其弹性模量、损耗模量随温度变化更为敏感；Cole-cole 曲线和 SEM 结果表明，WPC 存在着复杂的多相结构。

② 随着 APP 用量的增加，WPC 氧指数显著提高；锥形量热仪测试结果表明，APP 具有良好的阻燃以及促进膨胀炭层形成的作用。

1.2.3.23　葵花秆/聚乙烯轻质复合材料

（1）产品配方

葵花秆	50	硅烷偶联剂（KH550）	5
聚乙烯	50	硬脂酸锌	1

（2）制备方法

分别对葵花秆进行去芯与不去芯处理，并用硅烷偶联剂对葵花秆进行改性，使其与聚乙烯混合制备葵花秆/聚乙烯轻质复合材料。具体步骤是按设计密度对原料进行铺装后送入热压机，按设定好的热压工艺参数进行热压，将热压成型的板材冷压后进行裁边，按参考标准要求制备各种力学性能测试的试样。

（3）产品性能

复合材料密度为 0.42g/cm³，弯曲强度为 4.12MPa，弹性模量为 4.87GPa、结合强度为 0.145MPa，2h 吸水厚度膨胀率为 4.38%。复合材料的平均吸声系数达到 0.49，大于 0.4，可以考虑将其作为吸声材料使用，同时其热导率均小于 0.25W/(m·K)，又可以作为保温隔热材料。

1.2.3.24 亚麻屑/高密度聚乙烯复合材料

（1）产品配方

HDPE	35	PE 蜡	1
亚麻屑（粒径 0.7mm）	60	紫外线吸收剂（UV531）	1
MAPE	5	铁红（颜料）	1

（2）制备方法

将亚麻屑粉碎后筛分出粒径为 20～40 目的烘干到含水率 0.3%左右，将亚麻屑、HDPE、MAPE、各种助剂按一定的配比称量好，用高速混合机进行混合后加入双螺杆挤出机中熔融混合造粒，三段温度分别是 145℃、150℃、155℃，机头温度 150℃，转速设定为 50r/min；用单螺杆挤出机挤出板材，三段温度分别是 145℃、150℃、155℃，机头温度 160℃，转速设定为 10r/min。

（3）产品性能

① 亚麻屑对复合材料有增强效果，当亚麻屑含量为 60%时，复合材料的力学性能较好，添加 UV531 的复合材料冲击强度较大。

② 复合材料经过 1000h 加速老化，最终将导致力学性能的下降，弯曲强度降幅最小值为 19.0%，最大值为 51.1%；冲击强度降幅最小值为 42%，最大值为 57.2%；密度下降幅度最小值为 0.9%，最大值为 1%；吸水厚度膨胀率降幅最小为 15.9%，最大为 72.9%。老化后亚麻屑含量为 60%、添加剂为 UV531 的复合材料弯曲强度增强效果较理想；添加剂为铁红的复合材料冲击强度增强效果较理想。

1.2.3.25 GMA 接枝增容聚乙烯木塑复合材料

（1）产品配方

PE	67	DCP	0.3
木粉（120μm）	29	苯乙烯	1.5
GMA（分析纯）	1.5	亚磷酸三苯酯（化学纯）	1

（2）制备方法

木粉在 100℃下鼓风干燥 12h，按配方称重后一起加入高速混合机中混合 5min 后用同向双螺杆挤出机挤出得到 WPC 粒料，挤出温度为 180℃，将挤出得到的粒料，在注塑机中注塑制备力学性能和热性能测试用的标准样条，注塑温度 180℃，注塑压力 105MPa，保压时间 5s，冷却时间 15s，得到性能测试标准样条。

（3）产品性能

在 PE、木粉的熔融挤出过程中，加入 GMA 和 DCP 直接反应增容后，有部分 PE 分子键合到了木粉上；加入共单体苯乙烯后，键合到木粉上的 PE 分子更多；加入 GMA 和 DCP 直接反应增容后，PE 基 WPC 的拉伸强度、弯曲强度、断裂拉伸应变、冲击强度和 HDT 均明显提高，比增容以前提高了 67%、23%、32%、43%和 7.7%；加入苯乙烯一方面增加 GMA 的接枝率，改善木塑两相的相容性，另一方面抑制 PE 的交联，这两方面的综合作用使 WPC 的性能基本不变。加入 TPP 抑制 PE 的交联，同时也降低 GMA 的接枝率，削弱木塑两相的结合力，导致 WPC 的负载热变形温度下降，但断裂拉伸应变和冲击强度明显提高。

1.2.3.26 PE交联木塑复合材料

（1）产品配方

HDPE	70	过氧化二异丙苯(DCP)	1.5
杨木粉(250μm)	29	MAPE(接枝率1%)	1

（2）制备方法

先将木粉在110℃烘干8h，至含水量＜2%，然后按配方称取一定量杨木粉、PE-HD、PE-g-MAH等，置于高速混合机中混合约5min后排料，制得预混料。将预混料加入平行双螺杆挤出机中挤出塑化，制得塑化粒料。将一定含量的DCP与塑化粒料在高速混合机中混合均匀，用热压机压制成型，温度为170℃，压力为10MPa，时间为20min。

（3）产品性能

PE的交联改性可明显提高PE塑料基体的强度从而可以进一步提高复合材料的强度。当MAPE质量分数为1%，DCP质量分数为1.5%时，木塑复合材料的强度可与MAPE质量分数为3%时的木塑复合材料相媲美。

1.2.3.27 丙烯酸酯增容聚乙烯木塑复合材料

（1）产品配方

HDPE(6098)	27	硅烷偶联剂(KH550，KH570)	1
硅烷改性甘蔗渣(40～250μm)	12	丙烯酸酯增容剂	5
马来酸酐接枝聚乙烯(2909)	5		

（2）制备方法

① 甘蔗渣制备 将甘蔗渣粉碎，用振动筛筛取40～180μm组分，在真空干燥箱中于110℃真空干燥24h直至恒重，再将硅烷偶联剂（KH550）与无水乙醇按1:5（体积比）配成稀释溶液。取20.0g甘蔗渣，加入24.0mL混合液，在高速混合搅拌机中进行搅拌混合均匀，使其偶联反应1h。置真空干燥箱中于100℃真空干燥1h，使溶剂挥发，制备表面氨基化甘蔗渣。

② 丙烯酸酯增容剂合成 将甲基丙烯酸甲酯（MMA）、丙烯酸丁酯（BA）、甲基丙烯酸缩水甘油酯（GMA）和醋酸乙烯酯（VAc）分别在加入0.5（质量分数）对苯二酚条件下，减压蒸馏，除去阻聚剂，低温避光保存；硅烷偶联剂KH550及KH570减压蒸馏，放入冰箱密封保存备用。

在250mL的二口瓶中加入120mL蒸馏水，放入2.47g对十二烷基苯磺酸钠，搅拌使溶液充分乳化加入1.2g过硫酸钾，搅拌使其充分溶解，分别量取BA、VAC、GMA、KH570各10.0mL，加入小烧杯中搅拌混合均匀。用常压滴液漏斗缓慢滴加到反应瓶中，滴加单体同时缓慢升温，0.5h内温度升至80℃，反应约需要3h，至没有单体回流15min后停止反应，将反应液倒入500mL烧杯中，边加热搅拌边加入饱和NaCl溶液破乳，减压过滤。用热水洗涤数次至滤液清亮，在60℃时干燥至质量恒定，保存备用。

③ 复合材料的制备 将4g丙烯酸酯增容剂、12g硅烷改性甘蔗粉和27g聚乙烯放入190℃转矩流变仪中混炼6min，冷却，用粉碎机粉碎后用平板硫化机制样（16cm×16cm），在190℃、20MPa下预压10min，热压5min，然后20MPa下冷却3min脱模，用万能制样机制作标准样条。

（3）产品性能

丙烯酸酯增容剂可以改善木纤维和 PE 共混物之间的界面相容性，制备的复合材料拉伸强度提高了 2.2 倍，缺口冲击强度提高了 1.4 倍。

1.2.3.28　棉花秸秆/聚乙烯木塑材料

（1）产品配方

聚乙烯	100	稀土相容剂	5
棉花秸秆	140		

（2）制备方法

按一定比例将聚乙烯、马来酸酐、引发剂过氧化二异丙苯（DCP）和丙烯酸酯混合，按同样的方法制备稀土相容剂（相容剂 a）；将一定比例的聚乙烯、马来酸酐和 DCP 于双辊开炼机上混炼 10min 左右，混炼温度 150℃，混炼均匀后，冷却破碎，得到普通的相容剂（相容剂 b）。将棉花秸秆粉碎，过筛，在 130℃下烘 24h 后，得到棉花秸秆粉（下面简称木粉）。将一定比例的聚乙烯、相容剂和木粉混合均匀后，在混炼机上混炼 10min 后，在平板硫化机上压制成型，并制备力学性能测试用的样条。

（3）产品性能

和普通相容剂相比，稀土相容剂能大幅度提高棉花秸秆/聚乙烯木塑材料的力学性能，棉花秸秆的添加量可以达到 200 份；稀土相容剂改善了棉花秸秆和聚乙烯树脂的界面相容性，提高了棉花秸秆/聚乙烯木塑材料的性能。

1.2.3.29　苘麻纤维/PE 复合材料

（1）产品配方

PE 撕裂膜	45	硅烷偶联剂（A-171）	1
苘麻纤维	55		

（2）制备方法

将一定质量比的苘麻纤维与 PE 按照麻布层叠铺装、麻线缠绕或者原麻混合的方法制成板坯，在一定压力下进行预压，将预压好的板坯放入 110℃烘箱内预热后移至压机进行热压，并在保压状态下冷却成型。将聚酯膜铺覆在 2mm 厚的钢板上以利于脱模，将剪裁烘干后的苘麻纤维与纤维状 PE 按照质量比逐层铺装成板坯，盖上聚酯膜、钢板，在 1MPa 压力下顶压 30min，放入 110℃烘箱中预热 2h，使板芯温度达到 110℃后迅速放入热压机内热压，压力为 5MPa，在预定时间取出，在保持压力条件下冷却定型。制成的板材尺寸为 35cm× 35cm×6cm。

（3）产品性能

最佳热压工艺为热压温度 180℃，热压时间 12min，复合材料的弯曲强度可以达到 33.0MPa，弯曲模量达到 2.66GPa，拉伸强度达到 30.0MPa，冲击强度为 40.7kJ/m²；硅烷偶联剂处理后的复合材料相比与未处理复合材料弯曲强度增加了 37.2%，弯曲模量增加了 48.7%，拉伸强度增加了 33.5%，拉伸模量增加了 13.2%，冲击强度增加不明显，24h 吸水厚度膨胀率减小了 24.2%。

1.2.3.30　笋壳/高密度聚乙烯复合材料

（1）产品配方

| 高密度聚乙烯 | 100 | 碳酸钙 | 20 |
| 笋壳纤维(180μm) | 40 | 硅烷偶联剂(KH570) | 2 |

（2）制备方法

将笋壳干燥粉碎过150μm筛，与硅烷偶联剂（KH570）按配比称量，然后在搅拌机中高速搅拌混合，反应5～10min，得到改性笋壳粉。将笋壳粉、HDPE、CPE及助剂按配比称量，在高速混合机中混合均匀后在165～175℃双辊混炼机中熔融共混；再在170～180℃平板硫化机上加压至5MPa，预热10min，其间放气3次。然后加压至10MPa，恒压10min，之后移至常温平板硫化机，冷压5min制得复合板材。

（3）产品性能

随着笋壳粉添加量增大，复合材料的拉伸强度和冲击强度均呈下降趋势，弯曲强度逐渐增大。当笋壳粉添加量在0～30质量份范围内，冲击强度下降趋势明显。笋壳粉添加量达到40质量份时，复合材料弯曲强度达到最大值，此后复合材料弯曲强度随着笋壳用量的继续增大，而呈下降趋势。随着KH570用量的增大，材料力学性能逐步提高，当KH570用量为2质量份时，材料拉伸强度、冲击强度和弯曲强度均达到最大值，分别为31.3MPa、19.8kJ/m^2、38.3MPa。当KH570用量进一步增加时，材料的各项力学性能指标均呈下降趋势。笋壳纤维的引入可使HDPE的结晶活化能降低。笋壳/HDPE复合材料对霉菌很敏感，埋入土中降解一段时间后，复合材料的表面侵染并繁殖了大量霉菌，甚至产生霉菌斑点；冲击断面自然条件下放置60天后复合材料的表面有大量的微生物寄生，另外在纤维与塑料交界面处也可清晰观察到大量真菌孢子的存在。

1.2.4 聚丙烯基体木塑复合材料

1.2.4.1 家具用PP基木塑复合材料

（1）产品配方

PP(H1500)	70	PP-g-MAH(CPZ-2012)	5
杨木粉(粒径180μm)	30	硬脂酸(SA1800)	2
碳酸钙、滑石粉和硅灰石(粒径15μm、		POE(Solumer8613)	10～25
13μm、10μm)	变量	EPDM(modle-47708)	10～25
硫酸钡(粒径15μm、13μm、10μm)	变量	SBS(model-T161B)	10～25
硅烷偶联剂(KH550)	1		

（2）制备方法

将杨木粉置于120℃真空干燥箱中干燥3h除去水分，然后将硅烷偶联剂（KH550）与乙醇充分混合后喷洒在已干燥的杨木粉上，均匀搅拌后静置2h以上，然后按照一定的配比将已处理的杨木粉和PP、增强剂（碳酸钙、硫酸钡、滑石粉、硅灰石）及其他助剂在高速混合机中混合8min，通过双螺杆挤出机造粒，挤出机温度设定为150℃、165℃、185℃、195℃、200℃、185℃，主机转速为300r/min，制得增强型PP基木塑复合材料粒料。增强型复合材料中杨木粉的质量分数为30％；硅烷偶联剂、PP-g-MAH、硬脂酸的质量分数分别为1％、5％、2％；增强剂的质量分数分别为5％、10％、15％、20％。在获得最优的增强剂种类和含量后，再向增强型复合材料中加入质量分数分别为10％、15％、20％、25％的增韧剂（POE、EPDM、SBS），按上述相同挤出工艺制得增强增韧型PP基木塑复合材料粒料。将所得粒料通过注塑机制成标准试样，注塑温度为200～230℃。

（3）产品性能

随填充剂用量的增加，PP木塑复合材料的弯曲强度先升高后降低，随填充剂粒径的减小，复合材料的弯曲强度提高；在增韧剂用量相同的情况下，增韧效果从高到低依次为POE、EPDM和SBS；当POE质量分数为20%，粒径为10μm的硅灰石质量分数为15%时，PP木塑复合材料的力学性能最优，可应用于家具行业。

1.2.4.2　聚丙烯/麦秸秆木塑复合材料

（1）产品配方

PP	67	马来酸酐接枝PP	3
麦秸秆（8%浓度氢氧化钠处理）	30		

（2）制备方法

将一定量的麦秸秆放入8%浓度NaOH溶液中，浸泡10h后，用蒸馏水多次清洗，将其放到90℃烘箱中烘干后破碎，过180μm标准筛，制得麦秸秆粉。将麦秸秆粉、PP和增容剂分别按配方称重后在转矩流变仪密炼机中密炼，转速采用60r/min，温度为195℃。将PP/麦秸秆复合材料的粉碎，在注塑机注射成型制备PP/麦秸秆复合材料的拉伸标准样条，注射机三段温度分别是180℃、200℃和210℃，喷嘴温度205℃，注射压力20MPa，保压时间5s，冷却时间15s。

（3）产品性能

① PP/麦秸秆木塑复合材料的拉伸强度、弯曲强度和冲击强度随着NaOH浓度的增加先升高后下降，在8%NaOH溶液中处理麦秸秆时复合材料的拉伸强度、弯曲强度和冲击强度达到最大，分别比未作处理的麦秸秆木塑复合材料的拉伸强度、弯曲强度和冲击强度提高了5%、4%和28%。

② 马来酸酐接枝PP增容剂的加入使得麦秸秆与PP的界面相容性提高，复合材料的力学性能大大增加。

③ 麦秸秆的添加降低PP材料的拉伸强度和冲击强度，而提高了其弯曲强度，PP/麦秸秆木塑复合材料的弯曲强度随着麦秸秆含量的增加而升高，在麦秸秆含量为30%时达到最大（43.4MPa）。

1.2.4.3　相容剂/PP/木粉复合材料

（1）产品配方

PP（T30S）	70	PP-g-MAH（接枝率0.5%）	10
木粉（WP）（180μm）	20	硅烷偶联剂（KH550）	2

（2）制备方法

将称取的木粉置于100℃的烘箱中干燥4h，然后按比例添加组分在高速混合机中搅拌5min，混合后进行亚临界流体挤出、造粒。双螺杆挤出机的螺杆转速为120r/min，称取粒料进行混炼、压片，放置24h后进行制样。亚临界流体（乙醇和KH550一定比例的混合液）挤出是指流体从螺杆B处注入（见图1-2），B至C区域为熔融反应区，保持其温度恒定，并通过控制注入流体速度保证流体处于一定的温度和压力之下即亚临界状态，进行挤出制备PP/木粉复合材料。

（3）产品性能

PP-g-MAH能够提高PP/木粉相容性，对复合材料综合力学性能的影响较大，硅烷偶联剂处理后的复合材料力学性能进一步提高，材料最终拉伸强度、弯曲强度、弯曲模量、冲

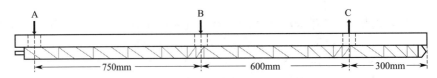

图 1-2 同向啮合双螺杆结构示意图
A—加料口；B—注入口；C—真空口（排气口）

击强度分别达到 44.3MPa、88.4MPa、6579MPa 和 7.1kJ/m^2。

1.2.4.4 竹粉/聚丙烯复合材料

（1）产品配方

聚丙烯(T30S)	100	MAH-g-PP	2
改性竹粉(250μm)	10		

（2）制备方法

① 竹粉制备与改性　将竹粉放在一定浓度的 NaOH 溶液中，固液比为 1∶5，于常温下浸泡处理 30min 后将产物抽滤，并用蒸馏水洗涤至中性，于 100℃ 干燥 24h 后研磨、过 250μm 标准筛。改性方法如下：

a. 硅烷改性竹粉。将竹粉用量 2% 的 KH550 与乙醇置于三口烧瓶中，搅拌使其分散均匀，缓慢加入竹粉，加热至反应温度，回流反应一段时间后，冷却、抽滤，并用蒸馏水洗涤至中性，于 100℃ 干燥 24h 后得到 KH550 改性的竹粉。

b. 硬脂酸改性竹粉。将一定量的硬脂酸与蒸馏水放于三口烧瓶中，搅拌并加热至一定温度，待其完全溶解后，缓慢加入竹粉，反应一段时间后，产物用蒸馏水反复洗涤除去未反应的改性剂，100℃ 干燥 24h 即得到硬脂酸改性的竹粉。

c. 复合改性竹粉。先用 NaOH 溶液处理竹粉，然后再分别用硅烷偶联剂 KH550、硬脂酸做二次改性，整个处理过程都在三种改性剂的最佳反应条件下进行。产物过滤后使用蒸馏水洗涤至中性，于 100℃ 干燥 24h 后研磨、筛分备用。

② 复合材料制备　分别将相容剂 MAH-g-PP、改性竹粉与聚丙烯按一定比例在高速混合机中混合均匀，混合物用双螺杆挤出机共混造粒，挤出机各段温度分别是 180℃、190℃、200℃、200℃、190℃，机头 180℃。所得粒料于 100℃ 鼓风干燥 6h，用全自动塑料注射成型机注塑制成标准样条（包括拉伸样条、弯曲样条、冲击样条），注塑压力 50MPa，保压时间 10s，冷却时间 20s，放置 48h 后测试。

（3）产品性能

不同改性剂均能不同程度地改善竹粉与 PP 树脂基体的相容性。其中，KH550 和硬脂酸对竹粉的改性效果最佳，复合材料的冲击强度为 8.49kJ/m^2，较纯 PP 提高了 86%；拉伸强度为 33.7MPa，较纯 PP 提高了 8.6%；耐热性能稍有降低。

1.2.4.5 聚丙烯木塑复合材料

（1）产品配方

聚丙烯	50	PP-g-MAH	5
木粉	50	胶粉	10

（2）制备方法

将预处理后的木粉在挤出机中进行熔融共混，胶粉、相容剂和聚合物在挤出机中进行熔融共混挤出造粒，挤出机各段温度分别是 185℃、190℃、195℃、200℃、190℃，机头185℃。所得粒子于 100℃ 鼓风干燥 6h 后在注塑机上注塑制成标准样条，注塑压力 50MPa，保压时间 5s，冷却时间 15s，放置 24h 后测试。

（3）产品性能

MAPP 的加入可显著改善复合材料的力学性能。MAPP 中的活性基团 MAH 能与木粉和胶粉中的极性基团发生反应，而另一端可以与聚丙烯基体发生缠绕，这样就能把原来相容性差的几种物质紧密结合起来，从而提高了 WPC 的力学性能。当 MAPP 的用量为 5 份左右时，WPC 的力学性能最佳。

1.2.4.6 聚丙烯木塑阻燃复合材料

（1）产品配方

聚丙烯	160	硼酸锌	40
杨木粉(60～180μm)	200	抗氧剂(1010)	5
纳米 SiO_2	40	PP-g-MAH(接枝率 1%)	35
聚硅氧烷	20		

（2）制备方法

将木粉在 80℃ 下烘干 12h，按配方称重后在高速混料机中混合均匀。混合均匀后在180℃ 转矩流变仪的密炼机中塑炼 10min，在温度 185℃ 的热平板中压片成型，压力 10MPa，时间 20min。冷压至 80℃ 以下取出试片。

（3）产品性能

将纳米 SiO_2、聚硅氧烷与硼酸锌进行三元复配，纳米 SiO_2：聚硅氧烷：硼酸锌＝4：2：4，加入 20% 的阻燃剂，复合材料的极限氧指数达到 32.6%，800℃ 时复合材料的残炭量达到 37.2%。

1.2.4.7 芦竹粉/聚丙烯木塑复合材料

（1）产品配方

聚丙烯	50	PP-g-MAH	6
芦竹粉(180μm)	50		

（2）制备方法

将芦竹粉放入干燥箱中，在 80℃ 下干燥 2h，去除其中的水分和挥发物，按配方称重后在 80℃ 高速混合机中混合 25min，待物料温度降至常温后，用双螺杆挤出机在 160～190℃、90r/min 转速得到复合材料粒子，用注塑机得到标准样条，注塑压力 50MPa，保压时间10s，冷却时间 20s，放置 24h 后测试。

（3）产品性能

芦竹粉/PP 木塑复合材料的拉伸强度、冲击强度和弯曲强度分别达到 22.0MPa、8.5kJ/m² 和 39.2MPa，吸水率为 1.5%。芦竹粉的存放时间过长，材料的力学性能会下降。

1.2.4.8 PP 基发泡木塑复合材料

（1）产品配方

聚丙烯	70	AC	1
杨木粉	30	ZnO(分析纯)	0.5
LDPE	10		

（2）制备方法

木粉的形态和性质直接影响 WPC 的成型加工性能与制品的质量，将杨木粉过筛取 $150 \sim 180 \mu m$ 的木粉，并在 103℃ 鼓风干燥箱中干燥，使含水率低于 3%，按配方比例加入高速混合机中，进行高速搅拌 $5 \sim 10min$ 得到预混料，再通过平行双螺杆挤出机进一步熔融混合。为了避免发泡剂提前分解，平行双螺杆挤出机的温度应保证在 PP 能够熔融的加工条件下尽可能低，各段温度 $145 \sim 170℃$。热压温度设置为 190℃，热压时间 2min，冷却 2min 定型后得到 PP 基发泡 WPC 试样。

（3）产品性能

发泡后 PP 基 WPC 的密度明显降低，复合材料的冲击强度得到很大提高，发泡剂分解产生的气体能够起到小分子增塑剂的作用，导致复合材料熔体黏度有所下降，平衡扭矩降低，特征松弛时间减少；木粉含量的增加有利于 PP 基 WPC 泡孔核的形成，促进泡孔的均匀分布，但木粉含量的增加会导致熔体复数黏度增大，储能模量升高，特征松弛时间延长，物料的平衡扭矩增加，体系的"类固性"增强，导致气体在聚合物中的溶解与扩散能力降低，泡孔的生长受到抑制。LDPE 用量为 10 质量份，偶联剂和发泡剂用量为木粉用量的 8% 时，PP 复合材料的综合力学性能较好。

1.2.4.9　聚丙烯/溶解纤维素复合材料

（1）产品配方

聚丙烯(T30S)	65	EMA(4503)	5
木粉	30	抗氧剂(1010)	0.35
纤维素溶液	30		

（2）样品制备

将 7%NaOH 与 12% 尿素的混合溶液预冷至 -18℃，然后将 80℃ 下干燥 24h 后的木粉加入溶液中，高速搅拌 $5 \sim 10min$，得到纤维素溶液。将木粉与硅烷偶联剂在高速混合机中搅拌均匀后，置于干燥箱中，80℃ 下干燥 24h。将处理后的木粉与 PP、抗氧剂（质量分数为 PP 质量的 0.2%，下同）于双辊开炼机上以 180℃ 混炼，并在热压机上于 190℃ 压片，制成 PP 木塑复合材料（WPC）样品。将未处理的木粉与 PP、抗氧剂、EMA 于双辊开炼机上混炼，并在热压机上压片，制成复合材料样品。将溶解纤维素与 PP、抗氧剂、EMA 于双辊开炼机上混炼，并在热压机上压片，制成聚丙烯/溶解纤维素复合材料试样。

（3）产品性能

木粉溶解后界面强度得到很大提升，PP 基体于压力下能够在木粉周围开始生长结晶，形成横晶。EMA 使复合材料界面强度有所提升，制成溶解纤维素后，填料的分散性得到提高，而溶解体系破坏了木粉分子间的氢键连接，使木质纤维与相容剂之间能够形成有效的化学链接，加强了界面作用，从而提高了材料的结晶速率。PP 基复合材料随着挤出速率的提高，挤出物外貌先光滑，随后变得不光滑，然后又变得光滑，最后再次出现畸变。EMA 的加入使得复合材料的松弛体系更为复杂，挤出物畸变更为严重；在较低的温度时，材料尚未完全熔融，材料内部均一性太差，只有在较低的转速下才能得到较好的挤出物外貌；在较高温度时，物料在螺杆中停留的时间太长，在螺杆的高剪切力作用下，木粉中稳定性较差的物质开始降解，严重影响了挤出制品的性能，只有在较高的挤出速度下才能得到较好的挤出物外貌。

1.2.4.10　纳米 Al_2O_3/PP/木纤维复合材料

（1）产品配方

聚丙烯 PP（T30S）	55	纳米 Al_2O_3（25～100nm）	5
杨木粉	40	KH550（纯度≥98%）	1

（2）制备方法

① 纳米 Al_2O_3 分散改性　将纳米 Al_2O_3 置于干燥箱中干燥 12h，配制质量浓度为 4% 的纳米 Al_2O_3 水溶液，在 40℃下超声分散 20min。配制 KH550 和无水乙醇的混合溶液，KH550 的质量为纳米 Al_2O_3 的 3%，然后预水解后按与纳米 Al_2O_3 溶液体积比为 1∶1 与纳米 Al_2O_3 溶液混合，用 NaOH 调节 pH=9。在恒温水浴锅中高速剪切 30min，水浴温度为 80℃。处理过后再超声分散 30min。干燥研磨后得到分散的纳米 Al_2O_3。

② 复合材料制备　选用 KH550 质量为 10%木纤维的无水乙醇溶液，对木粉进行表面改性后干燥，干燥后与 PP 混炼热压成型。在相同工艺参数下比较每块试件的力学性能。每块试件尺寸为 250mm×250mm×6mm，按标准裁取标准试样。

（3）产品性能

SEM 发现纳米 Al_2O_3 填充在复合材料里，并且与 PP 和木纤维有着良好的结合。能看出不同的纳米粒子的质量分数分布，当添加量超过 5%时会出现一定的团聚不利于复合材料的界面结合。当纳米 Al_2O_3 的质量分数为 5%时，木塑复合材料的力学性能提升最大，弯曲性能是 43.8MPa，弯曲模量是 3817MPa，冲击强度是 7.5kJ/m^2，对比未添加纳米粒子的复合材料分别提升了 55%、34%、21%。

1.2.4.11　防霉竹塑复合材料

（1）产品配方

聚丙烯（K8303）	29	毛竹粉	60
高熔体强度聚丙烯（SMS-514F）	7	绿色木霉、黑曲霉、桔青霉	适量
MAPP	4		

（2）制备方法

分别将三种测试菌在马铃薯葡萄糖琼脂培养基（PDA）斜面上培养生长 5～7d，刮下表面孢子，制成混合孢子悬浮液。将混合孢子悬浮液涂布在 PDA 培养基上培养生长 5～7d，在洁净工作台里将试样放在载玻片上，将 U 形玻璃棒放在已长满菌丝的培养基上，然后将载玻片搭在玻璃棒上，将培养皿转移到生化培养箱（温度 28±2℃，相对湿度 85%±5%）中培养，培养过程中每间隔 7d 目测试菌感染情况。整个试验周期为 28d。试验设 4～6 个平行。根据目测的霉菌感染面积，判断试样表面被害值等级，评价感染霉菌程度。

竹粉单一组分霉变试验。取适量纤维素、半纤维素、木质素、淀粉、葡萄糖、蛋白胨样品用粉末压片机在 690kPa 压力下压制成直径为 13mm 的圆片，作为测试霉变情况的试样。将竹粉和经苯醇抽提处理后的竹粉也压制成直径为 13mm 左右的圆片，作为对比参照样品。将制取的试样根据上述"霉变试验测试方法"进行霉变试验，油脂样品则直接滴在载玻片上，观察试验结果。每组试样设 4 个平行。

竹粉二元组合物霉变试验。毛竹竹粉组分中含有 42%纤维素、25%半纤维素、28%木质素、0.5%可溶性淀粉（可溶性淀粉占淀粉比例为 20%～25%）、0.9%粗脂肪，蛋白质与葡萄糖比例约为 1∶1。综合分析，竹粉中所含纤维素、半纤维素、木质素、葡萄糖、淀粉、蛋白质、脂肪的比例大致为 2：25：28：1：2：1：1。根据"竹粉单一组分霉变试验"的结果与分析，本试验拟用纤维素替代除讨论物质外的其他组分。例如，半纤维素样品为 75 份纤维素和 25 份半纤维素的组合物，木质素样品为 72 份纤维素和 28 份木质素的组合物，以此类推。将组合物放入研钵中研磨分散，取 0.03g 组合物压制成直径为 13mm 的圆片，将制取的试样根据上述步骤进行霉变试验。

（3）产品性能

热处理会提高竹粉的防霉性能。竹塑复合材料的防霉性能随竹粉热处理温度的升高而提高，竹粉经过温度 170℃、时间 120min 的热处理，竹塑复合材料防治效力达到 20%，从而提高了竹塑复合材料的防霉性能；但是竹塑复合材料的明度值下降，色差值增加。与未发生霉变的竹塑复合材料相比，霉变后的竹塑复合材料明度值上升、色差值下降。竹粉热处理温度低于 170℃时，竹粉热处理对竹塑复合材料弯曲性能影响不显著；肉桂醇对霉菌繁殖生长具有较好的抑制能力。在 200℃下，肉桂醇具有较高抑菌性能，温度对肉桂醇的抑菌性影响不大，竹塑复合材料的防霉性能随肉桂醇添加量的增加而提高，肉桂醇较合适的添加量为竹粉含量的 0.5%～1.0%，经过 28 天霉变试验后竹塑复合材料霉变等级降为 2.0～2.8 级，防治效力达到 28.2%～48.7%，添加肉桂醇对竹塑复合材料的材色和弯曲性能影响较小。

1.2.4.12 马来酸酐化 1，2-聚丁二烯熔融接枝聚丙烯木塑复合材料

（1）产品配方

聚丙烯（PP）	48	DCP	0.2
杨木粉（WF）	40	MAPB	12
抗氧剂（1010）	0.2		

（2）制备方法

将原料按配方称重预混后在 180℃ 转矩流变仪中进行熔融接枝反应，9min 后取出产物。将所制得的 MAPB-g-PP 作为木塑复合材料（40% 木粉含量）界面相容剂，添加原料总质量 0.05% 的抗氧剂（1010），用转矩流变仪对预混后的原料进行熔融混炼，在温度为 180℃、压力为 15MPa 平板中热压 15min，排气 3 次，冷压至 80℃ 以下制备复合材料片材后再裁切成标准样条。

（3）产品性能

MAPB 的加入可使 PP 结晶提前，还可以提高 PP 的热稳定性；接枝反应温度为 180℃，质量比为 $m(MAPB)：m(PP)：m(DCP)=13：37：0.2$ 时，得到的接枝产物作为界面相容剂对木塑复合材料的力学性能提高有最好的效果，从而可以确定接枝反应的工艺配方。

1.2.4.13 玉米秸秆可降解聚丙烯木塑复合材料

（1）产品配方

聚丙烯（T30S）	200	硅烷偶联剂（KH550）	2
秸秆粉（180μm）	100	PE 蜡	3
MAPP（UPM200B）	变量	纳米碳酸钙（50nm）	20
钛酸酯（DN-302）	5	扩散剂	1

（2）制备方法

采用 180μm 的筛网对玉米秸秆粉进行筛选，然后放入干燥箱中，在 85℃ 下干燥 2h，去除其中的水分和挥发物，取出 100g 备用。将偶联剂（马来酸酐接枝聚丙烯、钛酸酯或硅烷

偶联剂）10～15g 加入已经烘干的秸秆粉中，放入高速混合机中，在 80℃下搅拌 15min，待温度降至 60℃时，加入 PP（200g）继续搅拌 20min，之后加入 PE 蜡（3g）、碳酸钙（20g）、扩散剂（1g）等助剂再搅拌 30min，最后冷却至室温。将混好的原料用双螺杆挤出机挤出玉米秸秆/PP 复合材料粒料，挤出机转速 80r/min，挤出模头温度 160℃。采用风冷对条料进行冷却，然后在切粒机上切粒备用。最后在注塑机上成型复合材料的无缺口样条，注射温度为 170～180℃。

（3）产品性能

当秸秆粉质量分数在 30%左右时，复合材料的抗弯强度、抗拉强度、抗冲击强度均为最佳。当秸秆粉质量分数大于 40%后，复合材料性能开始下降；MAPB 作为偶联剂且质量分数为 1%时，复合材料的抗弯强度、抗拉强度、抗冲击强度均为最佳。当 MAPB 质量分数超过 4%时，复合材料的力学性能会有所下降。

1.2.4.14　阻燃抗静电木粉-聚丙烯复合材料

（1）产品配方

聚丙烯(PP)	40	异氰酸酯接枝聚丙烯(m-TML-g-PP)	9
杨木粉(250～380μm)	60	改性炭黑(M-CB)	变量
抗氧剂(1010)	1	可膨胀石墨	变量

（2）制备方法

① 改性炭黑（M-CB）的制备　将 100g 导电炭黑、3mL KH570 和 200mL 无水乙醇放入 500mL 的三口烧瓶中，在 80℃下搅拌 1h，然后进行抽滤，将产物放入烘箱于 105℃烘干24h，制得 M-CB。

② 阻燃抗静电木塑复合材料的制备　将木粉于 100℃烘箱中干燥处理 8h 以上，除去多余的水分。按配方称重在高速混合机中混合均匀后，再放入双辊开炼机上塑炼 20min 左右，然后于 180℃、10MPa 下用平板硫化机压制成 4mm 或 3mm 的板材，裁切成力学试验、氧指数、垂直燃烧、热重分析以及锥形量热试验所需的标准试样。

（3）产品性能

加入 15gEG 和 10gM-CB 后，木塑复合材料具有了较好的综合性能：①拉伸强度、弯曲强度和冲击强度分别提高了 2.0%、5.2%和 15.6%；②阻燃性能达到 V-0 级，表面电阻降低到 $10^8\Omega$ 级别；③起始分解温度从 255℃上升到了 272.5℃，木粉最高分解温度从 349.2℃降到了 287.5℃，聚丙烯最高分解温度从 448.1℃上升到了 477.9℃，在 800℃下的残炭率从9.9%上升到了 33.5%，有效阻止了材料的燃烧；④点燃时间从 3s 增加到了 14s，热释放最高峰值由 348.7kW/m² 下降到了 88.5kW/m²。在 500s 时，总热释放量下降了 56.5%，残炭率提高了 5 倍，表现出很好的阻燃和抑烟效果。

1.2.4.15　剑麻 SF/PP 木塑复合材料

（1）产品配方

PP(T30S)	75	POE-g-MAH	5
剑麻纤维(SF)	20		

（2）制备方法

① 剑麻纤维预处理　将 SF 浸泡于质量分数为 10%的 NaOH 溶液中，常温下浸泡处理4h，水洗至中性，烘干。采用无水乙醇与自制分散剂体积比为 10∶1 的混合溶液处理剑麻纤

维，80℃烘干备用。

② SF/PP 木塑复合材料的制备 将未处理、碱处理及分散剂处理后的 SF（质量分数分别为 10%、20%、30%、40%、50%）与 PP-g-MAH 和 POE-g-MAH 等一起加入 PP 中，混合均匀。在 180~190℃ 的开炼机上塑炼 5~10min，制成模塑料，然后在模压温度为 190℃、压力为 10MPa 以及时间为 6~10min 的条件下制成木塑复合材料板材，再在万能制样机上制成标准样条。

（3）产品性能

SF 的预处理及用量对 SF/PP 木塑复合材料的性能有一定影响。当 SF 用量为 20% 时，经分散剂处理后复合材料冲击强度达 22.1kJ/m^2，其他力学性能也得到不同程度提高。

1.2.4.16　聚丙烯/苄基化木粉复合材料

（1）产品配方

| PP(D95) | 85 | PP-g-MAH(KT-1) | 5 |
| 苄基化木粉(150μm) | 10 | | |

（2）制备方法

① 苄基化木粉的制备 每克木粉用 4mL 40% 的氢氧化钠浸泡 24h，然后加入 4mL 苄基氯和 0.02g 的 PTC。放入带有搅拌的三口烧瓶中反应，110℃ 反应 4h 后停止加热至室温，过滤掉多余溶液，用乙醇和水反复清洗后烘干。

② 聚丙烯/苄基化木粉的共混 按质量分数取 5%、10%、15%、20%、25% 的苄基化木粉与 5% 的 PP-g-MAH 和 PP 搅拌均匀后在双螺杆挤出机挤出造粒，再注塑成样条测试。同样按质量分数，取 5%、10%、15%、20%、25% 的木粉与 5% 的 PP-g-MAH、PP 搅拌均匀后在双螺杆挤出机挤出造粒，注塑成标准样条。

（3）产品性能

苄基化木粉在 PP 基体内起到了内增塑作用，而随着增塑作用的增加，复合材料刚性下降。当少量填充的时候，其冲击强度要比未处理木粉填充 PP 时的冲击强度高。

1.2.4.17　稻秸秆粉/聚丙烯复合材料

（1）产品配方

| PP(粉状) | 50 | 硅烷偶联剂(KH570) | 稻秸秆粉用量的 4% |
| 稻秸秆粉(250μm) | 50 | 硬脂酸锌(工业级) | 2 |

（2）制备方法

将稻秸秆自然晾晒干燥后进行粉碎，过 250μm 筛选出稻秸秆粉，用偶联剂处理后含水率少于 3%。按配方称取 PP、硬脂酸锌、处理好的稻秸秆粉，在高速混合机中混合均匀后放入模具，在平板硫化机上模压成型，于 185℃、15MPa，热压 15min，排气 3 次，冷压至 80℃ 以下。

（3）产品性能

稻秸秆粉用 KH570 处理，KH570 用量为稻秸秆粉的 4%，稻秸秆粉质量分数为 50%，粒径 250μm 时，所得复合材料力学性能最佳。制得的复合材料抗拉强度为 12MPa，冲击韧性为 3.5kJ/m^2，弯曲强度为 17MPa，弹性模量为 0.7GPa。

1.2.4.18　纳米 CaCO$_3$ 改性木塑复合材料

（1）产品配方

PP	70	纳米碳酸钙(180~250μm)	15
杨木粉	30	硅烷偶联剂(KH570)	2

（2）制备方法

将纳米碳酸钙放入真空干燥箱中干燥10h后溶于无水乙醇溶液中；称取纳米碳酸钙质量分数5%的硬脂酸，加入混合液中，利用高速剪切仪以15000r/min转速进行高速剪切分散15min，破坏纳米粒子之间的团聚；取一定量的KH570置于无水乙醇中水解30min，将水解好的KH570溶液与纳米碳酸钙按体积比1:1混合，在80℃恒温水浴锅中以15000r/min转速高速剪切30min，用超声波清洗机超声分散30min，可得到稳定的改性纳米CaCO$_3$悬浮液。经抽滤、干燥、研磨，即得表面改性纳米粒子。

选择质量分数为10%的NaOH溶液浸泡木纤维48h，对经过碱处理的木纤维进行反复洗涤，直至达到中性，并干燥24h。按配方称料后在高速混合机中混合均匀后，加入165℃双辊混炼机中，共混10min，与熔融状态的PP混炼均匀，将厚度约为2mm片放到模具中，在180℃、10MPa热压机上热压12min成片，按相应标准裁剪成标准样条。

（3）产品性能

纳米CaCO$_3$能够使复合材料熔体的储能模量、耗能模量、复数黏度升高，能够减少树脂用量，降低能耗与生产成本，提高生产效率，为木塑复合材料的配方设计和加工工艺的选择提供依据。

1.3 其他高分子基体木塑复合材料

1.3.1 PBS/水曲柳木屑木塑复合材料

（1）产品配方

聚丁二酸丁二醇酯(PBS)	70	水曲柳木屑(230μm)	30

（2）制备方法

用高速混合机把PBS颗粒与水曲柳木屑进行干混，速度是500r/min，混合5min。混合物通过双螺杆挤出机挤出造粒，螺杆转速80r/min，温度在140~160℃之间。颗粒干燥后用注射成型机在160~180℃进行注射，制成标准样品。

（3）产品性能

水曲柳木屑和PBS界面相容性良好，拉伸强度达到74.4MPa，弯曲强度为114MPa；复合材料的力学性能随着吸水率的增加逐渐降低，PBS/水曲柳木屑复合材料含有两个吸水阶段，与之相对应力学性能则存在两个快速降低的时间段；其力学性能随着阳光暴露时间的延长逐渐降低。

1.3.2 聚乙烯/聚丙烯/木粉复合材料

（1）产品配方

PE(2426H)	24	木粉(粒径150μm)	47
PP(T30s)	24	GMA	1.5

苯乙烯(St)	1.5	亚磷酸三苯酯(TPP)	1.0
过氧化二异丙苯(DCP)	0.3		

（2）制备方法

将木粉在 100℃下鼓风干燥 12h 后，与除润滑剂外的其他组分一起加入高速混合机中混合 5min（各组分配比见配方）。高速混合后的物料用同向双螺杆挤出机挤出，挤出样条经冷却水冷却后用切料机切粒，挤出机四区和机头温度分别为 150℃、180℃、190℃、190℃，喂料速率 20r/min，主机螺杆转速 30r/min，切粒速率 40r/min。切粒得到的粒料，用注塑机注塑制备用于力学性能和热性能测试的标准样条，注塑温度 210℃，注塑压力 95MPa，保压时间 5s，冷却时间 15s。

（3）产品性能

复合材料拉伸强度 27.8MPa，弯曲强度 37.3MPa，简支梁缺口冲击强度 4.0kJ/m^2，负载热变形温度 107.7℃。

1.3.3　PLA/PBS/秸秆粉可生物降解木塑复合材料

（1）产品配方

聚乳酸(分子量为 1.5×10^{15})	50	MAPLA 偶联剂	5
聚丁二酸丁二醇酯(3001)	30	DOP 增塑剂	3
秸秆粉	20	润滑剂(超微细滑石粉)	3
SBS(YH-792)	15	硬脂酸锌	4

（2）制备方法

按配方将 50 份 PLA、30 份 PBS 和 5 份马来酸酐接枝聚乳酸在高速混合机中混合均匀并干燥，混合温度 80℃，混合 15min 后加入 20 份秸秆粉，3 份 DOP 增塑剂，15 份 SBS，4 份硬脂酸锌，3 份润滑剂再混 15min。将混合好的原料在注塑机中进行注射，注射温度在 165～180℃，注射压力 40MPa，保压时间 5s，冷却时间 15s，即可得到可生物降解木塑复合材料标准样条。

（3）产品性能

注塑成型工艺在注塑温度 175℃、注塑压力 5MPa、保压压力 6MPa，保压时间 5s，冷却时间 15s。制备材料的密度 1.045g/cm^3，拉伸强度 13MPa，简支梁缺口冲击强度 18kJ/m^2，弯曲强度 17.5MPa。

1.3.4　SEBS 基热塑性弹性体木塑复合材料

（1）产品配方

SEBS(YH-501)	100	纤维素(SB200)	50
松木粉(250μm)	50	石蜡	8
竹粉(250μm)	50		

（2）制备方法

将木质填料、润滑剂及其他助剂按配方要求称量，加入高速混合机中混合，保证各组分分散均匀，达到相互渗入的效果。为了尽量避免木粉的热降解对复合材料性能带来的不利影响，先称取 SEBS 料，加入预热 200℃的密炼机进行塑炼，塑炼 10min，然后将提前混好的木质填料加入，混炼 3min 后出料。将混炼好的料直接放入热平板中保温 1min，然后进行压制，保压 3min。热平板温度为 230℃，压力为 10MPa。将制备好的样条取出，在室温下放置 24h 后进行拉伸性能、撕裂强度的测试。

(3) 产品性能

固定 SEBS 和石蜡用量，松木粉、竹粉、纤维素的加入对复合材料性能的影响规律基本一致，随着木质填料含量的增加，复合材料的各项性能呈现先上升后下降的趋势。当木质填料质量份为 50 份时，复合材料的拉伸强度、拉断伸长率、撕裂强度达到最大，综合性能最好。比较三种复合材料的各项力学性能，填充效果排序为纤维素＞松木粉＞竹粉。

1.3.5 秸秆粉/聚乳酸木塑复合材料

(1) 产品配方

PLA	50	PLA-g-MAH(3260B)	3
秸秆粉(180μm)	20	硅烷偶联剂(KH560)	5
PBS(3001)	30	DOP 增塑剂	3
SBS(YH-792)	15	硬脂酸锌	4
AC 发泡剂	1		

(2) 制备方法

将秸秆粉在 80℃ 干燥箱中干燥 4h，用于注塑成型，粉末状 PLA 在 50℃ 干燥箱干燥 2h 后，按配方称重在高速可加热混炼机中混合均匀。设置混炼机温度为 80℃，混炼速度为 1500 r/min，混炼时间为 15min。

用于注塑成型的原料为 PLA 颗粒，不易与秸秆粉混合均匀，而且单螺杆注塑机没有混料作用，因此采用双螺杆挤出机进行秸秆粉和 PLA 颗粒的共混造粒后在注塑成型机中进行注射成型，制备复合材料试样。注塑机各段温度控制在 165～180℃，注射压力 40MPa。

(3) 产品性能

注塑成型工艺的较佳组合为：注射温度选择 178℃，注射压力选择 5MPa，保压压力 6MPa，保压时间 5s，冷却时间 15s。此时没有加发泡剂复合材料密度为 $1.025g/cm^3$，拉伸强度为 19.2MPa，冲击强度为 $5.0kJ/m^2$。PLA-g-MAH 和硅烷偶联剂可以改善秸秆粉/PLA 木塑复合材料的界面相容性，使秸秆纤维和 PLA 界面结合能力改善较大，两相结合较紧密，结晶温度提高且耐热性增强。当 PLA-g-MAH 含量为 3% 时，冲击强度最大为 $20kJ/m^2$。当硅烷偶联剂含量为 5% 时，拉伸强度和弯曲强度提高而冲击强度降低，界面结合能力得到改善，结晶峰强度增大且促进完全结晶，但对熔融温度影响不明显。当加入弹性体 SBS 时，复合材料力学性能都有所改善但改善不显著；当加入可降解树脂 PBS 时，力学性能提升幅度较大，拉伸强度较未加入增韧剂的材料提升 103%，弯曲强度提升 159%，冲击强度提升 296%，界面结合紧密。发泡复合材料表观密度最小，断面泡孔分布均匀且泡孔较小，泡孔平均直径为 67μm，弯曲强度和冲击强度较未发泡材料分别提高了 128% 和 40%。

1.3.6 BF/PCL/PLA 复合材料

(1) 产品配方

聚己内酯(注塑级)	30	竹纤维(BF)	40
聚乳酸(注塑级)	30	硅烷偶联剂(KH560)	(BF 的 1%)

(2) 制备方法

将 BF 置于 80℃ 烘箱中干燥 8h。按配方称重混合均匀后在 100℃ 开炼机中熔融共混

15min，得片状物后粉碎成粒状。然后将颗粒状混合物通过模压成型制备复合材料试样，规格为 250mm×250mm×6mm，模压压力 10MPa，模压时间 20min，成型温度 110℃。

（3）产品性能

复合材料的冲击强度、拉伸强度和断裂拉伸应变分别为 11.3kJ/m^2、12.7MPa 和 5.2%。BF 加入能够延缓 PCL 和 PLA 的降解过程，降低复合基材中 PCL 相的熔点和结晶焓，但提高了结晶温度，72h 吸水膨胀率较大。

1.3.7 异氰酸基木塑材料

（1）产品配方

配方1

| HDPE(DMDA8008) | 70 | 异氰酸基改性剂 | 变量 |
| 杨木粉(150μm) | 30 | | |

配方2

| PP(CF-600) | 70 | 异氰酸基改性剂 | 变量 |
| 杨木粉(150μm) | 30 | | |

（2）制备方法

① 改性剂制备　在二月桂酸二丁基锡催化剂存在下，40℃条件下缓慢搅拌，在 HMDI（二环己基甲烷二异氰酸酯）中滴加十八醇的二甲苯溶液，其中 HMDI 与十八醇的物质的量比为 1∶1。整个滴加过程严格控制温度不超过 45℃，滴加完毕后，继续恒温搅拌 0.5h，反应结束后蒸出溶剂，得到固体的含异氰酸基的改性剂。

② 改性木粉制备　杨木粉在 100℃下干燥 8h 后，与改性剂在 100℃、转速为 2000r/min 高速混合机中搅拌混合 1min 得到改性木粉。

③ 复合材料制备　称取 60g HDPE（PP）和木粉混合料在转矩流变仪密炼机中密炼 5min，其中 HDPE（PP）与木粉质量比为 7∶3。密炼机转子转速为 20r/min，温度为 190℃。

（3）产品性能

添加改性木粉的 HDPE/木粉复合材料，一定程度上改善了加工性能，改性 HDPE/木粉的拉伸强度较未改性提高了 33.9%，断裂拉伸应变提高了 74.1%；添加改性木粉的 PP/木粉复合材料，加工性能也有一定程度改善，说明改性剂可以有效应用于 PP/木粉复合材料中。

1.3.8 PP/LDPE 芦苇木塑复合材料

（1）产品配方

PP/LDPE=60∶40	100	硅烷偶联剂(KH550)	变量
芦苇粉	30	钛酸酯偶联剂(NDZ-101)	变量
硅烷偶联剂(A-151)	变量		

（2）制备方法

将芦苇偶联处理。取干燥后的芦苇粉，用丙酮将定量的钛酸酯偶联剂（NDZ-101）稀释至所需用量处理芦苇；用硅烷偶联剂（KH550）处理芦苇；用去离子水将称取一定量的硅烷偶联剂（A-151）稀释至所需用量，用甲酸将所稀释溶液的 pH 值调到 3～4 处理芦苇。将不同处理方法处理的芦苇粉分别加入 LDPE/PP（质量比 60∶40）的基体树脂中，在双辊开炼机上混炼均匀后下片，置于平板硫化机上在 180℃、15MPa 下模压制备复合材料。

（3）产品性能

与 PP/LLDPE 相比，芦苇粉加入后其拉伸强度、弯曲强度分别提高了 43.7％和 34.3％，硅烷偶联剂（A-151）处理后的木塑复合材料各项性能均有不同程度改善。

1.3.9　木粉/聚乳酸复合材料

（1）产品配方

聚乳酸(A305)	210	甘油	45
杨木粉(250～380μm)	90	PEG400	45
乙二醇	45		

（2）制备方法

称取 90g 木粉和 210g 聚乳酸树脂，分别加入木粉和聚乳酸总质量 15％的乙二醇、甘油和聚乙二醇（400）混合均匀，密封在塑料袋中放置 18h，让增容剂有效分散在木粉和聚乳酸混合体系中。用双螺杆挤出机造粒，挤出温度分别为Ⅰ区 135℃、Ⅱ区 150℃、Ⅲ区 170℃、Ⅳ区 170℃和Ⅴ区 135℃（从进料口至机头），再用单螺杆挤出机挤出成型，得到宽 10mm、厚 2mm 的条状试样。挤出温度为Ⅰ区 150℃、Ⅱ区 180℃、Ⅲ区 170℃和Ⅳ区 130℃（从进料口至机头）。

（3）产品性能

增容剂可以提高木粉和聚乳酸的界面相容性，从而提高木粉/聚乳酸复合材料的其他性能。甘油增容的木粉/聚乳酸复合材料的相容性优于乙二醇和 PEG400。当甘油为增容剂时，储能模量的斜率最小，表明木粉和聚乳酸之间的相互作用最强，且流动性能居于乙二醇和 PEG400 中间。由于甘油增容效果最佳，从而使得甘油增容的复合材料力学性能最佳。吸水率则随着增容剂分子中羟基数量增多而逐渐增大。

1.3.10　炭塑复合材料

（1）产品配方

HDPE(2480)	15	UHMWPE(L5000)	15
PP	15	木炭粉	60
ABS(PA-757k)	15		

（2）制备方法

将 HDPE 树脂颗粒进行粉碎，通过粉碎机把圆柱状树脂颗粒粉碎成细末状，用铁锤将四棱柱状木炭初步粉碎，并使用九阳豆浆机将木炭颗粒进一步粉碎细化 3min；用天平分别称取一定量 HDPE、UHMWPE、木炭粉在混合机中混合 3min，放入微量混合流变仪挤出机中，设置温度为 190℃，转速为 40r/min。将挤出的成品裁成长度为 5mm 样条，层层交叉排布在铺有脱模纸的压板模具中，用两块平整铁板将其上下固定，并置于热压机中进行压板，设置参数为温度 195℃，压力 8MPa，时间 10min。其中，模具的尺寸为 50mm×50mm×2mm。待试样冷却后切割成 50mm×6mm×2mm 大小。

（3）产品性能

UHMWPE 含量与 HDPE/UHMWPE/木炭复合材料的拉伸性能和弯曲性能成正比；拉伸强度最大为 79.8MPa，断裂拉伸应变达到 30.9%，弯曲强度最大值可达 87.7MPa。复合材料内耗减小，玻璃态转化温度升高，复合材料界面相容性得到改善。ABS 与 HDPE 及 PP 相比本身是由三种树脂聚合而成，具有优良的性能。15% HDPE、15% UHMWPE 和 70% 木炭的断裂拉伸应变最大；最终配方为木炭用量 70%、UHMWPE 用量 15%、HDPE/PP/ABS 用量 15%。

1.3.11　EG/APP 阻燃 ABS 基木塑复合材料

（1）产品配方

ABS	48	可膨胀石墨（EG）	12.5
木粉	32	聚磷酸铵（APP）	7.5

（2）制备方法

按配方称取物料在干燥箱中 80℃下烘干 8h。在混合机中混合均匀，加入预热好的转矩流变仪中，温度 170℃，转子转速 50r/min，密炼时间 7～8min，在平板硫化机（8MPa，175℃）中热压、冷却，制得所需样片。按不同测试标准，将样片加工成相应的尺寸。

（3）产品性能

① 单独添加 20%EG 或 APP 的 WPC 体系氧指数分别仅为 30.5% 和 24.5%，而当 EG/APP=12.5∶7.5 时，氧指数可达 34.2%，UL-94 标准 V-0 级，表现出优异的阻燃效果，说明 EG 和 APP 之间具有协同作用。在相同木粉含量下，含有水玻璃处理木粉的 SSWPC 体系比 WPC 体系拥有更好的阻燃性能。当填充量为 40% 时，氧指数达到了 23.2%，比未处理的 WPC 高出约 4%。

② TG 测试表明，阻燃剂的加入能够有效提高 WPC 在高温下的残余物量，同时提高了体系在高温下的稳定性。水玻璃改变了木粉的热降解行为，降低了最大热失重速率，极大地提高 750℃ 时的残余物量，且阻燃剂的添加提高了 SSWPC 在高温下的成炭量。

③ 含有阻燃剂的 WPC 热释放速率峰值明显下降，WPC/EG、WPC/EG/APP 体系的消烟效果显著。

④ SEM 形貌分析表明，WPC/APP 的形貌较 WPC 更加致密，WPC/EG/APP 中膨胀炭层排列比 WPC/EG 更紧凑，主要是由于 APP 产生的聚磷酸能够起到黏结炭层的作用。经高倍数下炭层表面的形貌对比发现，WPC/EG/APP 的蠕虫状炭层表面布满了颗粒状的结晶物质。SSWPC/APP 的 SEM 形貌较 SSWPC 的孔洞更少，炭层形貌更好，具有更高的氧指数。SSWPC/EG/APP 比 SSWPC/EG 含有更加密实的炭层结构，SSWPC/EG/APP 的高倍数炭层表面的 SEM 形貌含有颗粒状结晶物质，可将炭层联结在一起。WPC/EG/APP 体系中 EG 膨胀所形成的炭层表面颗粒结晶状物质比 SSWPC/EG/APP 的炭层表面更多、更密，SSWPC/EG/APP 表现出更低的氧指数。

⑤ 阻燃剂的添加降低了 WPC 的弯曲强度和拉伸强度，不同比例的 EG/APP 体系对 WPC 的弯曲强度和拉伸强度的影响不是很大。含有水玻璃处理木粉的 SSWPC 体系的弯曲强度和拉伸强度和含未处理木粉的 WPC 体系相比，两种强度都比较接近。阻燃剂的添加会降低 SSWPC 的弯曲强度和拉伸强度。而在相同阻燃剂含量下，含有不同比例的 EG/APP

体系对 SSWPC 的弯曲强度和拉伸强度的影响不大。

1.3.12　PBS/杨木纤维阻燃发泡复合材料

(1) 产品配方

PBS(HX-B601)	50	APP：RP：EG=1：1：4	20
杨木纤维(250μm)	50	LDHs	10
抗氧剂(1010)	1	DCP	3
硅烷偶联剂(KH550)	木粉用量的 1.5%	NaHCO₃	15
MAH-g-PBS	8		

(2) 制备方法

将 PBS 和杨木纤维分别置于电热恒温鼓风干燥箱中在 80℃下干燥 12h 后在高速混合机内搅拌 15min 混合均匀，然后在双螺杆挤出机中进行挤出造粒，挤出机各段温度分别为 120℃、125℃、130℃、135℃，螺杆转速为 90r/min。将粒料在注塑机中注塑成标准试样。发泡料配制完成后于混合机混合均匀，在双辊塑炼机上塑炼，130℃混炼 15min 后下片，在 145℃平板硫化机上模压后压制成片。常温下放置 24h 经环境处理后，再用平板硫化机模压 15min 进行发泡成型。

(3) 产品性能

① 利用流变性能测试发现，随着杨木纤维含量的增加，复合材料的剪切黏度明显增大，杨木纤维用量每增加 5%，要升高 5℃才能保证黏度不变。通过力学性能发现，随着杨木纤维填充量的增加，复合材料力学性能除弯曲强度外，其他各项指标均有所降低。综合流变性能与力学性能测试，得出杨木纤维含量为 30%、35%、40%、45%、50% 时的 PBS/杨木纤维全降解木塑复合材料的较佳加工温度分别为 120℃、125℃、125℃、130℃、135℃。

② 经硅烷偶联剂处理后，复合体系的力学性能和耐热性均得到了一定程度的提高；经 AH 和 MAH-g-PBS 处理后复合体系的力学性能显著提高；经比较，当 MAH-g-PBS 用量为 8% 时，PBS/杨木纤维复合材料综合性能最佳，拉伸强度比未改性时提高了 69.7%，断裂拉伸应变提高了 36.2%，弯曲强度提高了 32.3%，冲击强度提高了 28.2%，加工流动性也得到很大改善。

③ 当阻燃剂添加量为 20%，APP/RP/EG 的比例为 1：1：4 时，阻燃性能最好，氧指数达到 36.0%，并且其垂直燃烧等级可以达到 V-O 级（UL94）。但阻燃剂的加入严重恶化了复合材料的力学性能。随着 LDHs 在阻燃剂中比例的提高，复合材料的各项力学性能逐渐增加，但阻燃性能有所降低。当 LDHs 的添加量为 10% 时（阻燃剂总添加量为 20%），复合体系的拉伸强度、断裂拉伸应变、弯曲强度和冲击强度较未加入 LDHs 时分别提高了 43.8%、15.2%、25.7% 和 21.7%。并且复合体系氧指数达到了 29.6%，垂直燃烧等级达到 UL94 V-O 级别，保留了良好的阻燃效果。

④ 当 DCP 含量高于 2% 时，PBS 的熔体强度就足以进行发泡成型；当 DCP 含量为 3% 时制得泡沫材料较好。当 NaHCO₃ 的添加量为 15% 时制得泡沫材料的泡孔形貌较佳，且泡沫密度较低。随着体系中杨木纤维含量的增加，所制得的 PBS/杨木纤维复合泡沫材料的密度越大。

⑤ 采用土壤填埋法研究了 PBS/杨木纤维复合材料的降解性能，发现杨木纤维的加入可以提高 PBS 的降解性能，但是随着杨木纤维含量的增加，降解性能下降。杨木纤维经表面

处理后与基体黏接力增强，降解速度变慢。泡沫材料由于泡孔多，比表面积大，降解性能好，加入杨木纤维后泡沫的降解速度进一步提高。

1.3.13　乙酰木粉基热塑性复合材料

（1）产品配方

聚乳酸(PLA)	40	LDPE(注塑级)		变量
乙酰化木粉	60			

（2）制备方法

① 乙酰化木粉的合成　将 WF 在 105℃烘箱中烘干 12h，使含水率小于 1%。称取一定量的木粉，加入反应瓶中，并同时加入一定量的冰醋酸进行活化，保证木粉充分润胀。并水浴升至一定温度后开动搅拌活化一段时间。将高氯酸与乙酸酐混合配制乙酰化液，乙酰化液在 0.5h 内全部滴加到反应瓶中，升高反应温度一段时间后得到粗产品。加入一定量的水静置沉淀一定时间，对产品进行反复冲洗，达到 pH 值在 5.5 左右，且滤液为澄清状态。在105℃的烘箱内干燥 12h。可以采用乙酸乙酯脱水法对制备过程中的酸酐和酸残留进行回收再利用。

② 木塑复合材料制备　将 PLA、LDPE、木粉（WF）及乙酰化木粉（AWF）在 105℃烘箱中烘干 24h，保证原料的含水率控制在 1%以内。材料的共混挤出过程在转矩流变仪上进行，原料按不同比例混合均匀后，通过挤出机熔融共混，螺杆转速为 100r/min，制得PLA 木塑复合材料（挤出温度 160℃）和 LDPE 基木塑材料（挤出温度 140℃），然后用粉碎机粉碎造粒。

（3）产品性能

乙酰化处理后的木粉制备的共混材料相对普通木粉在加工过程中具有较低的黏度和扭矩，AWF/LDPE 其加工特性中 LDPE 的含量作用明显，其含量越高，黏度、扭矩和储能模量越低，AWF/PLA 在 4:6 的配比下表现出更加优异的加工特性。乙酰化木粉制备的复合材料还有低吸水率、耐开裂、热稳定性和更好的韧性。

1.3.14　呋喃树脂基木塑复合材料

（1）产品配方

呋喃树脂(FFD-105)	100	竹粉	80
固化剂(GS03)	20		

（2）制备方法

称取一定量的木质材料，放入搅拌器中，按照配比加入一定量的固化剂，搅拌3min 后，按配比再加入一定量的呋喃树脂，继续搅拌 5min 左右直到混合均匀为止。将混合好的物料加入模具中。模具由 PVC 板和铜片组成，然后放入平板硫化机中热压成型，压力为 10MPa，温度为 50～90℃，时间为 0.5～3h，之后脱模冷却即得到符合要求的样条。

（3）产品性能

最适宜的模压温度为 70℃，模压时间为 2h。复合材料的拉伸强度、弯曲强度、冲击强度以及洛氏硬度都随着模压温度的增加呈先上升后下降的趋势，24h 吸水率和水腐蚀率则随着模压温度的增加呈先下降后上升的趋势。复合材料的拉伸强度、弯曲强度、冲击强度以及洛氏硬度都随着模压时间的增加呈先上升后趋于稳定的趋势，24h 吸水率和水腐蚀率则随着模压时间的增加呈先下降后趋于稳定的趋势。模压温度过低或过高以及模压时间过短都会对制得样条的各项性能产生不利影响，模压温度过低以及模压时间过短会造成呋喃树脂不能有效固化，模压温度过高则会造成材料中形成较多孔洞。复合材料的拉伸强度、弯曲强度、冲击强度以及洛氏硬度都随着竹粉含量的增加呈先上升后下降的趋势，24h 吸水率和水腐蚀率则随着竹粉含量的增加呈先下降后上升的趋势。当竹粉含量为 40% 时，材料各方面的性能达到最佳，呋喃树脂本身的抗拉强度 >1.5MPa；而竹粉含量为 40% 时，材料的拉伸强度最大为 11.3MPa，可见竹粉的加入显著提高材料的力学性能。此时材料的弯曲强度最大为 28.8MPa，冲击强度最大为 4.46kJ/m²，洛氏硬度（R 标尺）最大为 97.5，24h 吸水率最小为 3.09%，水腐蚀率最小为 4.25%。

参考文献

[1] 于淑娟，韦德麟，郑广俭，等．PVC/改性剑麻纤维木塑复合材料的紫外加速老化性能研究 [J]．中国塑料，2016，30（3）：54-59.

[2] 曹明浪，曹金星，张玲，等．HDPE 基木塑复合材料的性能研究 [J]．现代塑料加工应用，2015，27（6）：21-24.

[3] 杨文斌，文月琴，徐建锋．可逆热致变色木塑复合材料的制备及性能表征 [J]．森林与环境学报，2015，35（3）：199-204.

[4] 李永良．麦秆粉/HDPE 超临界流体微孔发泡注射成型研究 [D]．郑州：郑州大学，2014.

[5] 张晨夕．苘麻纤维/PE 复合材料热压成型及性能研究 [J]．哈尔滨：东北林业大学，2012.

[6] 曹金星，张玲，张云灿，等．相容剂对 PP/木粉复合材料力学性能的影响 [J]．现代塑料加工应用，2017，29（2）：47-50.

[7] 苏国基．竹塑复合材料防霉性能研究 [D]．福州：福建农林大学，2016.

[8] 刘婷，陆绍荣，王一靓，等．剑麻表面处理对 SF/PP 木塑复合材料力学性能的影响 [J]．材料导报，2010，24（S1）：412-414.

[9] 廖宇涛，李及珠，郭修芹，等．聚丙烯/苄基化木粉共混的力学性能研究 [J]．广州化工，2011，38（7）：259-260.

[10] 闫赫．呋喃树脂基木塑复合材料的制备及其性能的研究 [D]．太原：中北大学，2012.

2

纳米复合塑料配方与应用实例

2.1　纳米塑料的概念

　　纳米技术是指在纳米尺寸范围内，通过直接操纵和安排原子、分子来创造物质。因此，纳米塑料是指无机纳米粒子以纳米级尺寸（一般为 1~100nm）均匀分散在聚合物基体树脂中形成的复合材料，也被称为聚合物基纳米复合材料。由于纳米粒子尺寸小，彼此间距离非常近，因此具有独特的量子尺寸效应、表面效应、界面效应、体积效应、宏观量子隧道效应、小尺寸效应和超塑性等，从而使纳米塑料具有独特的力学性能，成为复合材料发展的最前端产品之一。

　　常用的无机纳米粒子包括硅酸盐、碳酸钙、SiO_2、TiO_2、SiC、Al_2O_3、云母等。根据基体树脂不同，纳米复合材料可分为：纳米尼龙、纳米聚烯烃、纳米聚酯、纳米聚甲醛等。世界上最早的纳米塑料工业化应用是 1991 年日本丰田中央研究所和尼龙树脂厂宇部兴产（UBE）公司共同开发的、用作汽车定时器罩的纳米尼龙 6，从此拉开了纳米塑料快速发展的序幕。近几年来，世界各国都竞相投入资金和人力，加大了纳米塑料的开发力度和产业化步伐，特别是工业发达国家，目前已经形成了纳米塑料产业。

　　与原来的基体树脂相比，纳米塑料提高了材料的力学性能和热性能。复合材料的弯曲模量（刚性）可提高 1.5~2 倍，摩擦、耐磨损性及耐热性也得到提高，热变形温度可上升几十摄氏度，热膨胀系数则下降为原来的一半。同时，纳米复合材料具有更多、更高的功能性，如阻隔性、阻燃性等。复合材料的透明性、着色性、导电性和磁性能也得到了相应提高。无机纳米粒子的加入也提高了复合材料的阻燃等级，使材料对二氧化碳、氧的透过率下降。另外，纳米粒子填充聚合物还能提高复合材料的尺寸稳定性。纳米塑料的无机纳米粒子加入量较小，一般为 2%~5%，仅为通常无机填料改性时加入量的1/10 左右，因而复合材料的密度与原来基体树脂相比几乎不变或增加很小。因此，不会因密度增加过多而增加下游塑料加工厂的成本，也没有因填料过多导致其他性能下降的弊病。由于纳米粒子尺寸小，因此成型加工和回收时几乎不发生断裂破损，具有良好的可回收性。纳米塑料的缺点与通常无机填料一样，纳米粒子的加入会使塑料的焊接强度有所下降，有些纳米塑料如纳米尼龙的韧性（冲击强度）有所下降，但纳米聚烯烃的韧性却有所提高。

　　由于纳米塑料对材料的改性不是通过制备新结构塑料品种实现的，因此利用现有设备或稍加改造便可进行生产，且设备投入资金少，这两点也是推动和加快纳米塑料商业化的有利因素。

2.2 纳米材料的制备方法

混合纳米粒子与树脂的不能采用传统类型设备：一方面，因纳米粒子的重力作用大大减小，而传统高速搅拌机是根据重力设计，其桨叶不能把纳米粒子赶入限制区，其悬浮在空中，不能实现充分混合；另一方面，由于纳米粒子的表面效应，使其不容易在塑料相中分散。为此，要使纳米材料与树脂有机结合成一体，需采用特殊方法。

2.2.1 溶胶-凝胶法

溶胶-凝胶法是自 20 世纪 80 年代开始应用的一种方法。其具体做法为将聚合物和纳米材料等前驱物溶于水或有机溶剂中形成均质溶液，溶质发生水解反应生成纳米级粒子并形成溶胶。溶胶经蒸发转变为凝胶，进一步干燥可制成纳米塑料。溶胶-凝胶法可以分为如下几种类型：

① 前驱物溶于聚合物中，先生成溶胶，再制得凝胶。用此方法通过硅酸乙酯在聚酰亚胺的 N,N'-二甲基乙酰胺溶液中发生溶胶-凝胶反应，可制成聚酰亚胺/二氧化硅（SiO_2）纳米塑料。

② 在前驱物存在下，先使单体聚合，再凝胶化。例如，先制成包覆油酸的二氧化钛（TiO_2）/甲基丙烯酸甲酯（MMA）溶胶，以过氧化物（BPO）为引发剂使 MMA 聚合，可制成 TiO_2/PMMA 纳米塑料。

③ 先生成溶胶后，再与聚合物共混，最后凝胶化。如将异丙醇铝溶胶与聚乙烯醇（PVA）混合，先进行凝胶化处理，再真空干燥，即制成三氧化二铝（Al_2O_3）/PVA 纳米塑料。

④ 将前驱物和单体溶解于溶剂中，控制水解和聚合反应同时进行，可使一些不溶的聚合物靠原位生成而嵌入无机网络中。

溶胶-凝胶法的优点为产品纯度高、透明度高，缺点为价格高，无机物只局限于 Al_2O_3 和 TiO_2。因无合适的溶剂，PE、PP、PS 等难溶聚合物不可用此法。

2.2.2 插层法

插层法是目前制备纳米塑料最常用的一种方法。其原理为许多无机物如黏土、云母、石墨、五氧化二钒、三氧化二锰、磷酸盐类、二硫化物、三硫化磷配合物等都具有典型的层状结构，在一定驱动力作用下能破碎成纳米尺寸的结构微区，其片间距为纳米级，可容纳单体或聚合物嵌入，形成纳米复合塑料。最常用的方法是：将单体或聚合物插入经插层剂处理后的层状硅酸盐（如蒙脱土）之间，破坏片层硅酸盐紧密有序的堆积结构，使其剥离成厚度为 1nm 左右，长、宽为 30~100nm 的层状基本单元，均匀分散于聚合物基体中，实现聚合物高分子与层状硅酸盐片层在纳米尺度上的复合。

按嵌入物的不同，插层法可分为单体插层聚合法和聚合物插层法两类。

① 单体插层聚合法是将单体分散到片状填料中间，在热、光、引发剂的作用下单体在层间聚合。利用聚合时放出的巨大热量，使层间距加大，片层剥离，形成纳米复合材料。目前，用此法已制成尼龙、饱和聚酯、聚苯胺、聚吡咯、聚噻吩及聚呋喃等纳米复合材料。

② 聚合物插层法按分散方法的不同，可分成溶液插层和熔体插层两种。

a. 溶液插层是先将聚合物配成溶液或乳液，嵌入层状无机材料中，再去掉溶剂的一种方法。例如，将难以加工的脆性超导聚合物溶液插层于无机超导材料 $NbSe_2$ 层间，可制成聚合物基超导电线。

b. 熔体插层是将聚合物熔融后插入层状无机材料中，制成纳米复合材料。此法不用溶剂，适合大多数聚合物，如将烷基铵蒙脱石与 PS 粉末混合，压成球团，在高于 PS 玻璃化转变温度下加热球团，可制成纳米黏土/PS 纳米复合塑料。

插层法工艺简单，原料来源丰富，价格低廉。插层法成功与否的关键为片状、层状无机物的有机化处理，目的在于一方面提高其与有机物的相容性，另一方面有利于层状材料分层和增大层间距。

2.2.3 共混法

共混法是制备纳米塑料最简单的方法，适合各种形态的纳米粒子。其具体方法为直接将纳米粒子与聚合物树脂共混，但为了防止纳米粒子团聚，共混前要对其进行表面处理。

按共混方式的不同可分为如下几类。

① 溶液共混法　将基体树脂溶解于溶剂中，然后加入纳米粒子，充分搅拌使纳米粒子在溶液中均匀分散，除去溶剂或使溶剂聚合而制成纳米塑料。例如，将聚苯乙烯溶于苯乙烯中，加入纳米氧化铝，再使苯乙烯聚合而形成 PS/氧化铝纳米塑料。

② 悬浮液或乳液共混法　与溶液共混法相似，用悬浮液或乳液代替溶液，再与纳米粒子共混而制成纳米塑料。用此方法将纳米级马铃薯淀粉微晶与热塑性聚合物乳胶的水性悬浮液掺混制成可降解的纳米塑料。

③ 熔融共混法　将表面经过处理的纳米粒子与聚合物共混，经塑化、分散等过程，使纳米粒子以纳米级分散于聚合物熔体中，制成纳米塑料。用此方法已得到 LDPE/SiC 纳米塑料。

④ 机械共混法　将表面处理过的纳米粒子与聚合物一起研磨，制成纳米塑料。如将碳纳米管用偶联剂处理，再与 UHMWPE 在三头研磨机中研磨，两者分散均匀后即为纳米塑料。

2.2.4 原位分散聚合法

原位分散聚合又称为在位聚合，应用原位填充使纳米粒子在单体中均匀分散，在一定条件下直接聚合，形成纳米塑料。应用此方法，已制成 PMMA/二氧化硅纳米塑料。

2.2.5 LB 制膜法

LB 制膜是利用分子间相互作用人为建立起来的特殊分子体系，是分子水平上的有序组合体。它利用具有疏水端和亲水端的两性分子在气-液界面的定向性质，在侧向施加一定压力（高于 1MPa），形成分子紧密定向排列的单分子膜。这种定向排列可通过一定的挂膜方式有序、均匀地转移到固定载片上。

LB 制膜法可用于制备纳米粒子与超薄有机膜形成的无机、有机层交替材料。一般主要采取如下方法：一是利用含金属离子的 LB 膜，通过与 H_2S 等进行化学反应获得无机-有机交替膜结构；二是已制备的纳米粒子 LB 组装。

2.2.6 分子自组装法

分子自组装法是以阴阳离子的静电作用为驱动力而制备的单层和多层有序膜的方法。在此膜中，单层与基板以及层与层之间极强的静电作用使该膜的热学、力学稳定性较 LB 膜有极大提高。同时，由于该法操作简单，膜厚可方便控制，现成为热点研究方向。

目前利用此法已成功制成 CdSe/聚对苯乙炔、TiO_2/聚二甲基二烯丙基氯化铵等多层复合膜。

2.3 纳米复合塑料配方实例

2.3.1 碳纳米管类塑料配方实例

2.3.1.1 超高分子量聚乙烯/碳纳米管复合塑料

（1）产品配方

UHMWPE	100	分散偶联剂	0.3~2
碳纳米管	0.3~15		

（2）制备方法

首先，将分散偶联剂用溶剂稀释后与碳纳米管混合；然后，再与 UHMWPE 混合，放入三头研磨机中研磨 2h，直到颜色均匀为止；最后挤出造粒，注塑得到制品。

（3）产品性能

该产品冲击强度 $178.3kJ/m^2$，比纯 UHMWPE 高 43%。UHMWPE/碳纳米管复合塑料的电性能见表 2-1 所示。

表2-1 UHMWPE/碳纳米管复合塑料的电性能

碳纳米管含量/%	体积电阻率/Ω·cm	表面电阻/Ω	碳纳米管含量/%	体积电阻率/Ω·cm	表面电阻/Ω
0.3	6.62×10^8	2.31×10^9	4	4.13×10^5	3.26×10^7
0.5	1.23×10^8	1.63×10^9	5	3.12×10^5	2.45×10^7
1	1.72×10^7	3.26×10^8	10	2.55×10^5	4.01×10^6
2	1.69×10^7	1.63×10^8	15	3.50×10^4	1.06×10^5

2.3.1.2 电应力控制热缩管

（1）产品配方

乙烯-醋酸乙烯酯共聚物	50	导电功能性填料	60
聚乙烯	40	碳纳米管	5
氯化聚乙烯	10	塑料助剂	10

（2）制备方法

首先，按照质量份投入物料至高速搅拌机中，搅拌 5min；其次将混合好的物料投入到145℃密炼机中密炼 25～35min，然后投入到单螺杆造粒机中，制成母料。停放 8h 后，再经过捏合机和挤出造粒过程；再次将挤出半成品辐照，辐照剂量为 13～17Mrad，热延伸测试值控制在 70%～90%；最后将辐照半成品经过扩张成型，制成成品。

（3）产品性能

该材料为具有热收缩性的电应力控制热缩管，采用乙烯-醋酸乙烯酯共聚物和聚乙烯为主要成分制备，采用碳纳米管进行增强，提高材料强度；氯化聚乙烯用量少，防潮性好，环保，介电常数、体积电阻率稳定。

2.3.1.3　纤维增强缠绕结构塑料管材

（1）产品配方

聚氯乙烯	100	三羟甲基丙烷	5
改性碳纳米管/纤维素复合纤维	15	增韧剂	0.5
轻质碳酸钙	5	黑色母粒	1
聚乙烯蜡	1		

（2）制备方法

首先，将原料在混合机中混合得到预混物；其次，在研磨装置中研磨得到共混物，干燥；然后，在双螺杆挤出机中熔融共混，挤出连续带材，将带材缠绕在螺旋滚轴上，形成缠绕结构的管体，相邻带材上添加热熔胶黏结融合；最后用压轮对相邻带材的熔接间隙进行碾压，冷却成型。

（3）产品性能

采用改性碳纳米管/纤维素复合纤维对聚氯乙烯材料进行改性，改善了聚氯乙烯材料的性能，弥补了现有缠绕结构管材的缺陷，提高了材料的抗压强度、拉伸强度、环刚度；将碳纳米管进行改性后，再与纤维素进行复合得到改性碳纳米管/纤维素复合纤维，相较于单一的纤维，其增强效果更好。该产品制备方法简单、易控制、成本低廉，适合大规模批量化生产。

2.3.1.4　抗冲击潜油泵电缆绝缘材料

（1）产品配方

聚乙烯	75	过氧化二异丙苯	0.1
乙烯醋酸乙烯共聚物	25	环氧大豆油	1.5
抗冲击改性剂	5	氧化镧	0.2
碳纳米管	4	氧化锌	0.2
硬质陶土	10	抗菌剂	1
重质碳酸钙	5		

（2）制备方法

首先，将抗冲击改性剂、碳纳米管、硬质陶土等助剂进行混合；然后，再将基体树脂、助剂等按照比例混合，投入高速混合机中，转速为 400r/min，搅拌 5～10min，得到混合物料；最后采用注塑或其他成型方法直接加工成型。

（3）产品性能

该产品配方中采用碳纳米管进行增强，引入了抗冲击改性剂及环氧大豆油等其他助剂进行配合，使材料具有优异的抗冲击性、耐热性、力学性能、热变形温度等，使该配方材料应用于潜油泵电缆绝缘领域。

2.3.1.5 高拉伸强度的聚苯醚充电器外壳

(1) 产品配方

聚苯醚树脂	40	硅烷偶联剂	0.4
聚乙烯	70	多壁碳纳米管	5
乙烯醋酸乙烯酯共聚物	10	硬脂酸	1
交联剂	2	增塑剂	3
硅藻土	40	B-215 长效热稳定剂	2
沉淀硫酸钡	15	SBS 增韧剂	2
氢氧化铝	30	抗滴落剂(SN3300)	1

(2) 制备方法

首先,将原材料按照比例混合,投入高速混合机中,转速为 400r/min,混料 30min;然后在挤出机上挤出造粒;最后,将混合物采用注塑成型等加工方法制成成品。

(3) 产品性能

该高拉伸强度的聚苯醚充电器外壳,拉伸强度高,伸长率高;可在高温高压条件下,长期使用。

2.3.1.6 弹性聚氯乙烯塑料管

(1) 产品配方

聚氯乙烯	100	液体三元乙丙橡胶	10
SIS 热塑性弹性体	5	过氧化二异丙苯	0.5
聚乙烯醇缩丁醛	0.6	气相白炭黑	10
亚磷酸三壬基苯酯	1	硬脂酸钙	2
碳纳米管	3		

(2) 制备方法

首先,将原材料在高速混料机中混合,转速为 400r/min,混料 30min;其次,研磨 15~20min;然后,在挤出机上挤出造粒成改性粒料;最后,经挤出得到改性管材。

(3) 产品性能

该管材加入 SIS 热塑性弹性体,使成品管材具有很好的回弹性,抗冲击强度高。

2.3.1.7 配电箱外壳材料

(1) 产品配方

PC	50	改性碳纳米管	10
PPO	20	纳米二氧化钛	5
POE	10	聚乙烯蜡	3
DOP	5	硅烷偶联剂	1
高岭土	15	抗氧剂	1.5
碳化硅	10		

(2) 制备方法

将原材料在高速混合机中完成物料混合,转速为 400r/min,一般混合时间为 10~30min;然后可经过球磨等过程处理，挤出造粒成改性粒料；最后，一般采用注塑等方法成型。

（3）产品性能

该配电箱外壳材料通过原材料间的协配作用，具有耐腐蚀、耐候性和耐温性好的优点，抗压、抗机械冲击性、抗刮痕性和导热性能优异。

2.3.1.8　耐热抗菌包装膜

（1）产品配方

LDPE	100	碳纳米管	10
抗菌剂	3	卵磷脂	2
硅微粉	3	羟基丙烯酸树脂	10
茶多酚	2	聚乙烯蜡	5
2-吡啶酚-1-氧化钠	5		

（2）制备方法

首先，将各种原材料在高速混合机中完成物料混合，转速为 400r/min，一般混合时间为 10～30min；然后可经过球磨等过程处理，挤出造粒成改性粒料；最后，一般采用挤出吹塑等方法成型。

（3）产品性能

该包装膜具有良好的抗菌和耐热性能，综合性能好，且制备方法简单，具有良好的应用价值。

2.3.1.9　高铁电缆用交联聚烯烃护套层

（1）产品配方

交联聚烯烃	60	纳米硅藻土	10
聚氨酯橡胶	40	聚芳酯	1
钛酸酯偶联剂	0.3	氧化聚乙烯蜡	1
二乙烯三氨基丙基甲基二甲氧基硅烷	1	微胶囊化红磷	3
多壁碳纳米管	5	微晶石蜡	1

（2）制备方法

首先，将原材料在高速混合机中完成物料混合，转速为 400r/min，一般混合时间为 10～30min；然后可经过球磨等过程处理，挤出造粒成改性粒料；最后，一般采用挤出方法成型，冷水冷却，并完成交联过程。

（3）产品性能

该电缆力学性能、电绝缘性能优异，使用寿命长。

2.3.1.10　导电导热增强高密度聚乙烯管

（1）产品配方

高密度聚乙烯	40	石墨烯	5
增韧母粒	20	空心微珠	5
超细碳酸钙	10	碳纳米管	5
玻璃纤维	10	硅烷偶联剂	4
纳米硅微粉	5	阻燃剂	8

（2）制备方法

首先，将原料在高速混合机中完成物料混合，转速为 400r/min，一般混合时间为 10～30min，然后可经过球磨等过程处理，挤出造粒成改性粒料；最后，一般采用挤出方法成型。

（3）产品性能

该聚乙烯管具有优异的阻燃、抗压、抗撕裂性能，同时可降解性能好，不会污染环境。

2.3.1.11　高强度高韧性尼龙复合材料

（1）产品配方

尼龙	100	芳纶浆粕	1
聚碳酸酯	5	氧化石墨烯	2
聚苯硫醚	3	晶须	1
氧化铜修饰碳纳米管	3	聚乙烯接枝马来酸酐	2
纳米二氧化钛溶胶	3	埃洛石纳米管	5
凹凸棒土	5	硬脂酸钙	2

（2）制备方法

首先，将原材料在高速混合机中完成物料混合，转速为 400r/min，一般混合时间为 10～30min；然后可经过球磨等过程处理，挤出造粒成改性粒料；最后，一般采用挤出、注塑等方法成型。

（3）产品性能

该尼龙复合材料强度高、韧性好，其耐热性和阻燃性能优异。

2.3.2　石墨烯类塑料配方实例

2.3.2.1　石墨烯/碳纳米管/PVC 母粒

（1）产品配方

PVC	100	聚乙烯吡咯烷酮	10
石墨烯与碳纳米管	100	油酸二乙醇酰胺	5
氧化聚乙烯蜡	15	碳酸钙	5
EBS 蜡	15	硬脂酸	2

（2）制备方法

将石墨烯、碳纳米管、氧化聚乙烯蜡等物料混合，搅拌、混合速度为 100～1000r/min，时间为 0.2～2h；然后，经干燥处理，温度为 75～120℃，时间为 8～20h。

（3）产品性能

石墨烯/碳纳米管母粒极大地提高了石墨烯和碳纳米管在 PVC 中的分散性，降低石墨烯用量，提高 PVC 制品的力学性能、导电性、导热性和阻燃性。

2.3.2.2　聚乙烯双壁波纹管

（1）产品配方

PE	100	抗菌增韧母粒	4
碳纤维	10	轻质碳酸钙	6
石墨烯	10	凹凸棒土	10
碳纳米管	5	氧化聚乙烯蜡	5

（2）制备方法

首先，将原材料在高速混合机中完成物料混合，转速为 400r/min，一般混合时间为 10～30min，然后可经过球磨等过程处理，挤出造粒成改性粒料；最后，一般采用挤出吹塑与波纹成型等方法成型。

（3）产品性能

该聚乙烯双壁波纹管具有优异的抗压、耐磨、耐腐蚀、耐高温性能，同时还具有抗渗漏的效果，使用寿命长。

2.3.2.3　导热尼龙合金

（1）产品配方

PA6	60	碳纤维	5
PA66	20	石墨粉	10
相容剂	5	偶联剂	3
尼龙预聚分散石墨烯	10	润滑剂	0.5
氮化铝	10	抗氧剂	0.5
氧化镁	10		

（2）制备方法

首先，将原材料在高速混合机中完成物料混合，转速为 400r/min，一般混合时间为 10～30min，然后可经过球磨等过程处理，经挤出、造粒等工艺过程得到改性粒料，最后挤出、注塑成型得到制品。

（3）产品性能

该产品以尼龙为主要基体材料，加入了石墨烯等功能材料，具有优异的力学性能及导热性能。

2.3.2.4　高导热耐摩擦耐高温复合材料

（1）产品配方

尼龙	80	增韧剂	5
有机硅改性聚酯丙烯酸酯	20	相容剂	1
改性硫酸钙晶须	3	润滑剂	0.5
氧化镁	10	抗氧剂	0.5
改性石墨烯	20		

（2）制备方法

首先，将原材料在高速混合机中完成物料混合，转速为 400r/min，一般混合时间为 10～30min；然后可经过球磨等过程处理，经挤出、造粒等工艺过程得到改性粒料；最后经挤出、注塑成型得到制品。

（3）产品性能

该复合材料不仅具有非常好的导热效果，还具有耐高温性与耐摩擦性能，其他力学性能也非常优异。

2.3.2.5　石墨烯尼龙复合材料

（1）产品配方

尼龙	90	碳纤维	10

改性石墨烯	20	润滑剂	0.5
增韧剂	5	抗氧剂	0.3
相容剂	1		

（2）制备方法

首先，将原材料在高速混合机中完成物料混合，转速为400r/min，一般混合时间为10～30min；然后可经过球磨等过程处理，挤出造粒等工艺过程得到改性粒料；最后挤出、注塑成型得到制品。

（3）产品性能

该尼龙复合材料力学性能优异，并且具有非常好的导热效果。

2.3.2.6　氧化石墨烯增强聚苯硫醚复合材料

（1）产品配方

| 聚苯硫醚 | 80 | 改性填料 | 10 |
| 改性氧化石墨烯 | 0.1 | 改性助剂 | 10 |

（2）制备方法

首先，将原材料在高速混合机中完成物料混合，转速为400r/min，一般混合时间为10～30min；然后可经过球磨等过程处理，挤出造粒等工艺过程得到改性粒料；最后通过挤出、注塑等工序得到制品。

（3）产品性能

将含有有序活性基团并经过改性助剂改性处理的氧化石墨烯与聚苯硫醚材料在平行电场中进行复合处理，得到的聚苯硫醚复合材料具有更好的韧性，有利于其在更多领域中大规模应用。

2.3.2.7　阻燃尼龙/聚苯硫醚合金材料

（1）产品配方

PA6树脂	50	二乙基次膦酸铝	5
PPS树脂	10	抗氧剂	0.2
石墨烯微片	10	润滑剂	1
沥青基碳纤维	20	黑色母	1

（2）制备方法

首先，将原材料在高速混合机中完成物料混合，转速为400r/min，一般混合时间为10～30min；然后可经过球磨等过程处理，经挤出、造粒等工艺过程得到改性粒料；最后通过挤出、注塑等工序得到制品。

（3）产品性能

阻燃尼龙/聚苯硫醚合金材料在具备高热导率的同时，保持良好的力学性能、加工性能、阻燃性能、低气味，且本制备方法制备简单、可操作性强、易于实施，可借助于现有的成熟技术（双螺杆挤出机）即可实现大规模工业化生产，具有非常广阔的应用前景。

2.3.2.8　高力学性能聚苯硫醚复合材料

（1）产品配方

| 氧化石墨烯包覆的碳纤维 | 40 | 聚苯硫醚 | 60 |

（2）制备方法

首先配制氧化石墨烯溶液，然后将碳纤维分散在氧化石墨烯溶液中，经过沉降过程，将氧化石墨烯包覆的碳纤维与聚苯硫醚熔融共混得到最终产品；可经过挤出、造粒等工艺过程得到改性粒料，最后通过挤出、注塑等工序得到制品。

（3）产品性能

该聚苯硫醚复合材料具有良好力学性能，其拉伸强度、拉伸模量与未改性的聚苯硫醚相比，分别提高了116％和193％；与碳纤维改性的聚苯硫醚相比，分别提高了13％和17％，而且制备方法操作简便，应用前景良好。

2.3.3 蒙脱土类塑料配方实例

2.3.3.1 聚酰胺/蒙脱土纳米塑料

（1）产品配方

尼龙6	98	蒙脱土	2

（2）制备方法

蒙脱土以选用阳离子交换能力为90～120meq/100g为宜。为增大蒙脱土的层间距，蒙脱土在使用前用12-氨基十二酸和无机酸处理，温度控制在80℃。将处理过的蒙脱土、己内酰胺、引发剂、尼龙6在双螺杆中混炼、萃取，干燥后制成纳米塑料。

（3）产品性能

该产品中γ晶型含量增加，蒙脱土起到异相成核的作用；阻隔性能提高，当蒙脱土含量2％时，氧气和水蒸气的阻隔性能提高了50％。蒙脱土在层间距为3.48nm时，拉伸强度为96MPa，热变形温度（18.2MPa）为149℃。

2.3.3.2 聚对苯二甲酸乙二酯/蒙脱土吹瓶材料

（1）产品配方

PET	96	加工助剂	适量
蒙脱土	4		

（2）制备方法

首先，将原材料干燥；然后，在高速混合机中完成物料混合，转速为400r/min，一般混合时间为10～30min；再次，将原料挤出造粒得到改性粒料；最后，采用注射吹塑工艺成型。

（3）产品性能

用6-氨基己酸盐酸盐处理蒙脱土，此配方的O_2透过系数为$1.9 \times 10^3 cm^3 \cdot mm/(m^2 \cdot d \cdot MPa)$。而用对氨基苯甲酸盐酸盐处理蒙脱土，此配方的$O_2$透过系数为$3.2 \times 10^3 cm^3 \cdot mm/(m^2 \cdot d \cdot MPa)$。纯PET与纳米PET的性能对比见表2-2。

表2-2　纯PET与纳米PET的性能对比

性能	纯PET	纳米PET
热变形温度(1.85MPa)/℃	76～85	100～120
拉伸强度/MPa	70	75～80
断裂伸长率/%	15	7～11
弯曲强度/MPa	108	120
弯曲模量/MPa	1700	3600
缺口悬臂冲击强度/(kJ/m²)	35～42	25～30

2.3.3.3 环氧树脂/蒙脱土纳米塑料

（1）产品配方

EP	100	固化剂	10
蒙脱土	30	有机胺盐	5

（2）制备方法

将蒙脱土粉碎到 $63\mu m$ 以下，采用有机阳离子处理；具体有溴代十六烷基吡啶、十八烷基三甲基季氨盐等。它可交换蒙脱土层间的 Na^+、Ca^+ 等，使层间距增大（由 $0.126nm$ 增大到 $2nm$），片层表面被有机阳离子的烷基长链覆盖，性能由亲水性变为亲油性，与环氧树脂有良好的亲和性。

（3）产品性能

该产品的冲击强度达到 $27.5kJ/m^2$；拉伸强度达到 $66MPa$。

2.3.3.4 耐低温冲击聚丙烯

（1）产品配方

改性聚丙烯	100	微胶囊化红磷	15
改性碳纳米管	5	聚乙烯蜡	3
改性蒙脱土	20	紫外线吸收剂(UV-9)	0.3
玻璃纤维	15	紫外线吸收剂(UV-327)	0.5
马来酸酐接枝相容剂	10	光稳定剂(744)	0.8
硅烷偶联剂(改性氢氧化镁)	10		

（2）制备方法

首先，将原材料干燥；其次，在高速混合机中完成物料混合，转速为 $400r/min$，一般混合时间为 $10\sim30min$；然后，将原料挤出造粒得到改性粒料；最后，采用挤出、注射工艺成型。

（3）产品性能

该产品具有优异的阻燃性能、力学性能、低温抗冲击性能等，综合性能优异。

2.3.3.5 EPP塑料合金

（1）产品配方

发泡聚丙烯 EPP	100	炭黑	5
聚丙烯 PP	5	三氧化二锑	20
聚乙烯醇 PVA	20	无机增韧剂	3
蒙脱土	1		

（2）制备方法

首先，将发泡聚丙烯、聚丙烯、聚乙烯醇、蒙脱土、炭黑、三氧化二锑进行混合，得到混合物；然后，将上述混合物与热稳定剂、金属基黏合剂和无机增韧剂继续混合，得到混合物；最后，将混合物在熔融状态下挤出，冷却得到塑料合金。

（3）产品性能

通过炭黑和金属基黏合剂大大提高了塑料合金的强度，并通过热稳定剂提高了塑料合金的耐热性，通过无机增韧剂降低了塑料合金断裂和形变的概率，延长使用寿命。

2.3.4 碳酸钙类塑料配方实例

2.3.4.1 高密度聚乙烯/碳酸钙纳米塑料

（1）产品配方

HDPE(5000S)	100	分散剂(P403)	3
纳米 $CaCO_3$（偶联处理）	30		

（2）制备方法

首先，将纳米 $CaCO_3$ 用 2%～3%钛酸酯处理，处理方法为先将钛酸酯用沸程为 60～90℃的石油醚溶解，分散剂用丙酮溶解；然后与纳米 $CaCO_3$ 混合均匀，放入烘箱中除去溶剂，干燥 1h；最后与 HDPE 充分混合均匀，经双螺杆挤出机混炼即可。

（3）产品性能

该产品当纳米 $CaCO_3$ 的含量达到 25%时，冲击强度达到最大值，是纯 HDPE 的 1.7倍；当纳米 $CaCO_3$ 的含量达到 16%时，断裂伸长率为 660%。

2.3.4.2 聚丙烯/碳酸钙纳米塑料

（1）产品配方

PP(T30S)	100	表面处理剂	适量
纳米 $CaCO_3$	3～10		

（2）制备方法

首先，将各种原材料在高速混合机中完成物料混合，转速为 400r/min，一般混合时间为 10～30min；再次，将原料挤出造粒得到改性粒料；最后，采用挤出、注射工艺成型。

（3）产品性能

该产品当纳米 $CaCO_3$ 的含量达到 3.5%时，无缺口冲击强度达到 74kJ/m^2，是纯 PP 的4 倍。当纳米 $CaCO_3$ 的含量达到 4%时，拉伸强度达到 29MPa。

2.3.4.3 聚氯乙烯/碳酸钙纳米塑料（一）

（1）产品配方

PVC(S-700)	100	热稳定剂	4
DOP 等	120	润滑剂	1
$CaCO_3$(30nm,铝酸酯处理)	20		

（2）制备方法

将各种原材料在高速混合机中完成物料混合，转速为 400r/min，一般混合时间为 10～30min；将原料挤出造粒得到改性粒料；采用挤出、注射工艺成型。

（3）产品性能

该产品当 $CaCO_3$ 的含量达到 10%时，体系的拉伸强度达到最大值 58MPa，为纯 PVC 的 123%左右；缺口冲击强度也达到最大值 16.3kJ/m^2，为纯 PVC 的 313%。

2.3.4.4 聚氯乙烯/碳酸钙纳米塑料（二）

（1）产品配方

PVC(S-700)	100	钙锌热稳定剂	3
DOP 等	120	聚乙烯蜡	0.5
ACR	10	硬脂酸	0.2
$CaCO_3$(30nm,铝酸酯处理)	15		

（2）制备方法

将各种原材料在高速混合机中完成物料混合，转速为 400r/min，一般混合时间为 10～30min；将原料挤出造粒得到改性粒料；采用挤出、注射工艺成型。

（3）产品性能

该产品当 $CaCO_3$ 的含量达到 10％时，体系的拉伸强度达到最大值 48MPa，为 PVC/ACR 的 184％左右；当 $CaCO_3$ 的含量达到 5％时，缺口冲击强度也达到最大值 24kJ/m^2，为 PVC/ACR 的 185％。

2.3.4.5　聚氯乙烯/碳酸钙纳米塑料（三）

（1）产品配方

PVC(S-700)	100	钙锌热稳定剂	3
DOP 等	90	石蜡	0.5
CPE	10	硬脂酸	0.2
$CaCO_3$(30nm,铝酸酯处理)	10		

（2）制备方法

将各种原材料在高速混合机中完成物料混合，转速为 400r/min，一般混合时间为 10～30min；将原料挤出造粒得到改性粒料；采用挤出、注射工艺成型。

（3）产品性能

该产品当 $CaCO_3$ 的含量达到 6％时，体系的拉伸强度达到最大值 50.3MPa；当 $CaCO_3$ 的含量达到 10％时，缺口冲击强度也达到最大值 8.9kJ/m^2，为 PVC/CPE 体系的 2 倍。

2.3.5　二氧化硅类塑料配方实例

2.3.5.1　抗冲击高强度聚乙烯通信管

（1）产品配方

改性聚乙烯	50～80	纳米二氧化硅	2～4
超高分子量聚乙烯	10～15	碳纳米管	1～2
单硬脂酸甘油酯	1～2	硅烷偶联剂	1～3
EBS	0.1～1	抗氧剂 CA	2～5

（2）制备方法

首先，将常规聚乙烯、纳米二氧化硅、碳纳米管等在高速混料机中，混料 30min；然后，研磨 15～20min；挤出造粒得到改性粒料；最后，在挤出机上挤出得到抗冲击高强度聚乙烯通信管材。

（3）产品性能

该产品具有非常优异的拉伸强度和抗冲击强度。其中，拉伸强度高达 35MPa，抗冲击强度高达 280kJ/m^3。

2.3.5.2　聚甲基丙烯酸甲酯/二氧化硅纳米塑料

（1）产品配方

MMA	100	SiO₂(20nm)	5～20
AIBN	0.5～3		

（2）制备方法

首先，选择硅烷偶联剂（A-174）处理 SiO_2，用量3%；然后，将 MMA、AIBN、处理后的 SiO_2 在80℃搅拌3h即可。在产品制备中，将各种原材料在高速混合机中，完成物料混合，转速为400r/min，一般混合时间为10～30min；再次，将原料挤出造粒得到改性粒料；最后，采用挤出、注射工艺成型。

（3）产品性能

该产品的拉伸强度随 SiO_2 加入量增加而下降，但在 SiO_2 6%含量以前下降不明显；在 SiO_2 含量6%时，拉伸强度为60MPa；缺口简支梁冲击强度在 SiO_2 含量5%时最高，为 $1.45kJ/m^2$；无缺口和缺口悬臂梁冲击强度在 SiO_2 含量2%时最高。其中，无缺口简支梁冲击强度为 $10.2kJ/m^2$，缺口悬臂梁冲击强度为97.5J/m。

2.3.5.3　环氧树脂/二氧化硅纳米塑料

（1）产品配方

EP(E-44)	100	纳米 SiO_2	2～5
甲基四氢苯酐	5	氨基硅烷(A858)	0.15

（2）制备方法

采用溶液共混法，也可采用原位分散聚合物法并用偶联剂处理纳米 SiO_2，制成环氧树脂/SiO_2 纳米塑料。具体方法为：在搅拌状态下将已烘干脱水的纳米 SiO_2 加到偶联剂的丙酮溶液中，用超声波处理30min；将该溶液与 EP 混合均匀后脱除溶剂，升温至130℃，使偶联剂、EP、纳米 SiO_2 反应1h；冷却后，加入固化剂，混合均匀，成型即可。

（3）产品性能

该产品当 SiO_2 的质量份为3份时，冲击强度由 $8.52kJ/m^2$ 提高到 $19.04kJ/m^2$，拉伸强度由38.94MPa提高到50.78MPa，断裂伸长率由2.56%提高到3.17%。

2.3.5.4　不饱和聚酯/二氧化硅纳米塑料

（1）产品配方

UP	100	过氧化甲乙酮(固化剂)	1
SiO_2(用0.2%～0.3%有机硅氧烷处理)	3～5	环烷酸钴(促进剂)	0.5～0.6
润滑剂	1～2		

（2）制备方法

先将纳米 SiO_2 用0.2%～0.3%有机硅氧烷分散剂包裹处理，使其易分散到树脂中；再用通用超声设备将纳米 SiO_2 团粉碎，均匀分散到 EP 中。

（3）产品性能

该产品的冲击强度提高了60%；拉伸强度27.7MPa，提高了110%；耐磨性提高了1～2倍；硬度接近3，是天然大理石的硬度。

2.3.6　二氧化钛类塑料配方实例

2.3.6.1　高抗冲聚苯乙烯/二氧化钛纳米塑料

（1）产品配方

HIPS	98	TiO_2(20nm)	1~3

（2）制备方法

将2%钛酸酯偶联剂在石油醚中溶解后处理TiO_2；将原料与助剂在高速混合机上混合，然后在挤出机上挤出造粒，得到改性粒料；将改性粒料采用挤出或注塑成型方法加工成制品。

（3）产品性能

该产品冲击强度在TiO_2含量为1%时最高，可达到130kJ/m²。断裂伸长率在TiO_2含量达到2%~3%时最高，可达到36%左右。拉伸弹性模量在TiO_2含量为1%时最高，可达到1900MPa。该塑料可用于家电壳体材料。

2.3.6.2　环氧树脂/二氧化钛纳米塑料

（1）产品配方

EP(E-51)	100	TiO_2	5
聚酰胺651	40	偶联剂	0.25

（2）制备方法

将EP溶解于丙酮中，TiO_2用偶联剂处理后加入EP中搅拌均匀；再加入聚酰胺（E-51），混合均匀后浇铸于模具中，于100℃下固化1h。

（3）产品性能

环氧树脂/二氧化钛纳米塑料的相关性能：拉伸强度35.3MPa，提高了44%；拉伸模量1573MPa，提高了370%；冲击强度121.3kJ/m²，提高了878%；弯曲强度80MPa，提高了78%；弯曲模量2255MPa，提高了74%。

2.3.6.3　耐紫外线的门窗塑钢材料

（1）产品配方

聚氯乙烯树脂	100	玛雅蓝	3
CPE树脂	11	三碱式硫酸铅	4.5
碳纳米管	0.6	二碱式亚磷酸铅	1.5
石英砂	1.5	纳米二氧化钛	0.6
聚乙烯蜡	1.5	紫外线吸收剂(UV-327)	0.9
滑石粉	9	抗氧剂	0.6
硬脂酸镁	1.5	金红石型钛白粉	1.1
ACR加工助剂	3	聚磷酸铵	0.6

（2）制备方法

将常规聚氯乙烯、各种助剂在高速混料机中混料30min；研磨15~20min，挤出造粒得到改性粒料；用双螺杆挤出机挤出定型，冷却；再经牵引、成型。

（3）产品性能

该产品配方中引入光稳定剂、抗氧剂、紫外线吸收剂等助剂，使材料在传统塑钢材料的基础上，具有良好的抗紫外线性能。

2.3.7 埃洛石类塑料配方实例

2.3.7.1 铅酸蓄电池高强度塑壳材料

（1）产品配方

ABS	40	二月桂酸二丁基锡	5
PVC 树脂	30	埃洛石纳米管	4
改性氢氧化铝	5	硬脂酸	4
氯化聚乙烯	10	二氧化硅	5
润滑剂	5	炭黑	4
抗氧剂	5	稳定剂	3

（2）制备方法

将各种原材料在高速混合机中，完成物料混合，转速为 400r/min，一般混合时间为 10～30min；将原料挤出造粒得到改性粒料；采用挤出、注射工艺成型。

（3）产品性能

该配方得到的蓄电池塑壳具有耐热性能好、耐化学稳定性能好、抗静电性能好的优点。

2.3.7.2 高强度铅蓄电池塑壳

（1）产品配方

ABS 树脂	70	白炭黑	10
PVC 树脂	30	氯化聚乙烯	5
改性碳纤维	15	硬脂酸	3
改性埃洛石纳米管	5	抗氧剂	2
改性石墨烯	5	稳定剂	5

（2）制备方法

原材料经过前期处理之后，将各种原材料在高速混合机中，完成物料混合，转速为 400r/min，一般混合时间为 10～30min；将原料挤出造粒得到改性粒料；采用注塑机注塑成型，注射机筒温度在 200～240℃，成型模具温度在 55～65℃，保压压力在 75～80MPa，保压时间为 6～9s。

（3）产品性能

采用改性碳纤维、改性埃洛石纳米管、改性石墨烯和白炭黑一同作为填料制备铅蓄电池塑壳，白炭黑与改性碳纤维、改性埃洛石纳米管和改性石墨烯能够形成复杂的三维网络结构，制备的铅蓄电池塑壳具有高强度、良好的热稳定性，且制备工艺简单，适合大规模生产。

2.3.7.3 铝木复合门窗 PVC 材料

（1）产品配方

PVC	90	木粉	15
CPVC	10	硅灰石	10

三氧化二锑	3	环氧硬脂酸辛酯	1
埃洛石	2	聚乙烯蜡	1.5
硬脂酸钙	2	ACR	6
硬脂酸锌	3	发泡剂	1
亚磷酸三苯酯	0.3	色粉	1

（2）制备方法

将各种原材料在高速混合机中，完成物料混合，转速为 400r/min，一般混合时间为 10～30min；将原料挤出造粒得到改性粒料；将物料放入双螺杆造粒机中造粒；物料从挤出机中按照外框尺寸挤出，冷却定型。

（3）产品性能

该材料阻燃性好、弹性模量高、抗冷热变形能力强、气密性与抗风压性能优良，非常适用于铝木复合门窗的制备。

2.3.8 其他纳米复合塑料配方实例

2.3.8.1 聚醚醚酮/碳化硅纳米塑料

（1）产品配方

PEEK(粉料、粒度小于 100μm)	70%～90%	SiC(粒度小于 100nm)	10%～30%

（2）制备方法

配料→加入溶剂超声波分散处理→烘干→热压成型→制品。

（3）产品性能

该产品的摩擦系数，在 SiC 含量为 20% 时达到最小值 0.20；磨损率，在 SiC 含量为 2.5%～10% 时最小，具体值为 $3.5 \times 10^{-6} mm^3/(N \cdot m)$。综合两者，SiC 含量为 10% 时，塑料的摩擦和耐磨损性能最好。

2.3.8.2 阻燃聚丙烯木塑复合材料

（1）产品配方

木粉	30～40	可膨胀石墨	2～3
竹粉	25～35	马来酸酐接枝改性的聚乙烯	2～3
玄武岩纤维	8～15	酞菁蓝	3～4
聚丙烯	60～75	滑石粉	0.1～0.3
聚丙烯蜡	1～2	纳米碳酸钙	0.2～0.4
碳纳米管	1～2		

（2）制备方法

将各种原材料在高速混合机中，完成物料混合，转速为 400r/min，一般混合时间为 10～30min；将原料挤出造粒得到改性粒料；一般采用挤出、注塑方法成型得到阻燃聚丙烯木塑复合材料。

（3）产品性能

该木塑复合材料不仅制作简单，而且具有良好的耐磨、抗弯、耐冲击强度；同时，阻燃抗菌性能好，极具推广使用价值。

2.3.8.3　导电聚甲醛复合材料

（1）产品配方

聚甲醛	100	碳纳米管	2
聚苯胺	2	二硫化钼	2.5
抗氧剂	3	镀镍云母纤维	2
金属粉	2	分散剂	4

（2）制备方法

将各种原材料在高速混合机中，完成物料混合，转速为 400r/min，一般混合时间为 10～30min；将原料挤出造粒得到改性粒料；一般采用注塑等方法成型。

（3）产品性能

该复合材料具备优异的导电性，防静电效果好，能够很好地避免产品由于静电而吸附灰尘。

2.3.8.4　专用塑料垃圾袋

（1）产品配方

HDPE	100	白炭黑	10
LLDPE	60	碳酸钙	5
炭黑	20	硬脂酸	5
石蜡	5	阻燃剂	3
石墨烯	7	抗氧剂	2

（2）制备方法

将各种原材料在高速混合机中，完成物料混合，转速为 400r/min，一般混合时间为 10～30min；将原料挤出造粒得到改性粒料；挤出吹塑得到袋装制品。

（3）产品性能

专用塑料垃圾袋防水性好，耐油污，不易撕裂。

2.3.8.5　性能优越聚丙烯塑料

（1）产品配方

聚丙烯	100	石墨烯	3
茂金属聚乙烯	10	抗氧剂	0.5
低密度聚乙烯	10	纳米氧化锌	1
聚丙烯接枝马来酸酐	0.5	壳聚糖	0.3
硬脂酸	0.3	载银沸石	0.5
亚麻纤维	5		

（2）制备方法

原材料经过高速混合、搅拌、挤出造粒等工艺过程得到改性粒料，然后经挤出、注塑成型得到制品。

（3）产品性能

该聚丙烯塑料综合性能优越，通过加入亚麻纤维、石墨烯、壳聚糖、载银沸石、牛至精油、大蒜素等原料，使得塑料不仅强度高，还具有优越的抗菌性能，值得推广。

2.3.8.6　耐摩擦抗老化增强尼龙

（1）产品配方

尼龙66	80	玻璃纤维	30
长碳链尼龙	20	邻苯二甲酸酐	0.5
EPDM-g-MAH	3	润滑剂	1
碳化硅	5	抗老化剂	1
气相二氧化硅	1	界面相容剂	1.5
碳纤维	15		

（2）制备方法

首先，将各种原材料在高速混合机中，完成物料混合，转速为400r/min，一般混合时间为10～30min；再次，将原料挤出造粒得到改性粒料；最后，挤出、注塑成型得到制品。

（3）产品性能

该尼龙产品具有较高的力学性能，优异的耐低温性能、抗老化性能、耐摩擦性能，可应用于武器装备、航空航天、电子、机械等领域。

2.3.8.7　纤维增强尼龙复合材料

（1）产品配方

尼龙	80	增韧剂	5
有机硅改性聚酯丙烯酸酯	20	相容剂	1.5
芳纶纤维	10	润滑剂	0.5
改性石墨烯	30	抗氧剂	0.5

（2）制备方法

将各种原材料在高速混合机中，完成物料混合，转速为400r/min，一般混合时间为10～30min；将原料挤出造粒得到改性粒料；挤出、注塑成型得到制品。

（3）产品性能

该尼龙复合材料不仅具有非常好的导热效果，还能够耐受很高的温度，其他力学性能也非常优异。

2.3.8.8　高介电聚苯醚材料

（1）产品配方

PPO	70	高介电填充剂	10
HIPS发泡母粒	30	增韧剂	2
单壁碳纳米管	5	抗氧剂	0.5
石墨烯	1.5	润滑剂	2

（2）制备方法

将耐冲击性聚苯乙烯、PPO、发泡剂、抗氧剂和润滑剂混合均匀，然后利用单螺杆挤出机挤出、水冷、切粒得到耐冲击性聚苯乙烯发泡母粒；将PPO、单壁碳纳米管、石墨烯、高介电填充剂、增韧剂、抗氧剂和润滑剂混合均匀，加入挤出机的主喂料口；将耐冲击性聚苯乙烯发泡母粒加入挤出机的侧喂料口，捏合、挤出、水冷、切粒得到聚苯醚材料。

（3）产品性能

该聚苯醚材料具备PPO/HIPS合金优异的力学性能、热学性能和低的吸水率，并且具有高的介电常数和低介电损耗。

2.3.8.9 抗拉聚碳酸酯改性电缆材料

（1）产品配方

聚苯醚	15	改性剂	8
聚碳酸酯	45	偶联剂	0.5
玄武岩纤维	10	交联剂	0.1
石墨烯	3		

（2）制备方法

将玄武岩纤维用改性剂进行改性处理并干燥；将经过改性处理的玄武岩纤维用偶联剂进行处理；将经过偶联处理的玄武岩纤维与石墨烯、聚苯醚、聚碳酸酯、交联剂混合均匀后用挤出机进行挤出，得到抗拉聚碳酸酯改性电缆材料。

（3）产品性能

将经过改性处理的玄武岩纤维添加到聚碳酸酯中并进行交联改性，显著提高了聚碳酸酯的抗拉强度，且保留较好的加工性能；将该聚碳酸酯材料用于电缆的护套层，能显著增加电缆的抗拉性能。

2.3.8.10 汽车GPS仪表盘用保护套

（1）产品配方

聚苯醚酮	30	增容剂	1
聚乙烯醇缩丁醛	25	防老剂	2
丙烯酸酯橡胶	50	交联剂	2
双季戊四醇酯	1.5	竹纤维复合物	10
环氧硬脂酸丁酯	1	玻璃纤维	10
古马隆树脂	1	粉煤灰	5
3-异氰酸酯基丙基三甲氧基硅烷	2	石墨烯	8
抗静电剂	2	滑石粉	15

（2）制备方法

首先，制备竹纤维复合物，包括大豆多糖的六偏磷酸盐酯化的修饰及与辛烯基琥珀酸酐的作用等过程；然后与丙烯酸酯橡胶、聚乙烯醇缩丁醛、聚苯醚酮进行相互混合，完成硫化过程。

（3）产品性能

该产品弹性好，而且力学性能优异，热稳定性极为优异，不易脆裂。

2.3.8.11 弹性耐磨复合塑料材料

（1）产品配方

聚丙烯	45	植物纤维素	5
塑化淀粉	15	绢云母粉	3
乙烯丙烯酸接枝马来酸酐	3	海泡石纤维	5
聚乙烯辛烯共弹性体	5	纳米蒙脱土	5
陶瓷纤维	5		

（2）制备方法

将各种原材料在高速混合机中，完成物料混合，转速为 400r/min，一般混合时间为 10～30min；将原料挤出造粒得到改性粒料；采用挤出或注塑方法加工成相关产品。

（3）产品性能

该产品通过采用聚乙烯辛烯共弹性体作为弹性体来增加塑料的弹性，再配合作为刚性体的纳米级碳酸钙等，可以实现塑料刚性和弹性的平衡，使其性能更加优异。

2.3.8.12　食品复合包装材料

（1）产品配方

聚苯乙烯树脂	30	聚丙烯腈纤维	5
聚碳酸亚丙酯	30	蒙脱土	5
醇酸树脂	20	油酸	5
聚丙二醇二缩水甘油醚	10	聚甲基丙烯酸	10
磷酸钙	10	聚醚砜	4
聚乙酰亚胺	5	增塑剂	3
聚乳酸	10	环磷酰胺	2
丙二醇甲醚	5	二丁基萘磺酸钠	2

（2）制备方法

首先，将各原料投入到反应器中，温度为 86～88℃，高温搅拌均匀后，得到原料混合物；其次，用双螺杆挤出机将上述原料混合物进行高温挤压造粒；然后经双螺杆挤压造粒后，将挤出后的原料混合物用单螺杆挤压机进行吹膜成型；最后，将吹膜成型后的包装材料冷却至室温，制备得到该食品复合包装材料成品。

（3）产品性能

该产品为食品复合包装材料，具有良好的力学性能和高阻隔性，广泛适用于食品包装领域。

2.3.8.13　高强度高韧性尼龙复合材料

（1）产品配方

尼龙	100	凹凸棒土	5
聚碳酸酯	5	氧化石墨烯	2
聚苯硫醚	3	晶须	0.3
过氧化苯甲酰	0.5	聚乙烯接枝马来酸酐	2
氧化铜修饰碳纳米管	3	埃洛石纳米管	5
纳米二氧化钛溶胶	3		

（2）制备方法

首先，凹凸棒土经过预处理，改性；埃洛石纳米管经过处理改性；然后将各种原材料在高速混合机中，完成物料混合，转速为 400r/min，一般混合时间为 10～30min；再次，将原料挤出造粒得到改性粒料；最后，注塑成产品。

（3）产品性能

尼龙作为工程塑料之一，具有优异的性能，然而这种材料也存在一些不足，例如韧性低、耐热性和阻燃性差等。采用该配方的产品强度高、韧性好、耐热性和阻燃性能优异。

参考文献

[1] 张玉龙，李萍主编．塑料配方与制备手册 [M]．第三版．北京：化学工业出版社，2017.

[2] 赵明，杨明山编著．实用塑料配方设计、改性、实例 [M]．北京：化学工业出版社，2019.

[3] 刘西文，田志坚编著．塑料配方与改性实例疑难解答 [M]．北京：化学工业出版社，2015.

[4] 王玮，陈明清，刘晓亚，等．塑料配方设计与实例解析 [M]．北京：中国纺织出版社，2009.

[5] 张玉龙，颜祥平．塑料配方与制备手册 [M]．第二版．北京：化学工业出版社，2010.

[6] 王兴为，王玮，刘琴，等编著，塑料助剂与配方设计技术 [M]．第 4 版．北京：化学工业出版社，2017.

[7] 左建东，罗超云，王文广主编．塑料助剂与配方设计 [M]．北京：化学工业出版社，2019.

[8] 张伟，邱桂学．碳纳米管在聚烯烃弹性体中的应用研究 [J]．弹性体，2017，27（02）：43-46＋54.

[9] 张勇杰，李化毅，董金勇，等．聚烯烃共价键接枝纳米材料及其聚烯烃纳米复合材料 [J]．化学进展，2015，27（01）：47-58.

[10] 秦亚伟，王宁，董金勇，等．适用于工业化的聚烯烃纳米复合材料的原位制备方法 [J]．石油化工，2011，40（11）：1155-1157.

[11] 邓志，蔡芳昌，杨莉，等．聚丙烯/聚烯烃弹性体/纳米 SiO_2 复合材料的制备与性能研究 [J]．胶体与聚合物，2011，29（02）：69-71.

[12] 王超，张杰，曹建蕾．纳米二氧化钛改性方法的优化及对聚氯乙烯性能的影响 [J]．塑料科技，2019，47（08）：38-41.

[13] 彭文理，张文学，黄安平，等．聚丙烯/碳纳米管复合材料的研究进展 [J]．化工进展，2018，37（12）：4735-4743.

[14] 杨高峰．高密度聚乙烯/碳纳米管复合材料的力学性能研究 [J]．橡塑技术与装备，2018，44（20）：47-53.

[15] 王一科．溶液法和熔融法制备聚苯乙烯/碳纳米管复合材料及其性能研究 [J]．西部皮革，2018，40（17）：107.

[16] 李建华，黄雨薇，孙军，等．碳纳米管与蒙脱土在尼龙 6 阻燃中的协同效应 [J]．塑料，2018，47（04）：55-58＋81.

[17] 刘建仁，卢月美．液相法制备碳纳米管/聚丙烯复合材料的冲击性能 [J]．塑料，2017，46（06）：28-30＋37.

[18] 谭寿再，刘彪，李建钢，等．石墨烯对再生 PVDF 复合材料性能的影响 [J]．工程塑料应用，2019，47（08）：48-53.

[19] 伍巍，吴鹏君，何丁，等．埃洛石纳米管在高分子纳米复合材料中的应用进展 [J]．化工进展，2011，30（12）：2647-2651＋2657.

[20] 杨炳涛，贾志欣，郭宝春，等．埃洛石纳米管对线形低密度聚乙烯的改性作用 [J]．塑料工业，2007（06）：9-12.

3

光学塑料配方与应用实例

3.1 光学性能概念和影响因素

3.1.1 光学性能概念

当光线照射塑料时，一部分在表面发生反射，其余进入内部进行折射、吸收、散射等。光线穿过塑料内部由光密介质进入光疏介质时，如果入射角大于等于临界入射角，则发生全反射。光线由空气入射到透明塑料中时，由于与在空气中的传播速率不同而发生光路的变化，产生折射。塑料对光线的吸收、散射与材料本身的结构、表面特征和所含其他物质相关。玻璃态的聚合物在可见光范围内是没有特征的选择吸收，通常为无色透明的。部分结晶聚合物含有晶相和非晶相，由于光的散射，透明性降低，呈现乳白色。在聚合物中加入一些助剂后，会使材料颜色发生变化。

3.1.2 塑料光学性能的影响因素

塑料制品的光学性能一方面取决于材料的外观，另一方面与聚合物的结构、制备方法及制备条件有关。下面主要讨论聚合物的结构和工艺条件对塑料光学性能的影响。

（1）塑料光学性能与聚合物结构的关系

光线能不能直接穿过塑料而没有发生折射和散射，与组成塑料的聚合物结晶结构有关。所以，凡是影响结晶的因素都对光学性能有影响。减小聚合物的结晶性，破坏链的规整性和不对称性都能使其光学性能提高。晶区内的分子链排列规整，但聚合物中晶区和非晶区的折射率不同。光线通过结晶聚合物时在晶区界面上必然发生折射和反射，不能直接通过。当结晶度减小、透明度增加时，完全非结晶的无定形聚合物通常是透明的。然而，对于结晶聚合物，如果晶相密度和非晶相密度接近，光线在晶区界面上几乎不发生折射和反射；或者当晶区的尺寸小到比可见光的波长还小时，这时也不发生折射和反射。由此可见，可以设法减小晶区尺寸来提高结晶聚合物的透明度。比如采用等规聚丙烯，在加工时通过加入成核剂可得到含小球晶的制品，从而提高光学性能。

聚合物的结晶能力与能不能和容易不容易规整排列形成高度有序的晶格有关。

① 聚合物链的对称性 高分子链的结构对称性越高，越容易结晶。聚乙烯和聚四氟

乙烯的分子，主链上全部是碳原子，没有杂原子，也没有不对称碳原子。碳原子上是清一色的氢原子或者氟原子，对称性好，最容易结晶。对称取代的烯类聚合物，如聚偏二氯乙烯、聚异丁烯，主链上含有杂原子的高聚物如聚甲醛、聚氯醚，以及许多缩聚高聚物（包括各种脂肪或芳香聚酯、聚醚、尼龙、聚碳酸酯和聚砜等），这些高聚物分子链的对称性不同程度地有所降低，但是仍属对称结构，结晶能力不如聚乙烯和聚四氟乙烯，但都还能结晶。

② 聚合物链的规整性　用定向聚合的方法，使主链上的不对称中心具有规则的构型，如全同或间同立构聚合物，则这种分子链具有不同程度的结晶能力，其结晶能力的大小与聚合物的等规度有密切关系，等规度高，结晶能力就大。属于这一类的高聚物有为数众多的等规聚"α-烯烃"。在二烯类聚合物中，由于存在顺反异构，如果主链的结构单元几何构型是无规排列的，那么链的规整性也受到破坏，不能结晶。如通过定向聚合得到全顺式或全反式结构的聚合物，则获得结晶能力。顺式聚合物的结晶能力一般小于反式聚合物。自由基聚合的聚三氟氯乙烯虽然主链上有不对称碳原子，而又不是等规聚合物，却具有相当强的结晶能力，最高结晶度甚至可达 90%。一般认为，这是由于氯原子与氟原子的体积相差不大，不妨碍分子链做规整的堆积，因此仍能结晶。无规聚醋酸乙烯酯不能结晶，但由它水解得到的聚乙烯醇却能结晶，这可能是羟基的体积不太大，而又具有较强极性的缘故。

③ 共聚物的结晶能力　无规共聚通常会破坏链的对称性和规整性，从而使结晶能力降低甚至完全丧失。但是，如果两种共聚单元的均聚物有相同类型的结晶结构，共聚物也能结晶。嵌段共聚物的各嵌段基本上保持相对独立性，能结晶的组分将形成自己的晶区。

④ 其他结构因素　链的柔顺性在一定程度上会影响高聚物的结晶能力。链的柔顺性好则结晶能力强；主链上含苯环使链的柔顺性下降，结晶能力减弱。支化使链的对称性和规整性受到破坏，使结晶能力下降。交联限制了链的活动性。当轻度交联时，高聚物的结晶能力下降；重度交联时，高聚物失去结晶能力。分子间力使链的柔顺性降低，影响结晶能力。但是，分子间能形成氢键时，则有利于结晶结构的稳定。

（2）塑料光学性能与聚合物分子量分布的关系

分子量分布对材料光学性能的影响是间接的。分子量分布宽表明，分子中可能存在过多的低分子量或高分子量物质；如果是过多高分子量物质导致的宽分子量分布，材料中分子链的长链支化度较高。长链支化度高的树脂一般含有较多的超高分子量物质。这类物质在加工中难于塑化造成鱼眼，由于长链大分子具有更高的熔体弹性，加工时容易造成表面瑕疵，从而影响材料的光泽度。所以分子量分布窄，有利于提高材料的光学性能。

（3）塑料光学性能与工艺条件的关系

对于自由基聚合机理合成的聚合物，温度对反应有很大影响。升高温度，虽然链增长和链转移速度都可提高，但由于链转移速度远大于链增长速度，更容易发生分子内和分子间的链转移。分子内的链转移增多，虽然可以降低材料的结晶度及浊度，但是分子间转移而产生的长支链对材料的光学性能损害很大。所以，高透明度的材料一般在较低反应温度下制备。

反应压力主要是通过长支链和短支链的支化速度来影响材料的光学性能。提高压力有利于减少长支链的数量，从而达到提高材料光学性能的目的。使用链转移能力强的链转移剂有利于改进材料的光学性能。

3.2 透光性塑料配方设计

3.2.1 透明性多功能聚丙烯母粒

（1）产品配方

PP	100	分子量调节剂	4
透明剂	4～7	透明颜料	2.5

（2）制备方法

按配方将各组分经高速混合机混合均匀后，由挤出机挤出造粒获得透明母粒成品。

（3）产品性能

该产品透明度 83％，雾度 9.88％，熔体指数为 0.73g/10min，色泽艳丽，无毒无味。具透明性、多功能母粒的外观为白色或乳白色颗粒，具有增透、分子量调节、着色等多种功能，使用方便。

3.2.2 高透明 LDPE 树脂

（1）产品配方

LDPE	93	PP	7

（2）制备方法

按配方将各组分经高速混合机混合均匀后，进行吹膜成型。

（3）产品性能

该产品薄膜拉伸强度 16.4MPa（横向）、18.7MPa（纵向），断裂拉伸应变 410％（横向、纵向），雾度 9.1％。

3.2.3 透光 PVC（一）

（1）产品配方

聚磷酸铵	106	聚氯乙烯	500
冰醋酸	1.3	烯基琥珀酸酐	0.5
乙基纤维素	1.3	十二碳醇酯	2
正硅酸乙酯	3	烷基烯酮二聚体	2
十二氟庚基丙基三甲氧基硅烷	20	十二烷基苯磺酸钙	1
90％～95％的乙醇	34	季戊四醇	3
0.5mol/L 的苯胺水溶液	200	油酸二乙醇酰胺	0.4
过氧化钠	10		

（2）制备方法

将烷基烯酮二聚体加热熔化，加入 2 倍的无水乙醇中，搅拌均匀后加入油酸二乙醇酰胺，400r/min 搅拌 20min，得醇乳液。

将十二烷基苯磺酸钙加入 3 倍水中，升高温度为 60～70℃，加入十二碳醇酯、季戊四醇，保温搅拌 1h，得钙乳液。

将上述 95% 的乙醇加入磁力搅拌器中，搅拌条件下加入改性乙基纤维素，搅拌均匀得溶解液。将上述溶解液、醇乳液混合，400r/min 搅拌 18min，得纤维醇溶液。

将正硅酸乙酯、十二氟庚基丙基三甲氧基硅烷混合加入上述纤维醇溶液中，在氮气保护的情况下搅拌 30min，滴加上述冰醋酸，滴加完毕后在 60℃下搅拌反应 1.6h，得硅溶胶。将聚磷酸铵加入上述硅溶胶中，搅拌反应 3h，加入上述钙乳液，送入 70℃的水浴中，保温搅拌 1h，冷却出料，过滤、洗涤，微波干燥，得包覆聚磷酸铵。

将上述 0.5mol/L 的苯胺水溶液用盐酸调节 pH 值为 2，加入上述包覆聚磷酸铵，在频率为 40kHz、功率为 60~70W 的超声分散器内超声 35min，送入磁力搅拌器。搅拌 30min，将过氧化钠溶于 10 倍蒸馏水中后加入，常温下搅拌反应 3h。将产物依次用盐酸、无水乙醇、去离子水洗涤干净，滤饼于 120~130℃下充分干燥，得抗水、阻燃添加剂。

将上述抗水、阻燃添加剂与剩余各原料混合，300r/min 搅拌分散 30min，脱水，1000r/min 搅拌 10min，送入双螺杆挤出机中熔融挤出。挤出产物，经过循环水浴冷却和切粒，即得所述透光性好的 PVC 塑料。

(3) 产品性能

首先采用溶胶-凝胶处理工艺对聚磷酸铵进行表面包覆，提高其表面强度和抗水性，然后再进行聚苯胺包覆，提高阻燃性和热分解性，有效改善了添加剂在塑料中的分散性、相容性。

3.2.4 透光 PVC（二）

(1) 产品配方

硬聚氯乙烯	55	三亚乙烯二胺	10
异氰酸酯	11	十二烷基苯磺酸钠	24

一种透光性好的塑料配方，包括硬聚氯乙烯、交联剂、稳定剂和表面活性剂，所述交联剂为异氰酸酯，稳定剂为三亚乙烯二胺，表面活性剂为十二烷基苯磺酸钠。

(2) 产品性能

制得的透光性好的塑料具有极好的透光性，其耐腐蚀性、绝缘性好和具有耐热、耐寒强的效果。

3.2.5 高硬度透明聚氨酯材料

(1) 产品配方

A 组分：

聚醚 TMN2400	30~50	1,4-丁二醇	0~9
聚醚 N210	10~40	扩链剂 D	0~14
聚醚 J403	0~50	扩链剂 E	10~40

B 组分：

二异氰酸酯(异氰酸酯指数为 1.05)	91~100	1,4-环己烷二甲醇	9
三羟甲基丙烷	8		

(2) 制备方法

采用原料一步法制备：将 A、B 组分按一定的配比充分混合均匀，倾入处理好的模具中，室温固化成型，脱模后室温放置 7 天，进行性能测试。

采用半预聚体法制备：将 A、B 组分按一定的配比在 20～30℃条件下充分混合均匀，真空脱泡 2～3min；倾入处理好的模具中，室温固化成型，脱模后室温放置 7 天，进行性能测试。

（3）产品性能

材料拉伸强度 48.6～58.4MPa，冲击强度 1.39～2.85kJ/m^2，热变形温度 41.2～57.6℃，邵氏 D 硬度 74～80，透光率 88.5%～93.8%。

3.2.6　聚苯胺/聚合物透明导电复合膜

（1）产品配方

PANI	10	共聚物酸胶乳	90

（2）制备方法

取共聚物酸胶乳作种子乳液加入苯胺盐酸水溶液中，搅拌均匀后，滴加过硫酸铵（APS）水溶液，在 0℃反应 8h。反应结束后，把制得的核壳导电胶乳在高速离心机上离心、破乳、沉降，再用去离子水洗几次以除去未反应单体、乳化剂、氧化剂等杂质，离心沉淀，真空干燥至恒重，研磨成粉末。

（3）产品性能

该复合膜表面电阻 10^5～10^{6}Ω，475～650nm 可见光范围内透光率＞80%。

3.2.7　高透明 PP/PS 复合材料

（1）产品配方

PP	50	NA-1	0.1
PS	30	Irganox168	0.1
EPDM-g-(MAH-St)	0.1	硬脂酸钙	0.1

（2）制备方法

按比例称料混合并搅拌均匀，得到混合料，将得到的混合料挤出造粒，即得到 PP/PS 复合材料。其中，双螺杆挤出机中各区温度及螺杆转速分别为一区温度 180℃、二区温度 220℃、三区温度 220℃、四区温度 220℃、五区温度 220℃、六区温度 220℃，机头温度 220℃，螺杆转速 180r/min。

（3）产品性能

合成的 EPDM-g-(MAH-St)，可以很好地作为 PP 和 PS 的相容剂，增强 PP 和 PS 材料的结合力，提高 PP/PS 材料的物理性能。随着成核剂 NA-1 的加入，体系中的晶核数量急剧上升，结晶速率加快，这使得球晶没有充分的时间和空间长大，从而形成一些细小的晶粒。当其直径小于可见光的波长时，PP/PS 材料的光学性能得到改善。

3.2.8　透明医用消肿止痛多孔聚酯薄膜

（1）产品配方

空白聚酯片	60%	消肿止痛母片	40%

（2）制备方法

① 制备空白聚酯片　按质量份计，将15份对苯二甲酸、5份间苯二甲酸、10份1,4-丁二醇、5份丙三醇、5份四羟甲基甲烷、20份1,3,5-环己烷三醇加入制浆罐中搅拌，先进入酯化釜，在温度为250～280℃、压力为0.1～0.3MPa的条件下进行酯化反应，再压入缩聚釜。在温度为285～300℃、压力为100～300Pa的条件下进行预缩聚反应，缩聚后熔融态的聚对苯二甲酸乙二酯经过过滤器过滤杂质、拉条冷却、切粒机切粒后便制得空白聚酯片。

② 制备消肿止痛母片　在聚酯薄膜的生产过程中，为了改善薄膜的力学性能或赋予薄膜某些功能特性，往往需要在聚酯原料中加入适量的母切片。母切片的生产过程和生产设备基本和空白聚酯片相同，只是多了一个添加剂制备和投入反应釜中混合的过程。因此，在步骤①的制浆罐中，按质量份计，加入15份甲壳素纤维、5份藿香粉、10份薄荷粉、5份羟甲基纤维素钠、5份海藻酸钠、5份纳米混合物、10份甘露糖、3份海蜇胶原和5份芦荟提取物；其他同步骤①，制得消肿止痛母片。其中，所述纳米混合物为纳米二氧化硅和纳米氧化锌以2:1的质量比混合的混合物，其粒径为50～80nm。

③ 干燥除水　将步骤①和步骤②中制得的空白聚酯片和消肿止痛母片先分别置于预结晶器中进行预干燥。具体而言，在150～160℃下预干燥30～35min，快速除去少量表层水分，然后置于干燥塔中进行二次干燥除水；此外，在160～175℃下干燥4～5h，进行深层干燥除水，使干燥后的空白聚酯片和消肿止痛母片的含水量小于30mg/kg。由于水分含量对成型后聚酯薄膜的透明度有明显影响，因此有必要进行严格的干燥除水。

④ 双螺杆挤出　采用排气式双螺杆挤出机，以便于及时排出挤出过程中产生的水分和小分子反应产物。具体而言，将空白聚酯片置于主机挤出机内挤出并进入模头，挤出温度为268～278℃；将空白聚酯片和消肿止痛母片的混合物置于两个辅机挤出机内挤出并进入模头，挤出温度为265～270℃，三种物料在模头处混合，按空白聚酯片和消肿止痛母片混合熔融物料、空白聚酯片熔融物料、空白聚酯片和消肿止痛母片混合熔融物料的形式，得到三层结构的熔融物料。上述主挤出机和辅助挤出机内的空白聚酯片和消肿止痛母片的质量比为（60:40）～（70:30）。

⑤ 铸片　聚合物熔体离开模头后，借助于附片装置的外力作用，迅速贴附在低温、高光洁度、镀铬的急冷辊表面上。由于高温熔体和急冷辊能够及时进行热交换，熔体被迅速冷却，当它脱离急冷辊后就形成固体厚片，这个过程称为铸片过程。通过急冷辊，使步骤④中挤出的三层结构的熔融物料在20～35℃下形成冷铸片。

⑥ 一次拉伸　将步骤⑤中的冷铸片进行一次拉伸，拉伸方式为横向拉伸和纵向拉伸同步进行，一次拉伸的温度为75～80℃，拉伸比为2～2.5倍，制得一次拉伸聚酯膜片。

⑦ 一次热轧及针刺　将步骤⑥中经过一次拉伸的聚酯膜片采用热轧机，在温度为90～100℃、压力为45～50MPa的条件下进行一次热轧，时间为5～8s；然后利用针刺机针刺，形成均匀分布的刺孔，使聚酯膜片上刺孔的分布密度达到4～6个/cm²，得到多孔聚酯膜片。

⑧ 二次拉伸　将步骤⑦中制得的多孔聚酯膜片进行二次拉伸，拉伸方式为先在95～110℃下进行横向拉伸，再在110～120℃下进行纵向拉伸，拉伸比为3.3～3.5，得到二次拉伸多孔薄膜。

⑨ 二次热轧及定型　将步骤⑧中制得的二次拉伸多孔薄膜在温度为110～120℃、压力为45～55MPa的条件下进行二次热轧5～8s，然后再进行热定型。热定型的工艺条件为：温度200～220℃，时间10min，自然冷却至室温，得到所述透明医用消肿止痛多孔聚酯薄膜。

（3）产品性能

制得的聚酯薄膜孔隙率为50%～60%，孔径为0.4～0.7μm，透气性较佳，且透明度高于99.5%，是一种优异的透明医用消肿止痛多孔聚酯薄膜，具有广阔的应用前景。

3.2.9　自增强透明 PET/PC 合金

（1）产品配方

PET	100	支化剂	0.1~30
PC	5~50	引发剂	0.05~5
透明聚合物	1~50	抗氧剂	0.1~5

（2）制备方法

将 1000g 甲基丙烯酸甲酯-丁二烯-苯乙烯共聚物加入密炼机中于 220℃下进行熔融，然后顺次加入 5g 三甘醇双-3-（3-叔丁基-4-羟基-5-甲基苯基）丙酸酯、200g 甲基丙烯酸缩水甘油酯及 10g 偶氮二异丁腈（AIBN），反应 10min 后出料，获得透明甲基丙烯酸甲酯-丁二烯-苯乙烯共聚物支化增容剂。

将干燥的 5.5kg PET、4.5kg PC、1kg 透明甲基丙烯酸甲酯-丁二烯-苯乙烯共聚物支化增容剂及 0.11kg 三甘醇双-3-（3-叔丁基-4-羟基-5-甲基苯基）丙酸酯在高速粉碎机中混合均匀，在双螺杆挤出机中挤出、水冷、造粒。挤出机料筒温度为 265~280℃，螺杆转速为 70r/min，挤出料于 130℃干燥 4h。

将上述挤出料注塑成型，制成宽度为 10mm、厚度为 4mm 的哑铃型拉伸试样，注塑温度为 265~280℃；然后将注塑试样固定在可控温调速的固相口模拉伸装置上，于 110℃以 35mm/min 的拉伸速率，使其通过截面厚度小于试样的热拉伸口模。口模厚度为 1mm，进行拉伸取向，然后冷却、卸载，取下试样，即获得自增强透明 PET/PC 合金材料。

（3）产品性能

该合金材料拉伸强度为 200MPa。以透明官能化聚合物为增容剂，通过反应性挤出加工制备 PET/PC 共混合金，不仅可增强二者界面相容性，保持合金透明性，还可通过大分子链的支化反应，提升复合体系熔体强度，赋予其"应变硬化"的拉伸特性，有利于在固相口模拉伸取向过程中拓宽热拉伸加工窗口，提高拉伸倍率。

3.2.10　透明隔热 PC 阳光板

（1）产品配方

纳米二氧化锡锑	10	聚乙烯醇	3
偶联剂	0.4	表面活性剂	0.8
微晶纤维素	0.5	玻璃空心微珠	0.3
紫外吸收剂	0.3	水	10
水性聚氨酯	5		

其中，所述纳米二氧化锡锑的粒径在 50~60nm；所述偶联剂为硅烷偶联剂（KH570）；所述紫外吸收剂为纳米二氧化钛；所述表面活性剂为十二烷基苯磺酸钠；所述玻璃空心微珠的粒径为 50μm。

（2）制备方法

将纳米二氧化锡锑、偶联剂、微晶纤维素、紫外吸收剂、水性聚氨酯、聚乙烯醇、表面活性剂、玻璃空心微珠加至水中，超声分散，研磨，得到隔热剂；将步骤所得隔热剂涂布在单层中空板上，干燥，置于固化剂溶液中浸泡，烘干，即得 PC 阳光板。

（3）产品性能

该阳光板可见光区透过率约为 78%，红外阻隔率为 82%，紫外阻隔率为 82%；与空白阳光板相比，制成的温箱温度降低了8℃。

3.2.11 苯甲酸改进 PP 透明性膜材料

（1）产品配方

1,1-亚甲基双(4-氨基合环己烷)	16.3	四(甲硫代)四硫富瓦烯	0.1
1,3-环己二甲胺	10.6	聚{[八氢-5-(甲氧羰基)-5-甲基-4,7-	
功能二胺单体	43	亚甲基-1,2-茚-1,3-二基]-1,2-乙二基}	0.2
羧酸二酐单体	38	1-乙基-3-胍基硫脲盐酸盐	0.1
亚胺化催化剂	1.2	鲸蜡基甘油基醚/甘油共聚物	0.9
间甲基苯酚	250		

（2）制备方法

功能二胺单体按照以下方案制备：按照质量份，将 38.4 份的 2-异丙基苯胺加入反应釜中，在氮气保护下，控温 120℃，然后将 18.3 份的 2-氟-4-(三氟甲基)苯甲醛与 7.6 份的 1.0 mol/L 盐酸混合均匀后滴加到反应釜中，升温到 150℃，反应 15h。反应完成后，降至室温，将 50 份的 15％氢氧化钠溶液加入反应釜中，搅拌 30min 后加入 120 份的二氯甲烷，继续搅拌 20min，然后静置分液，将有机相用食盐水洗涤 3 次后干燥，蒸馏除去溶剂，即可得到一种含氟功能二胺单体。

按照质量比例，将 16.3 份的 1,1-亚甲基双(4-氨基合环己烷)、10.6 份的 1,3-环己二甲胺、43 份的功能二胺单体、38 份的羧酸二酐单体、1.2 份的亚胺化催化剂和 250 份的间甲基苯酚加入反应釜中，在氮气保护下，搅拌 120min；然后控温到 80℃，搅拌均匀，然后控温到 200℃，反应 30h；再加入 0.1 份的四(甲硫代)四硫富瓦烯、0.2 份聚{[八氢-5-(甲氧羰基)-5-甲基-4,7-亚甲基-1,2-茚-1,3-二基]-1,2-乙二基}、0.1 份的 1-乙基-3-胍基硫脲盐酸盐、0.9 份鲸蜡基甘油基醚/甘油共聚物，控温 120℃，反应 4h。反应完成后，将反应体系倒入无水乙醇中沉析、过滤、洗涤、干燥；将得到的固体溶解在 300 份的有机溶剂中，然后将料液涂抹在玻璃板上，在烘箱中以 60℃干燥 30h；然后用蒸馏水浸泡 3 次，每次 10h，然后在真空干燥箱中以 200℃干燥 15h，即可得到一种高透明性聚酰亚胺新材料。

（3）产品性能

该膜材料在 385nm 处的透射率为 94.6％，材料的对水接触角为 108.9°。

3.2.12 透明己内酯接枝淀粉可降解薄膜

（1）产品配方

玉米淀粉	100	乙酸酯	10
小麦淀粉	8	吡啶	120
硅油	2	二乙二醇二甲醚	150
亚磷酸酯	2	萘钠溶液	15
超细铝粉	4	己内酯	8
马来酸酐	4	石油醚	300
聚丙三醇	5	四氢呋喃	300
聚乙烯醇	8	聚己内酯	8
DMF	100	水	适量

（2）制备方法

将小麦淀粉充分干燥，再与 DMF 在搅拌条件下升温到 130℃，保持 4h，降温到 90℃，滴加乙酸酯及吡啶，滴加完后继续在 90℃下反应 6h，冷却，倾入冷水中沉淀、过滤、洗涤至中性，干燥后为白色粉末状物质，即淀粉乙酸酯。

在装有搅拌器、温度计、回流冷凝管和通氮装置的反应器中，加入二乙二醇二甲醚和淀粉乙酸酯，升温到 100℃使其充分溶解，然后降至室温。在氮气保护下加入萘钠溶液，反应约 20min 后，加入己内酯，在 130℃下反应 12h，产物以 1/3 的石油醚进行沉淀后，再以四氢呋喃溶解、剩余的石油醚沉淀二次，产物干燥后为白色固体物，即己内酯接枝的淀粉。

将聚丙三醇和聚乙烯醇通过自动输送装置送至高速搅拌机内进行充分均匀混合 2h，加入玉米淀粉、己内酯接枝的淀粉、硅油、亚磷酸酯、超细铝粉、马来酸酐、聚己内酯，进行充分均匀混合 6h，混合均匀的物料放入造粒机中进行混炼、熔融、挤出、冷却后切粒；加入吹膜机中制作薄膜，收卷，得到一种透明性好的己内酯接枝的淀粉可降解薄膜。

（3）产品性能

该己内酯接枝的淀粉可降解薄膜拉伸强度大于 30MPa，断裂拉伸应变大于 150％，透光率大于 90％，薄膜两侧的温度差大于 50℃。

3.2.13 自增强透明 PET/PC 合金

（1）产品配方

PET	100	四[β-(3,5-二叔丁基-4-羟基苯基)丙酸]	
PC	25	季戊四醇酯	2.5
透明聚甲基丙烯酸甲酯支化增容剂	25		

（2）制备方法

将 500g 聚甲基丙烯酸甲酯加入密炼机中于 190℃下进行熔融，然后顺次加入 2.5g 四[β-(3,5-二叔丁基-4-羟基苯基)丙酸]季戊四醇酯、25g 马来酸酐及 2.5g 过氧化二异丙苯（DCP），反应 10min 后出料，获得透明聚甲基丙烯酸甲酯支化增容剂；

将干燥的 8kg PET、2kg PC、0.5kg 透明聚甲基丙烯酸甲酯支化增容剂及 0.05kg 四[β-(3,5-二叔丁基-4-羟基苯基)丙酸]季戊四醇酯在高速粉碎机中混合均匀，在双螺杆挤出机中挤出、水冷、造粒，挤出机料筒温度为 250～265℃，螺杆转速为 50r/min；挤出料于 120℃干燥 5h；

将上述挤出料注塑成型，制成宽度为 10mm、厚度为 4mm 的哑铃型拉伸试样。注塑温度为 255～270℃，然后将注塑试样固定在可控温调速的固相口模拉伸装置上，于 90℃以 20mm/min 的拉伸速率，使其通过截面厚度小于试样的热拉伸口模。口模厚度为 0.5mm，进行拉伸取向，然后冷却、卸载、取下试样，即获得自增强透明 PET/PC 合金材料，其拉伸强度为 246.2MPa。

（3）产品性能

以透明官能化聚合物为增容剂，通过反应性挤出加工制备 PET/PC 合金材料，不仅可增强二者界面相容性，保持合金透明性，还可通过大分子链的支化反应，提升复合体系熔体强度，赋予其"应变硬化"的拉伸特性，有利于在固相口模拉伸取向过程中拓宽热拉伸加工窗口，提高拉伸倍率；

纯 PC 材料由于其分子链处于无定形状态，难以形成取向结构，通过与半结晶 PET 复合，有助于形成高度取向微纤化结构，从而采用简便高效的固相口模拉伸技术制备高度取向自增强透明 PET/PC 共混材料，大幅提升其力学强度和韧性。

3.2.14　透明 PC/PBT 改性合金材料

（1）产品配方

PC	45%	（PMMA-g-MAH）	2%
PBT	26%	亚磷酸三苯酯	1.2%
玻璃纤维	10%	透明成核剂（DBS）	0.3%
甲基丙烯酸甲酯-丁二烯-苯乙烯共聚物		低压聚乙烯	2%
（MBS）	5%	改性亚乙基双脂肪酸酰胺（TAF，	
阻燃剂	8%	旧称乙撑双脂肪酸酰胺）	0.5%
聚甲基丙烯酸甲酯接枝马来酸酐			

所述 PC 为双酚 A 型芳香族聚碳酸酯，重均分子量为 20000～40000g/mol；所述 PBT 为聚对苯二甲酸丁二醇酯，其特征黏度为 0.8～1.2dL/g；所述玻璃纤维为直径在 8～12μm、长度为 3～6mm、折射率为 1.58～1.60 的无碱玻璃纤维，且其表面经硅烷偶联剂（KI560）处理过；所述阻燃剂为质量比 2∶3 的聚二甲基硅氧烷（PDMS）和双酚 A-双（二苯基磷酸酯）（BDP）的复配物。

（2）制备方法

将 PC 在鼓风干燥机中于 110～130℃下干燥 3～4h，PBT 在 130～150℃下干燥 3～4h，阻燃剂在 80～85℃下干燥 30～45min，待用；

按质量配比分别称取干燥的 PC、PBT 和阻燃剂，并加入高速混合机中搅拌 3～5min，然后加入按质量配比称取的甲基丙烯酸甲酯-丁二烯-苯乙烯共聚物（MBS）、聚甲基丙烯酸甲酯接枝马来酸酐（PMMA-g-MAH）、亚磷酸三苯酯、透明成核剂（DBS）、低压聚乙烯和改性亚乙基双脂肪酸酰胺（TAF），使其一起搅拌 3～15min，待混合均匀后，出料。将混合物加入双螺杆挤出机的主喂料口，同时从双螺杆挤出机的侧喂料口加入将按质量配比称取的玻璃纤维，控制加工温度在 230～260℃，螺杆转速 150～350r/min，通过在双螺杆挤出机中充分熔融共混后挤出、冷却造粒，即得一种透明性好的 PC/PBT 改性合金材料。

（3）产品性能

在保持透明性能优良的同时，通过共混改性得到的 PC/PBT 合金材料具有强度高、韧性好、耐低温和耐热性能强、加工流动性好等优点，而且阻燃性和耐磨性好，耐化学用品性能强，光泽性好，尺寸稳定，因而具有很高的实用价值和应用前景，可适用于汽车、电子电器、光学仪表、包装等领域。

3.2.15　透明耐刮擦 PC/PMMA 合金材料

（1）产品配方

L-1250Y	95	抗氧剂 168	0.5
PMMA 205	5	亚乙基双硬脂酰胺	0.1
抗氧剂 1010	0.5		

（2）制备方法

将 L-1250Y、抗氧剂 1010、抗氧剂 168 和亚乙基双硬脂酰胺加入混合搅拌机中进行混合，将得到的混合物通过双螺杆挤出机的主喂料口喂入。将 PMMA 205 熔融后通入高压惰性气体，使用高压注射泵从挤出机的侧喂料口注入，共混造粒，挤出温度为 250～300℃，螺杆挤出机转速为 100～150r/min，经过熔融挤出、造粒即得到透明的耐刮擦 PC/PMMA 合金材料。

其中，所述的惰性气体是氮气；所述的惰性气体温度超过 31℃，在 31～40℃ 之间，压力为 7.4～15MPa；所述的挤出机螺杆直径为 58mm，长径比为 60。

（3）产品性能

通过在 PMMA 熔体中通入高压惰性气体，控制气体压力高于 7.4MPa，并使用长径比较大的挤出机，使得 PC 相和 PMMA 相能获得很好的分散和共混相容，制得的 PC/PMMA 合金材料透明度高、耐刮擦。

3.2.16　高透明耐磨耐刮擦 PC 材料

（1）产品配方

PC	97	亚乙基双硬脂酰胺（EBS）	1
活性硅氧烷	3	抗氧剂 2921	2
亚乙基双油酸酰胺润滑剂 EBO	2		

（2）制备方法

① 准备主料和辅料　按配方含量精确称量 PC 基础树脂、耐刮擦剂、润滑剂、抗氧剂等主料及辅料。其中，如有易吸潮物质，应先干燥后再实验。

② 主辅料的混合　将精确称量的 PC 主料、耐刮擦剂、润滑剂、抗氧剂倒入高速混合机中进行搅拌 3～5min，使各组分充分分散均匀。

③ 熔融挤出　将混合好的物料加入带 9 段温控区的双螺杆挤出机中，控制挤出机螺杆转速为 230～320r/min，喂料转速控制在 15～25r/min。其中，9 段温控区的温度分别为：1 区 150～170℃、2 区 220～240℃、3～5 区 270～290℃、6～9 区 290～310℃，机头温度为 310～320℃。

④ 造粒及后处理　对双螺杆挤出机挤出的物料进行冷却、风干、切粒、过筛、包装等后处理过程。

（3）产品性能

该材料拉伸强度 40MPa，弯曲强度 55MPa，冲击强度 17kJ/m²，熔融指数 25g/10min，表面硬度 2H，透明度 0.83。

3.2.17　透明增韧 PMMA 材料

（1）产品配方

PMMA	80	3-丙-2-烯酰氧基丙烷-1-磺酸钾	10
丙炔醇	20	酒石酸钾	5
EDTA 四钠	15	二甲苯磺酸钠	3
棕榈酸	15		

（2）制备方法

将 PMMA 材料、丙炔醇、EDTA 四钠和棕榈酸混合，在 105℃下混合 15min，搅拌速度为 150r/min；将酒石酸钾和二甲苯磺酸钠加入上步混合物中，在 115℃下混合 25min，搅拌速度为 200r/min；将 3-丙-2-烯酰氧基丙烷-1-磺酸钾加入上步混合物中，在 95℃下混合 20min，搅拌速度为 300r/min；然后升温至 245℃，混合搅拌 30min，搅拌速度为 500r/min；然后通过挤出机挤出即得。挤出机螺杆转速为 100r/min。

（3）产品性能

该材料透光率90%，耐刮表面等级1，耐刮-刮痕百分比2%～3%，缺口冲击强度68J/m，拉伸强度42MPa，断裂拉伸应变0.7%，弯曲模量1854MPa，弯曲强度57MPa。

3.2.18　高阻燃透明PET材料

（1）产品配方

PET树脂	70	协效剂	1
成核剂	8	滑石粉	0.5
相容剂	3	偶联剂	2
阻燃剂	7		

所述成核剂是由2,2-亚甲基双(4,6-特丁基苯酚)磷铝盐、二亚苄基山梨醇和二（对氯取代亚苄基）山梨醇以质量比为2.5：1.2：0.8组成的混合物。所述相容剂为氯化聚乙烯。所述阻燃剂为三(2,3-二溴丙基)异三聚氰酸酯。所述协效剂为三氧化二锑。所述偶联剂为乙烯基三乙氧基硅烷。所述透明PET材料还包括1份耐热剂，所述耐热剂为硅化镁；0.5份润滑剂，所述润滑剂为三硬脂酸甘油酯；2.4份抗氧剂，所述抗氧剂为1,3,5-三(3,5叔丁基-4-羟基苄基)三甲基苯。

（2）制备方法

按照质量份将PET树脂、成核剂、相容剂和偶联剂进行第一次混合搅拌，然后再加入剩余的原料，进行第二次混合搅拌，得到混合料；将混合料投入挤出设备进行混炼、挤出、造粒，制得高阻燃的透明PET材料。第一次混合搅拌的搅拌转速为500r/min，第二次混合搅拌的搅拌转速为900r/min；所述挤出设备的一区温度为270℃、二区温度为280℃、三区温度为285℃、四区温度为295℃、五区温度为270℃。

（3）产品性能

此透明PET材料具有较佳的透明度、阻燃性、耐热性、抑烟性、稳定性、抗氧化、抗老化等性能，强度高，成型性能好，加工性能好。其中，通过采用阻燃剂和协效剂协同作用，既可提高阻燃效果，又能起到抑烟效果；通过采用2,2-亚甲基双(4,6-特丁基苯酚)磷铝盐、二亚苄基山梨醇和二(对氯取代亚苄基)山梨醇作为耐热填料，并严格控制三者的混合比例，可加快结晶速率、增加结晶密度和促使晶粒尺寸微细化，缩短成型周期，提高透明PET材料的透明性、抗拉强度、刚性、热变形温度、抗冲击性、抗蠕变性等力学性能，使其表面光泽，能有助于通过管材实时了解管内电线、电缆的情况，实用性高。PET材料制备方法操作控制方便，质量稳定，生产效率高，生产成本低，能使制得的MPP管材具有较佳的透明度、阻燃性、耐热性、抑烟性、稳定性、抗氧化、抗老化等性能，适合大规模工业化生产。

3.2.19　高透明性气管插管专用聚氯乙烯粒料

（1）产品配方

PVC粉	100	润滑剂	0.2
环氧大豆油	8	流动改性剂	2
增塑剂	30	透明助剂	3
钙锌稳定剂	2	颜料	0.02

所述钙锌稳定剂是由硬脂酸锌和硬脂酸钙按照质量比1：2进行复配制成的复合稳定剂；

所述环氧大豆油的环氧值是 6.0～7.0；所述润滑剂采用的是聚乙烯蜡、硬脂酸、硬脂酸甘油酯或者石蜡中的任意一种。

（2）制备方法

先按所述配比选取 PVC 粉、环氧大豆油、增塑剂、钙锌稳定剂、润滑剂、流动改性剂、透明助剂和颜料，然后置于高速混合机中进行混合，温度为 100～120℃，混合 20～30min后将混合物料冷却至 40～50℃收料待用；将收集起来的物料送入造粒机中进行造粒，得到粒料；将得到的粒料冷却后放入挤出机的料筒中，控制挤出机供料段温度为 100～120℃，挤出机压缩段温度为 120～140℃，挤出机计量段温度为 140～160℃，挤出机口模温度为150～165℃，挤出机的螺杆转速为 30～35r/min；将挤出的聚氯乙烯软管经冷却定型、牵引、切割、检验，制得成品。

（3）产品性能

该材料设计合理，加工性能好，透明性能好，增塑效率高，具备优良的强韧性，析出率极低，对环境和人体健康具有更好的防护和安全性，适于推广。

3.2.20 透明耐候 PVC 片材

（1）产品配方

聚氯乙烯	100	聚乙烯蜡	0.3
钙锌复合热稳定剂	4	季戊四醇二聚酯	0.3
EVA	1.5	甲基丙烯酸甲酯（MMA）/丙烯酸酯共聚物	0.3
氯醋树脂	2	邻苯二甲酸二辛酯	0.3
甘油单脂肪酸复合酯	0.3		

（2）制备方法

将原料加入搅拌机中混合均匀，搅拌机温度控制在 80～110℃范围内。将混合均匀的原料加入双螺杆挤出机中挤出，其温度控制在 100～120℃范围内。通过压延机压延成片材，温度控制在 175～190℃。

（3）产品性能

该配方生产的聚氯乙烯片材具有很好的透明性、优异的抗冲击性能、良好的加工性和耐候性能，该配方可广泛使用于聚氯乙烯片材的技术改进，特别适用于透明耐候聚氯乙烯片材的研制。

3.3 高光泽塑料配方设计

3.3.1 高光泽 PS/PP

（1）产品配方

通用级聚苯乙烯	80	复合抗氧剂	0.2
共聚聚丙烯	10	润滑剂（EBS）	0.3
SBS	10	受阻胺	0.2
PP-g-MAH	2		

（2）制备方法

按照配方含量备料，将原料按配方置于高速混合机内搅拌，混合均匀后经计量装置送入双螺杆挤出机中，控制双螺杆挤出机的温度为 180～240℃，螺杆转速为 180～600r/min，在螺杆的输送、剪切和混炼下，将物料熔化、复合，然后经挤出、拉条、冷却、切粒步骤，即得到高光泽耐油的合金塑料。

（3）产品性能

与现有技术相比，可以有效解决 HIPS 相关材料耐油性好但光泽低的缺点，使冰箱内胆等有耐油要求的 HIPS 相关产品能被广泛应用于各种家电外观件。该配方为生产更高性能、可制作外观件的工程塑料产品提供了技术支持。

3.3.2　高光泽 PC

（1）产品配方

PC	80	EXL-2691A	5
PMMA	10	炭黑着色剂	0.5
SAN	5	稳定剂（619F）	0.2

（2）制备方法

把经过干燥的 PC 树脂、苯乙烯共聚物树脂、丙烯酸酯类接枝橡胶、炭黑着色剂和其他助剂按比例混合后加入双螺杆挤出机（螺杆直径 35mm，长径比 $L/D=36$）主机筒中。主机筒各段控制温度（从加料口至机头出口）分别为 210℃、240℃、260℃、260℃、250℃，双螺杆转速为 300r/min，挤出料条，经过水槽冷却后切粒得到产品。将上述产品在鼓风烘箱中于 85℃干燥 5h 后用塑料注射成型机注塑成标准样条，注塑温度为 250℃。注塑好的样条在 50％相对湿度、23℃下放置至少 24h 后进行性能测试。

（3）产品性能

该材料具有高光泽、高抗冲、高表面硬度以及良好的流动性；能够省略表面喷漆涂装过程；可用于手机、移动式 DVD 电子产品及电视机、液晶显示器等家用电器、汽车仪表显示器外壳等。

3.3.3　高光泽 PP

（1）产品配方

聚丙烯原料	75	着色剂	2
硫酸钡（1250 目）	2	分散润滑剂（TAS-2A）	1
钛白粉	3	紫外光吸收剂	5
稀土铝酸酯偶联剂	3	光稳定剂	5
抗氧剂	3.5		

（2）制备方法

将上述原料在高速混合器中干混 3～5min，再置于双螺杆挤出机中经熔融挤出、冷却、切粒、包装成品即可。其中，双螺杆挤出机一区温度为 90～100℃、二区 150～180℃、三区为 200～210℃、四区为 200～205℃、五区为 190～200℃，停留时间为 1～2min，压力为 10～15MPa。

（3）产品性能

该改性材料的力学性能得到明显改善和提高，生产方法简便，材料易得，成本低，无污染；并且能够极大地提升聚丙烯材料的透明性能。

3.3.4 高光泽 PP/PETG

（1）产品配方

PP	100	分散剂	1
PETG	16	抗氧剂	0.5
相容剂	8	浸润剂	1
金属粉颜料母粒	10		

（2）制备方法

将基体树脂、浸润剂加入高速混合机中，采用 300～400r/min 的速度混合 3～5min 后，加入金属粉颜料及第一分散剂，再采用 100～200r/min 的速度混合 2～3min，形成第一预混料。

将所述第一预混料挤出造粒，得金属粉颜料母粒；将 PETG 在 100℃烘 2～5h；将 PP、PETG、相容剂、金属粉颜料母粒、第二分散剂和抗氧剂采用高速混合机混合 6～15min，使其均匀混合，形成第二预混料，将所述第二预混料挤出造粒。双螺杆挤出机的转速为 200～400r/min，温度为 190～220℃，即得高光泽 PP/PETG 材料。

（3）产品性能

制备的材料具有优异的免喷涂金属效果、抗冲击性能好及表面光泽度高等特点，可有效缓解传统免喷涂金属效果材料的流痕问题，且适用于冲击性能要求较高的场合，在汽车、家电等领域有广泛用途。

3.3.5 高光泽耐热型聚丙烯

（1）产品配方

PP	100	润滑剂	适量
成核剂	适量		

（2）制备方法

将聚丙烯粉料与成核剂和润滑剂按一定比例配好后在高速混合机中搅拌均匀，然后在双螺杆挤出机中造粒，经水浴冷却、风干、切粒，制成粒子备用。

（3）产品性能

该材料热变形温度 126℃，拉伸屈服强度 38.9MPa，冲击强度 28.4J/m，熔体指数为 0.8g/10min。

3.3.6 高光泽聚丙烯

（1）产品配方

PP	75	成核剂（NA3）	0.1
硫酸钡	25	其他助剂	适量

（2）制备方法

将填料表面处理后与聚丙烯粉料及加工助剂按一定比例配好后在高速混合机中搅拌均匀，然后在双螺杆挤出机中造粒，经水浴冷却、风干、切粒，制成粒子备用。

（3）产品性能

该材料光泽度83.6%，简支梁冲击强度12.4kJ/m²，弯曲强度50MPa，拉伸强度29.5MPa，熔体指数为1.8g/10min。

3.3.7 高光泽抗刮伤水性聚氨酯

（1）产品配方

聚醚二元醇（分子量为3000）	6.9	N-甲基吡咯烷酮	1.2
聚酯二元醇（分子量为1000）	7	丙酮	14.5
三羟甲基丙烷	0.3	三乙胺	1.1
氢化苯基甲烷二异氰酸酯	8.4	水	58.4
二羟甲基丙酸	1.4	异佛尔酮二胺	0.3
1,4-环己烷二甲醇	0.5		

（2）制备方法

① 原料混合、加热、脱水　量取聚醚二元醇、聚酯二元醇，加入扩链剂三羟甲基丙烷，三者搅拌均匀后加热至120℃，真空下脱水1h，然后降温至80℃，得到混合物1。

② 预聚物合成　把氢化苯基甲烷二异氰酸酯加入所得的混合物1中，控制温度为90℃，搅拌反应2h，然后加入亲水剂二羟甲基丙酸、扩链剂1,4-环己烷二甲醇、N-甲基吡咯烷酮，维持温度为80℃继续反应1h，再降温至60℃加入丙酮，维持温度为60℃继续搅拌2h，得到预聚物。

③ 预聚物中和、分散、扩链、脱溶　将预聚物的温度降至40℃，加入三乙胺中和搅拌1min，加水强力搅拌5min，滴加扩链剂异佛尔酮二胺，保持搅拌1h，升温至60℃，真空-0.06MPa，保持搅拌1h，脱出丙酮，得到水性聚氨酯乳液。

（3）产品性能

此聚氨酯镀铝剥离后有极高的光泽度，成膜后在180℃高温下不变软、不发白，更适应包装领域的生产工艺。剥离性能好。该聚氨酯涂布到PET或者OPP膜上成膜后，用3M胶黏带标准检测方法检测，其膜很容易完全剥离。

3.3.8 高光泽高黑度ASA材料

（1）产品配方

SAN	15	分散剂	1
ASA胶粉	30	光稳定剂	1
PMMA	51	抗氧剂	0.4
油化黑色粉	2		

所述的油化黑色粉为巴斯夫Black X55。所述的分散剂为科莱恩OP蜡。所述的光稳定剂为UV-P、HALS 765等质量混合物。

（2）制备方法

将上述原料按比例在高速搅拌机中搅拌均匀，然后在双螺杆挤出机中在挤出温度210℃、主机转速500r/min的工艺条件下挤出，过水冷却，鼓风吹干，切粒机造粒制成成品。

（3）产品性能

该材料黑度与光泽度都有较大提高。

3.3.9 高光泽高强韧 PVC 管材

（1）产品配方

PVC 树脂(聚氯乙烯树脂)	110	100 型助剂	5
硬脂酸钙锌	6	二氧化钛	2
增韧剂	4	荧光增白剂	0.5
纳米碳酸钙	14		

（2）制备方法

① 活化 2500 目重质碳酸钙的制备　将 2500 目重质碳酸钙 105 份和三十二烷酸钠 1 份混合成浆料，并保持浆料温度为 70℃，搅拌，静置 3h 后压滤、干燥制得活化 2500 目重质碳酸钙。

② 活化纳米轻质碳酸钙的制备　将纳米轻质碳酸钙 100 份加热至 60℃，然后自然冷却 30min，再向纳米轻质碳酸钙中加入烷氧基低分子聚硅氧烷 0.3 份、二氧化碳 10 份、水 300 份，搅拌，然后再加入铝酸酯 1 份，搅拌，并在 60℃下保持 3h，再压滤。在压滤过程中，连续补充二氧化碳，最后得到干燥粒子，然后优选 BET 比表面积为 $(22\pm3)m^2/g$、粒径为 100nm 的粒子，即为活化纳米轻质碳酸钙。

③ 纳米碳酸钙的制备　先采用高速混料机将活化 2500 目重质碳酸钙 28 份、活化纳米轻质碳酸钙 70 份、硬脂酸 12 份进行混合，通过粉体表面摩擦力自然升温至 80℃保持 2min；之后进入低速混料机，低速混料机罐体采用水冷方式使温度下降至常温保持 2min，制得纳米碳酸钙。

④ 100 型助剂的制备　将氯化聚乙烯 32 份、三元乙丙橡胶 12 份、丙烯酸树脂 16 份、硬脂酸 11 份、PE 蜡 11 份、纳米碳酸钙 30 份，先采用高速混料机混合，通过粉体表面摩擦力自然升温至 80℃保持 2min，之后进入低速混料机。低速混料机罐体采用水冷方式使温度下降至常温，保持 2min，制得 100 型助剂。

⑤ 按配方量称取各组分，将 PVC 树脂、硬脂酸钙锌、增韧剂、纳米碳酸钙、100 型助剂、二氧化钛、荧光增白剂用高速混料机进行混合，温度维持在 110℃保持 2min，然后转入低速混料机；冷却，温度降至 40℃，制得高光泽高强韧 PVC 管材原料。

将上述步骤制备的高光泽、高强韧 PVC 管材原料通过一种高光泽塑料管材制备装置进行成型加工，得到高光泽高强韧 PVC 管材。

（3）产品性能

该材料拉伸屈服强度 43～45MPa，纵向回缩率 3%～4%，维卡软化温度 79.5～81℃，表面粗糙度小于 $0.8\mu m$。

3.3.10 高透明度高光泽 PVC 材料

（1）产品配方

300 聚合度 PVC 树脂	60%	光界面剂	2%
TOTM 增塑剂	30%	光扩散剂	2%
钙锌稳定剂	2%	润滑剂	4%

所述的光界面剂为高分子物质与蜡的接枝共聚物 D3303，所述的光扩散剂为美国 MSE 有机硅光扩散剂，所述的钙锌稳定剂为 CZ113，其余原料为常规市售产品。

（2）制备方法

将 PVC 树脂、TOTM 增塑剂、钙锌稳定剂以 500～800r/min 转速高速搅拌并逐渐升温至 100℃。其中，加入光界面剂和光扩散剂，以 200～400r/min 搅拌 2min；使用低剪切型单螺杆挤出机挤出成型，造粒得到成品，挤出成型温度为 180℃。

（3）产品性能

采用低黏度的 PVC 树脂搭配低黏度的 TOTM 增塑剂赋予材料较好的力学性能，采用光界面剂增强其表面光泽度和平滑度，加入光扩散剂可改变光的行进路线，达到匀光而又透光的目的；同时，可满足雾度值和透光率的需求，应用于线材特别是灯饰上，拥有优异的镜面光亮度和透明效果，且发出的光线均匀柔和，对视力影响小。

3.3.11　高光泽抗菌阻燃 AS/MS 复合材料

（1）产品配方

AS 树脂	40～60	润滑剂(聚乙烯蜡)	0.5～2
MS 树脂	10～30	高效复合抗氧剂	0.1～0.4
ABS 高胶粉	8～12	光稳定剂	0.1～0.4
抗菌剂(纳米银)	0.5～1	钛白粉	1
阻燃剂(三氧化二锑)	15～20		

（2）制备方法

称取 AS 树脂和 MS 树脂低速搅拌 60s 进行混合，向混合好的物料中加入阻燃剂搅拌 2min，将抗菌剂在超声波中进行预处理 5min。向混合好的物料中按质量分数加入润滑剂、增韧剂、抗菌剂、高效复合抗氧剂和光稳定剂充分搅拌，时间为 200s；将混合好的物料投入双螺杆挤出机的加料口，经熔融挤出、造粒，即得所述复合材料。随后的制备方法如下：双螺杆挤出机一区温度 180～200℃、二区温度 200～210℃、三区温度 210～220℃、四区温度 200～220℃、五区温度 200～210℃、六区温度 200～210℃、七区温度 200～220℃、八区温度 200～220℃、九区温度 200～220℃、十区温度 200～220℃，机头温度为 210～220℃，所述螺杆转速为 300～500r/min，停留时间为 2～3min。

（3）产品性能

采用 AS 树脂、MS 树脂及相关助剂制得的高光泽抗菌阻燃 AS/MS 复合材料具有突出的阻燃性、抗菌性和外观。通过加入 MS 树脂，不仅显著提高材料表面光泽度（光泽度可达 90%），同时改善材料的耐刮擦性，扩展卫浴产品的应用领域，具有重要的实际应用价值。

3.3.12　高光泽低浮纤增强聚碳酸酯材料

（1）产品配方

聚碳酸酯	50～90	聚丁烯	15～25
PC 树脂	40～65	相容剂	1～4
改性玻璃纤维	8～15	增韧剂	1～4
中空玻璃微珠	5～12	润滑剂	2～5
纳米级碳酸钙	3～8	抗氧剂	1～3

（2）制备方法

按照质量份称取各个原料；将聚碳酸酯、PC树脂、改性玻璃纤维、中空玻璃微珠、纳米级碳酸钙、聚丁烯加入高速混合机中于60～75℃高速混合5～8min，混合转速为650～700r/min，冷却至室温，得到预混物；将相容剂、增韧剂、润滑剂、抗氧剂加入上述步骤得到的预混物中混合均匀后，加入双螺杆挤出机中，熔融后挤出，经冷却、风干、切粒，后即可。其中，双螺杆挤出机各区温度为：一区200～210℃、二区210～220℃、三区至五区220～230℃、六区210～220℃，螺杆转速控制在90～150r/min。

（3）产品性能

聚碳酸酯材料是一种用途广泛的通用塑料，优点在于密度低、价格便宜，并具有优良的耐化学腐蚀性、较好的力学性能、突出的耐折叠性和良好的成型加工性能。

长玻纤（长玻璃纤维）增强聚碳酸酯材料是具有高强度、高抗冲击性能、尺寸稳定好的一种"强而韧"的材料，聚碳酸酯在添加玻璃纤维增强后，大大提高其力学性能、耐热性和尺寸稳定性。在实际应用中可以以塑代钢和取代增强工程塑料，满足轻武器包装箱、汽车领域、家电等领域使用要求。但现有的长玻纤材料用于增强聚碳酸酯时，容易出现"浮纤"现象。"浮纤"现象是玻纤外露造成的，白色的玻纤在塑料熔体充模流动过程中浮露于外表，待冷凝成型后便在塑件表面形成放射状的白色痕迹，当塑件为黑色时会因色泽的差异加大而更加明显。

对于绝大部分外观制件来说，产品表面浮纤必须少，而且在使用过程中应抗冲击性好和耐跌落性强。而现有的技术还不能满足制件的需要。尤其是长玻纤，由于其密度、流动性与聚碳酸酯相比具有更大的差别，在材料制备时更容易与聚碳酸酯分离而浮于表面，不但导致其增强聚碳酸酯力学性能的目的无法实现，更加容易导致所获得的聚碳酸酯复合材料局部长玻纤含量过高而抗冲击性能过低。采用这种材料生产的产品可靠性降低、光泽性差，甚至不如普通的聚碳酸酯材料。

采用聚碳酸酯、PC树脂作为基材，配合改性玻璃纤维、中空玻璃微珠、纳米级碳酸钙、聚丁烯、相容剂、增韧剂、润滑剂、抗氧剂制得，其原材料易得并可直接用于工业化生产。采用聚丁烯在双螺杆中剪切变稀的性质，可使其在制样过程中浮至材料表面，从而对外漏的玻纤进行覆盖，制得的增强聚丙烯材料具有高光泽、低浮纤等特点。

3.3.13 高光泽高附着力增强型PPS复合材料

（1）产品配方

聚苯硫醚	45～70	抗氧剂	0.4～1.6
成核剂	0.1～1	润滑剂	0.5～2
增韧剂	0.1～6	玻纤	5～20
无机填充剂	30～50	偶联剂	0.3～2

（2）制备方法

复合材料制备方法步骤如下：聚苯硫醚45～70份、成核剂0.1～1份、增韧剂0.1～6份、无机填充剂0～50份、抗氧剂0.4～1.6份、润滑剂0.5～2.0份、偶联剂0.3～2.5份、玻纤以上述组分按比例投入混合器中混合10～30min后，投置于双螺杆挤出机中，熔融挤出造粒。其中，双螺杆挤出机温度为200～340℃。

（3）产品性能

在复合材料配方中加入乙烯丙烯酸甲酯共聚物、乙烯丙烯酸丁酯共聚物、聚乙烯辛烯嵌段共聚物接枝马来酸酐、乙烯-丙烯酸甲酯甲基丙烯酸缩水甘油酯无规共聚物可以极大地增强复合材料的强度。无机填料的加入使得复合材料不仅具有高抗冲韧性、加工流动性好、低内应力等优点，还具有更好的耐热降解、耐化学溶剂的特性。

3.3.14 阻燃型高光泽聚丙烯复合材料

（1）产品配方

PP	70～85	KH550	1.5～4.5
硫酸钡粉体	15～30	DHBP	0.1～0.25
POE	5～12	抗氧剂	0.5～1.5
复配型阻燃剂	1～4	EBS	0.5～2.0
MDBS	0.1～0.5		

（2）制备方法

① 硫酸钡的活化　将 15 份硫酸钡与 1.5 份 KH550 加入高速混合机内进行搅拌均匀，持续时间为 5min，以使硫酸钡活化。

② 原料共混　将活化好的硫酸钡 16.5 份与 PP 85 份、POE 5 份、复配型阻燃剂 4 份、MDBS 0.5 份、抗氧剂 1.5 份与 EBS 0.5 份加入搅拌机中以 300～400r/min 的转速共混 10～15min，使各组分充分分散得到混合料。其中，阻燃剂由质量分数 50% 的三聚氰胺钙、25% 高氯化钾螯合物以及 25% 硫酸镁晶须组成。抗氧剂由受阻酚类抗氧剂和亚磷酸酯类抗氧剂以质量份 1∶2 比例复配而成。

③ 熔融挤出　将上步骤中所得到的共混物，加入双螺杆挤出机中经熔融挤出、冷却、切粒、包装成品即可。挤出机螺杆转速控制为 300r/min，喂料速率为 7Hz；挤出机的温度参数设置为：一区温度 180℃、二区温度 190℃、三区温度 200℃、四区温度 200℃、五区温度 200℃、六区温度 200℃，机头温度为 205℃；挤出机长径比为 48，螺杆直径为 22mm。

（3）产品性能

利用聚丙烯作为基体树脂，通过添加各种助剂来提高聚丙烯材料的光泽度，并使其力学性能得到明显改善和提高，其材料易得、成本低、无污染，非常易于生产。

3.3.15 高韧性高光泽聚丙烯复合材料

（1）产品配方

均聚聚丙烯	30～90	成核剂	1～5
共聚聚丙烯	10～40	主抗氧剂	0.1～1
高流动增韧剂	2～10	辅抗氧剂	0.1～1
高光泽填料	20～30	润滑剂	0.1～0.5

（2）制备方法

按配方称量后加入高速混合机中干混 1min，然后将混合物料加入双螺杆挤出机，经双螺杆挤出机熔融挤出后冷却、干燥、切粒即得成品。其中，挤出机料筒温度为 180～230℃，螺杆转速为 250～350r/min。

（3）产品性能

采用高流动共聚聚丙烯、高结晶共聚聚丙烯、均聚聚丙烯为基料。高流动共聚聚丙烯、高结晶共聚聚丙烯光泽度高，且材料的增韧效果优于均聚聚丙烯，从而达到高光泽、高韧性的目的。高流动增韧剂的加入对聚丙烯复合材料起到增韧的作用，并且不会影响其表面。超细硫酸钡，作为圆形填料，添加材料中不但能保持材料原有的光泽，还能提高材料的刚性和强度。成核剂能使晶体尺寸减小，晶体更为致密，减少对入射光的散射和折射，从而增加制品的光泽度。此外，合适的润滑剂也能够提高材料的表面光泽度。

3.3.16 高光泽尼龙增强材料

（1）产品配方

PA6	60~70	抗氧剂	0.2~0.5
玻璃微珠	10~15	流动改性剂	0.5~1.5
偶联剂	0.2~1	玻璃纤维	15~25
复合成核剂	0.5~1		

（2）制备方法

原材料处理及混合：按照原料配方量将 PA6 烘干，控制水分在 0.04% 以下，然后与偶联剂一起加入高速混料机中搅拌混合，得到混合物。在混合物中依次加入玻璃微珠、抗氧剂、复合成核剂、流动改性剂，继续搅拌使各组分充分分散均匀，得到预混料；将预混料加入双螺杆挤出机中熔融挤出造粒。熔融挤出温度为 250~280℃，螺杆转速为 200~900r/min。

（3）产品性能

该高光泽尼龙增强材料具有表面光泽度好、着色性好，在不同条件下均能保持较高的尺寸稳定性等优点；能在高低温下长期稳定使用，并具有稳定的力学性能和耐化学腐蚀性。该高光泽尼龙增强材料通过添加玻璃微珠，使材料流动性更好，因而注塑产品制件时可以使得表面光泽度更好，去"浮纤"效果明显，使表面平滑，同时有效降低成本。

该高光泽尼龙增强材料通过添加复合成核剂，使材料内部晶粒均匀分布，结晶更加完善，结晶度好。注塑产品制件时获得更加优异的力学性能和尺寸稳定性。该高光泽尼龙增强材料通过添加流动改性剂，使材料的内润滑效果显著，得到更好的产品表面效果，且注塑产品制件时有更加广泛且稳定的工艺调节范围。高光泽尼龙增强材料可以广泛应用于制作各种环境下使用的电动机外壳、汽车轮圈盖、电子电器部件外壳等。

参考文献

[1] 张长军，朱雅杰，汪战林，等．聚丙烯透明化多功能母粒的研制 [J]．石化技术与应用，2005（04）：284-285＋252.

[2] 张德英，郑春江，孙玉梅．高透明 LDPE 树脂的开发 [J]．合成树脂及塑料，2006（02）：50-52.

[3] 徐明．一种透光性好的 PVC 塑料．CN104893163A [P]．2015-09-09.

[4] 霍志明．一种透光性好的塑料．CN102875918A [P]．2013-01-16.

[5] 薛淑娘，刘膏，贾林才．高硬度透明聚氨酯材料的研制 [J]．聚氨酯工业，2007，22（3）：37-40.

[6] 吕秋丰，黄美荣，李新贵．聚苯胺/聚合物透明导电复合膜研究进展 [J]．化工新型材料，2007，35（3）：28-30.

[7] 刘凯，黄家奇，王添琪．一种高性能高透明 PP-PS 复合材料及其制备方法．CN106633383A [P]．2017-05-10.

[8] 周喜峰．一种透明医用消肿止痛多孔聚酯薄膜的制备方法．CN109955007A [P]．2019-04-02.

[9] 叶林，赵明久，刘娟，等．一种自增强透明 PET/PC 合金及其制备方法．CN10 9135204A [P]．2019-01-04.

[10] 王岳来．一种透明隔热 PC 阳光板及其制备方法．CN107151345A [P]．2017-09-12.

[11] 王大可，王光辉．一种高透明性聚酰亚胺新材料的制备方法．CN109232889A [P]．2019-01-18.

[12] 严荣楼．一种透明性好的己内酯接枝的淀粉可降解薄膜及其制备方法．CN106243404A [P]．2016-12-21.

[13] 叶林，赵明久，刘娟，等．一种自增强透明 PET/PC 合金及其制备方法．CN109135204A ［P］．2019-01-04.

[14] 王岳来．一种透明隔热 PC 阳光板及其制备方法．CN107151345A ［P］．2017-09-12.

[15] 一种透明性好的 PC/PBT 改性合金材料．CN104710748A ［P］．48A，2015-06-17.

[16] 柏莲桂，李强，罗明华，等．一种透明的耐刮擦 PC/PMMA 合金材料及其制备方法．CN104086969A ［P］．2014-10-08.

[17] 王晶，王凯，张天荣，等．一种高透明耐磨耐刮擦 PC 材料及其制备方法．CN102585475A ［P］．2012-07-18.

[18] 张力．一种透明增韧 PMMA 材料及其制备方法．CN108102272A ［P］．2018-06-01.

[19] 袁伟，汤咏莉，贺军波，等．一种高阻燃的透明 PET 材料及其制备方法．CN108299803A ［P］．2018-07-20.

[20] 谢彪．一种高透明性气管插管专用聚氯乙烯粒料．CN109517290A ［P］．2019-03-26.

[21] 马青赛，朱山宝．一种透明耐候 PVC 片材的配方．CN103788534A ［P］．2014-05-14.

[22] 李赵波，刘星，罗明华，等．高光泽且耐油好的 HIPS/PP 合金塑料及制备方法．CN106633455A ［P］．2017-05-10.

[23] 陈永东，李文龙，张祥福，等．一种高光泽、高硬度、抗紫外聚碳酸酯塑料合金．CN101469121A ［P］．2009-07-01.

[24] 丁磊．一种高光泽聚丙烯改性材料．CN108148268A ［P］．2018-06-12.

[25] 陈光伟，娄小安，张强，等．高抗冲高光泽免喷涂 PP/PETG 合金材料及其制备方法．CN107973976A ［P］．2018-05-01.

[26] 桑国荣，陈根荣，高道春．高光泽耐热型聚丙烯专用料研制 ［J］．石油化工技术经济，2007，23（2）：27-30.

[27] 刘宝玉，肖鹏．高光泽聚丙烯的研制 ［J］．上海塑料，2007，138（2）：20-23.

[28] 王辉，杜芳琪，黄芳芳，等．一种高光泽抗刮伤水性聚氨酯及其制备方法．CN109593174A ［P］．2019-04-09.

[29] 文江河，王湘波，汪文．一种高光泽高黑度 ASA 材料及其制备方法．CN109486081A ［P］．2019-03-19.

[30] 冯德富．高光泽高强韧 PVC 管材及其制备方法．CN109337232A ［P］．2019-02-15.

[31] 艾祖国．一种高透明度高光泽 PVC 材料．CN107698893A ［P］．2018-02-16.

[32] 王清文，刁雪峰，陈志峰，等．一种卫浴用高光泽抗菌阻燃 AS/MS 复合材料及其制备方法．CN109721922A ［P］．2019-05-07.

[33] 李昆明，王俊，魏传刚，等．一种高光泽低浮纤增强聚碳酸酯材料及其制备方法．CN108912641A ［P］．2018-11-30.

[34] 李红刚，曹建伟，王建平．一种高光泽高附着力增强 PPS 复合材料及其制备方法．CN107603221A ［P］．2018-01-19.

[35] 王波，杨金明，黄捷，等．一种阻燃型高光泽聚丙烯复合材料及其制备方法．CN107082960A ［P］．2017-08-22.

[36] 范子辉．一种高韧性高光泽聚丙烯复合材料及其制备方法．CN106995561A ［P］．2017-08-01.

[37] 陈东明，姚大爱，张钊鹏，等．一种高光泽尼龙增强材料及其制备方法．CN106280425A ［P］．2017-01-04.

4

医用塑料配方与应用实例

对于塑料行业而言，医疗是一个很广泛的领域，从相对简单的塑料制品如针筒、吸液管、培养皿和量杯等，到复杂的集成式医疗器械如胰岛素注射笔、透析器、超声雾化器、医用 X 射线机等都采用了塑料材质。医用塑料是具有生物相容性，能耐受高热消毒，具有抗化学性、高度透明及能够呈现不同形状的塑料，对于医药业是一种非常优异的材料。在医药包装方面，由于塑料有更佳的设计灵活度，取代了部分传统以金属为主要材料的应用。由于这些制品的使用与人体健康甚至性命息息相关，因此对其制造材料和生产过程要求都非常严苛。

我国医用塑料发展起步较晚，在缺乏原料和加工工艺的瓶颈阻碍下，以批量大、技术含量低、附加值低的医用塑料产品为主。我国医用塑料制品生产技术和消费水平与发达国家仍存在一定差距。

4.1 医疗行业对医用塑料的要求

4.1.1 高安全性

高安全性是医用塑料产品最基本的要求，主要视产品对医护人员、患者以及产品的用后处理方面是否安全。需要从产品的设计、原材料的选用、生产工艺及加工生产过程、生产环境、产品质量技术指标等多方面综合考量。

塑料作为医用材料时，通常应符合以下要求：对机体无毒，无致癌性，不引起过敏反应或干扰机体的免疫；植入体内的材料生物相容性要好；与血液接触的材料，要有一定的抗凝血性能；能经受消毒过程而不变形等。

对 PVC 替代材料的研究是近年来的热点。目前 PVC 是医疗业使用范围和用量最大的聚合物，不过其可能会释放邻苯二甲酸酯，对人体健康造成潜在危害。TPU（聚氨酯）被认为是更安全的替代材料。TPU 的生物性能、力学性能以及加工性能均与 PVC 相当，而且不需要通过增塑剂来获得柔韧性，因此不存在邻苯二甲酸酯迁移风险。另外，TPU 在进入人体前具有足够硬度，而进入人体后变得柔韧的特性可确保患者感觉舒适。不过，医用级 TPU 价格昂贵，目前主要应用于高附加值精密介入导管、人工心脏辅助装置、人工血管等。

由于医用级 TPU 纯度要求高、反应条件和工艺条件要求苛刻，生产技术只集中在几家国外企业手中，如：巴斯夫、科思创（前拜耳材料科学）、路博润、陶氏化学和亨斯迈等。

医疗领域有机硅材料的需求量也在不断增大。与 PVC 相比，其在抗感染、密封黏合、防水、无刺激性等方面具有明显优势。道康宁、蓝星有机硅和瓦克等公司在这方面的研究颇有建树。其中，瓦克公司推出的有机硅薄膜 SILPURAN® Film，能让水蒸气和氧气等气体透过薄膜扩散，可用于生产具有透气性、有助于康复进程的伤口胶带，或在人工心肺机等医疗装置中用作透气薄膜。除了对生产材料要求严苛外，医疗塑料制品对加工设备的要求也非常严格。特别是对于使用环境有特殊要求的测试类、检测类、容器类和器官类等医疗制品，在成型时必须使用洁净室。许多加工设备供应商为此开发了诸多解决方案。例如，耐驰特（Netstal）对医疗用注塑机的设计和生产确定了特殊的规则和生产程序，专门设立一个独立的洁净室（注塑机生产区）在洁净室对注塑机进行组装；同时，还提供多种特殊的配置，包括：水冷式驱动电机，可避免气冷时形成的涡旋气流；动模板、定模板表面特殊合金涂层处理；符合 FDA 标准的无毒害液压油等。

4.1.2　生物相容性

生物医用高分子材料虽然在一定程度上能够满足生物体的要求，但是仍会出现一些排异情况。在研究材料的生物相容性时，一般考虑下面三个方面：

① 细胞相容性：细胞的增殖代谢会受到植入材料的影响。

② 组织相容性：高分子材料植入之后是否会对人体组织产生一定的影响，引起其功能衰退。

③ 血液相容性：血液的流动性、红细胞的数量也会受到植入材料的影响。

对于某些不能很好适应人体的生物医用高分子材料，研究人员一般会对其进行表面改性，使其符合上面的三个特征。常见的表面改性方法分为四种。①在生物医用高分子材料上面涂一层具有抗凝血功能的材料，阻断其和血液的接触。②在生物高分子材料表面添加疏水或者亲水的官能团从而促使其和血液不互溶或者相溶，达到抗凝血性的要求。③通过在材料表面引入等离子体、分子或者某些亚稳态基团来清除材料表面的杂质或者使其满足材料的性能要求。④将某些生物分子通过一定的技术移植到材料表面，将材料在生物体中隐藏起来。这些年来，随着研究的进展也有很多新的方法被逐渐提出，但是生物相容性这一课题仍然处于起步阶段，有很多生物医用高分子材料仍难以应用到实际临床治疗中。所以，我国也在大力推进这一方向的研发，希望未来能够在生物医用功能材料方面取得更大突破。

4.1.3　高能效与高精度

在瞬息万变的时代，高能效是所有商家共同追求的目标。通常，医疗制品厂商都要求加工设备在尽可能短的循环周期条件下，以最高的设备稳定性及安全性制造出最佳品质的产品，因此自动化与系统整合解决方案成为关注的热点。

高精度也是医疗塑料制品的关键要求。例如，针筒、吸液管对圆角和通孔的截面精度要求很高；培养皿则对尺寸精确度要求很高；而吸入器、胰岛素注射笔等产品是由复杂、能完成特定功能（如储存、雾化和计量）的多个精密部件组装而成。因此，对塑料构件之间的配合精度以及相互之间的作用力要求很高；而且，在市场压力下，如今的医疗器械趋于小型化、多功能化。因此，这些制品要求加工生产系统更加稳定、控制更加精准。注塑产品是医疗塑料制品中产量最大的品种，而全电动注塑机由于在高速、高效、精密及节能等方面优势明显，被认为是首选生产设备。阿博格的全电动注塑机 Allrounder 520A 专门为满足移液器吸头的高质量要求而设计，锁模力为 1500 kN，注塑单元规格为 400，每次生产 64 个，成型周期仅约 4.5s，所产模塑件 0.35g，其能耗比标准液压注塑机低 50%。

在微量注塑方面，威猛巴顿菲尔公司的一台锁模力为 15t 的 Mlcro Power15/10 微量注塑机能够生产出质量不到几毫克的微部件。微部件的制造使用了转盘技术，利用顶部 1 个和底部 2 个部件的 6 腔模具，所用材料为聚甲醛。这些注塑成型的微部件能满足医疗技术的特殊要求，可被用于特殊医用注塑针头的穿透力测试。例如，用于制造胰岛素注射笔，可以最大限度地提高患者的舒适度。

在医疗部件领域，可通过多组分成型来生产某一复合零件，即在模具内完成不同原料或不同功能的单个部件的组装，也正变得越来越重要。例如，通过模内装配，可为吸入器外壳添加一个密封件。针对医疗行业对于多组分注塑及模内装配等特殊工艺的应用，恩格尔公司能够提供一系列配备多个注射单元的注塑机。如使用一台为无尘室设计的无拉杆"ENGEL e-victory 160 combi"油电混合注塑机，生产集成有过滤器的输血滴注器，滴注器的上下部材料分别是聚苯乙烯和聚丙烯，两部分同时注塑；之后在同一模具中插入过滤器，再用另一部分 PP 复合模塑固定。整个工艺周期仅为 12s。

4.2 体外医疗塑料制品配方

体外医疗塑料制品主要用于输血输液用器具、注射器、心导管、中心静脉插管、腹膜透析管、膀胱造瘘管、医用黏结剂以及各种医用导管、医用膜、创伤包扎材料和各种手术、护理用品等。注塑产品是医用塑料制品当中产量最大的品种。与普通塑料相比，医用塑料要求比较高，严格限制了单体、低聚物、金属离子的残留，对于原材料的纯度要求很高，对加工设备的要求也非常严格。应在加工和改性过程中避免使用有毒助剂。常用的医用塑料包括聚氯乙烯、聚乙烯、聚丙烯、聚四氟乙烯、热塑性聚氨酯、聚碳酸酯、聚酯等。

这些高分子材料比较常见，占整个医用塑料比例高达 15%，这一数据还在不断增长中。现在各个国家都越来越重视医用塑料的研究和开发，我国虽然取得了一些进展，但是总体来说还有较大的进步空间，一些高端的医用塑料仍无法生产。

4.2.1 医用塑料瓶

医用塑料瓶由符合医药卫生要求的塑料制成，现实际应用的塑料品种有：聚乙烯（PE）、聚丙烯（PP）、聚苯乙烯（PS）、聚酯（PET）等。

聚乙烯分为高密度（HDPE，密度 $>0.94g/cm^3$）、低密度（LDPE，密度 $0.91\sim0.93g/cm^3$）和线型低密度（LLDPE，密度 $0.92\sim0.94g/cm^3$）等，聚乙烯除用来制医用塑料瓶外，还用来制瓶盖。聚丙烯有多种牌号，是不同的共聚改性产物。聚苯乙烯无熔点，纯的较脆，所以也有多种改性品种，例如高冲击强度聚苯乙烯（HIPS）。

PET 是近年进入医用塑料瓶的材料，其特点是：透明度高，能看到药品有无变质，阻隔、防潮性能特别优异，相当有利于药品的保存；易着色或添加一些助剂，以满足专门要求（如阻紫外线）；加入苯二甲酸或共聚改性，可提高材料对氧气的阻隔性。

4.2.1.1　聚乙烯医用塑料瓶

（1）产品配方

HDPE	100	硬脂酸锌	0.2
钛白粉	1		

（2）制备方法

以聚乙烯医用塑料瓶为例，高密度聚乙烯牌号是 GM7255P，熔体指数为 0.3～0.7g/10min。药用塑料瓶产品质量的好坏关键取决于成型方法，目前引进的注吹成型工艺是塑料瓶生产中先进、可靠的工艺，其包括：塑化、注塑、吹塑成型、脱模和火焰处理五个自动化环节。①树脂经加热器使之塑化，加压，固体输送段温度设定在 220～235℃，压缩段温度设定在 230～240℃，均化段温度设定在 235～250℃。②熔料经注射嘴注入注射模形成型坯。③压缩空气经模芯棒中心孔道，将型坯吹胀成型，压缩空气必须洁净、无油、无水，压力在 0.8～1MPa。④将成型瓶于脱模工位自动脱模。⑤在传送带上经火焰处理后包装成箱运出，火焰处理的目的是贴标签和印字。

（3）产品性能

该产品符合国家药品包装容器（材料）标准 YBB 00122002—2015。

4.2.1.2　聚乙烯/聚丙烯复合医用塑料瓶

（1）产品配方

聚乙烯	95	色母料	4
聚丙烯	5		

（2）制备方法

首先，在高速混合机中将各物料混合均匀；然后，挤出造粒，得到改性粒料；最后挤出吹塑或注射吹塑得到最终制品。

（3）产品性能

该产品在原料上选择 HDPE 和 PP 作为主材料，加工过程混合均匀，瓶壁均匀，阻隔性能优良、装药保质、储存期长，节约材料，降低成本。

4.2.1.3　纳米抗菌塑料瓶

（1）产品配方

聚烯烃	70	季戊四醇酯	5
纳米抗菌剂	5	润滑剂	3
[β-(3,5-二叔丁基-4-羟基苯基)丙酸]		助剂	10

纳米抗菌剂为纳米氧化锌、纳米二氧化钛和纳米二氧化硅。

（2）制备方法

首先，在高速混合机中将各物料混合均匀；然后，挤出造粒，得到改性粒料；最后挤出吹塑或注射吹塑得到最终制品。

（3）产品性能

该纳米抗菌塑料瓶具有优异的抗压性、耐高温性、耐氧化性和长效性；能广泛应用于医疗领域。

4.2.1.4　TPE医用瓶盖

（1）产品配方

SEBS	100	LLDPE	5
PP	30	多孔硅材料	1
填充油	5	爽滑剂	0.3

（2）制备方法

首先，将原料放入高速混合机中混合5～10min，出料备用；然后，将混合好后的原料加入双螺杆挤出机中挤出造粒，且挤出机转速为200～600r/min；最后，在190～220℃真空注塑到模具中，并在真空条件下，保持该温度2～8h，冷却固化得到医用瓶盖。

（3）产品性能

该产品符合国家药品包装容器（材料）标准YBB 00122002—2015。

4.2.1.5　超净医用瓶塞

（1）产品配方

溴化丁基橡胶	100	氧化镁	2
煅烧高岭土	40	二氧化钛	2
改性滑石粉	20	炭黑	0.6
硫化剂	1	低分子聚乙烯蜡	2

（2）制备方法

该超净医用瓶塞的制造方法包括炼胶、硫化、冲切、清洗。其特征是：采用强力加压式密炼机将原料混合均匀，在密炼设备上炼胶出条，密炼最终排料温度为85℃，上顶栓压力为0.70MPa，混炼周期为15min；硫化采用注射硫化成型工艺，硫化温度为190℃，硫化锁模力400t，螺杆筒温度为70℃，注射筒温度为85℃，冷流道温度为85℃。

（3）产品性能

该产品性能见表4-1。

表4-1　超净医用瓶塞性能

检验项目	技术指标	结果
穿刺落屑	≤20粒/10针	0
穿刺力	平均刺穿力不得过75N；每个瓶塞的穿刺力不得过80N	40.8N
密合性	与瓶子应密合，无渗漏	无渗漏
自密封性	经穿刺处理，放置，亚甲基蓝不得渗入瓶内	无渗漏
挥发性硫化物	以Na_2S计≤50μg/20cm²	<25μg
紫外吸光度	(220～360nm)≤0.1	0.046

4.2.2　医用薄膜

按医药行业标准YY 0236—1996《药品包装用复合膜（通则）》划分，医药品包装应用的薄膜、复合膜包括透气薄膜，在贴骨类药品包装应用中有其重要位置。已知透气薄膜的制造方法之一，是采用在制膜材料中加入盐，成膜后把盐洗去的技术。医用薄膜是医院进行手术时使用的一种卫生防护器材。医用薄膜在外科手术中发挥着至关重要的作用，它不仅可以作为医用愈肤膜、伤口创面敷料对轻微擦伤、小面积的Ⅰ、Ⅱ度烧伤及较小的伤口进行修复，而且对手术时切口的保护及皲裂、褥疮的防治也有一定作用。然而现有的医用薄膜存在一些不足，如缺乏弹性、透气不好、作用单一等。因此，需要研发出一种高弹透气并抗感染的医用薄膜，血浆装袋是用复合薄膜包装医药品最典型的例子。

4.2.2.1 PVC医用薄膜

（1）产品配方

聚氯乙烯树脂	50	敏化剂	1
环氧树脂	30	表面活性剂	2
润滑剂	3	防黏剂	1
玉米淀粉	8		

敏化剂可以采用三羟甲基丙烷三甲基丙烯酸酯、三羟甲基丙烷三丙烯酸酯或三烯丙基异氰酸酯。

（2）制备方法

首先，在高速混合机上将原材料混合；然后，可在压延机或吹塑机上进行薄膜的压延或吹塑。

（3）产品性能

该产品符合相应QB/T 1257—1991软聚氯乙烯吹塑薄膜的标准。

4.2.2.2 复合医用薄膜

（1）产品配方

PEN/PET共聚物	20	己二酸二辛酯	10
PP/POE	40	乙酰柠檬酸酯	5
环烯烃共聚物	10	环氧大豆油	5
马来酸酐改性聚丙烯共聚物	3	硬脂酸盐	1
邻苯二甲酸二己酯	20	润滑剂（苯甲基硅油）	0.5

（2）制备方法

该薄膜经过原料配制过程、高速混合过程，挤出造粒成改性粒料，然后将改性粒料经过挤出吹塑或压延的方法成型。

（3）产品性能

该薄膜产品符合国家标准GB/T 4456—2008中的性能指标要求。

4.2.2.3 抗菌医用膜

（1）产品配方

羧甲基壳聚糖	50	明胶	10
聚乳酸	5	金银花	4
硬脂酸	20	三黄粉	2
海藻酸钠	10	甘草	5
甘油	5	聚乙烯醇	3

（2）制备方法

该产品制备主要包括以下步骤。①将金银花、三黄粉和甘草放入粉碎机中进行粉碎，然后过筛，备用。②将羧甲基壳聚糖、聚乳酸、硬脂酸、海藻酸钠、甘油、明胶和聚乙烯醇加入搅拌机中混合搅拌均匀，备用。③将步骤①粉碎后的金银花、三黄粉和甘草放入乙醇溶液中，加压至 0.3～0.6MPa，在 70～80℃的条件下，不断回流浸提 4～8h，将浸提液取出，得到混合组分 A。④将步骤②混合搅拌均匀后的羧甲基壳聚糖、聚乳酸、硬脂酸、海藻酸钠、甘油、明胶和聚乙烯醇转入反应釜中，在惰性气体保护条件下加热至 60～70℃，搅拌混合 30～40min，得到混合组分 B。⑤将混合组分 A 和混合组分 B 加入真空捏合机中，在 55～65℃、240～280r/min 的条件下搅拌 30～90min，降至室温，得到混合组分 C。⑥将混合组分 C 于双螺杆挤出机中挤出成型，吹膜，即得医用膜成品。

（3）产品性能

该医用膜有效增加了对病菌的杀伤作用，具有良好的抗菌效果，能有效预防伤口感染，不仅降低产品的潜在生物安全性风险，提高产品的抑菌率，而且为伤口提供了润湿的愈合环境；同时，还促进了伤口创面的愈合，而且还具有良好的生物相容性，对皮肤和组织无刺激，可以柔软地敷贴于皮肤表面，使患者感觉更加舒适。

4.2.2.4　医用包装膜

（1）产品配方

聚乳酸	80	钙锌热稳定剂	3
柠檬酸甘油酯	5	碳化二亚胺	1

（2）制备方法

该薄膜经过原料配制过程、高速混合过程，挤出造粒成改性粒料，然后将改性粒料经过挤出吹塑或压延的方法成型。

（3）产品性能

该医用包装膜不仅阻隔性能优良，而且制备方法简单，成本较低。

4.2.2.5　医用无纺布材料

（1）产品配方

聚乳酸	80	流动改性剂	5
聚氨基甲酸酯	20	抗静电剂（烷基磺酸钠）	1
聚酰亚胺	10	抗菌剂（ε-聚赖氨酸）	2
壳聚糖	30	阻燃剂＋溴联苯	3

（2）制备方法

制备方法如下。①按质量份分别称取上述聚乳酸、聚氨基甲酸酯、聚酰亚胺、壳聚糖、流动改性剂、抗静电剂、抗菌剂、阻燃剂的混合粉末溶解于四氢呋喃和 DMF 的混合溶剂中，配制 8％～15％电纺丝溶液。②将步骤①中的电纺丝溶液置于 8mL 的注射器中，设置注射泵控制挤出速度为 3～5mL/h，纺丝电压 22～32kV，纺丝喷头到铜网间的距离为 25cm，进行纺丝，得到无纺布半成品。③在 WRS-C35 拒水处理剂中加入去离子水稀释，配制 60g/L 的拒水处理剂，将步骤②得到的无纺布半成品在稀释后的 WRS-C35 拒水处理剂中处理 1h，然后在 115℃下干燥 15min，200℃下烘 5min；最后将步骤③得到的无纺布一侧喷涂一层防辐射层即可。

（3）产品性能

采用聚乳酸、聚氨基甲酸酯、聚酰亚胺、壳聚糖四种易降解原料配制纺丝液，制得的无纺布可生物降解，十分环保。无纺布集抗菌性、防辐射、拒水、抗静电等功能于一身，基本能解决医用各个方面的需求，应用十分广泛。

4.2.2.6 医用防护服高透气无纺布材料

（1）产品配方

腈纶纤维	55	黏胶纤维	5
聚丙烯腈纤维	30	添加剂	6
纤维素酯纤维	10	温石棉	1
弹性纤维	20		

（2）制备方法

首先将纳米碳酸钙置于具有雾化喷射装置和加热装置的高速混合设备中，升温，将丝胶蛋白水溶液均匀喷射到纳米碳酸钙表面得到改性后的添加剂；然后将几种纤维复合制备成高透气无纺布材料。

（3）产品性能

该产品的力学性能良好，并且透气性能非常优异。

4.2.2.7 可降解医用台布

（1）产品配方

聚戊二酸丙二醇酯	40	聚壳糖	10
聚乳酸	50	磷酸二氢镁	3
聚乙烯蜡	10	羧甲基纤维素	3
淀粉	20	麦饭石粉	5

（2）制备方法

该产品的制备过程主要包括如下。①可降解薄膜的制备，按比例将除了聚戊二酸丙二醇酯的各组分分散于溶剂中，经双螺杆挤出机挤出造粒，获得可降解母粒，将可降解母粒与聚戊二酸丙二醇酯混合均匀，再经薄膜吹塑机吹塑成型，即可得到可降解薄膜。②在聚壳糖纤维无纺布表面喷涂中草药提取液的稀释剂，喷涂量为 $100\sim120g/m^2$。③将②得到的聚壳糖纤维无纺布与可降解薄膜通过医用压敏胶点涂复合形成医用台布。

（3）产品性能

该产品具有较强的可降解能力，绿色环保；同时，基布也采用可降解材料。基布表面喷涂中草药提取液的稀释剂，能有效杀灭病菌，防止病菌滋生，保证病人在手术过程中的安全性，且这种产品制备简单，有利于推广应用。

4.2.2.8 壳聚糖/聚己内酯医用复合薄膜

（1）产品配方

壳聚糖	20	抗氧剂	0.3
聚己内酯	60	交联剂	0.1
茶多酚	1	抗菌剂	1
蒙脱土	1		

（2）制备方法

该产品的制备主要包括如下。①按质量份称取各组分。②将各组分投入反应釜中，在氮气保护中加热至50～70℃，在130～230r/min的转速下不断搅拌，反应2～3h，得到预成品。③将预成品送入到双螺杆挤出机，挤出温度为220～240℃，双螺杆挤出样条经过水冷、切粒，得到母料。④将母料置于吹膜机中，进行挤出吹塑。

（3）产品性能

该产品性能见表4-2。

表4-2 壳聚糖/聚己内酯医用复合薄膜性能

性能	透明度/%	水蒸气透过率/[×10⁻¹⁴kg·m/(m²·s·Pa)]	拉伸强度/MPa
试样	19～25	2.48～2.97	29～36

4.2.2.9 医用口罩复合材料

（1）产品配方

聚己二酸/对苯二甲酸丁二酯	50	抗静电剂	1
聚乳酸	20	抗菌剂	1
聚丙烯	30		

（2）制备方法

该产品的制备主要包括如下。①按质量份分别称取聚己二酸/对苯二甲酸丁二酯50份、聚乳酸20份和聚丙烯30份进行充分混合，得到混合物。②将步骤①中的混合物与抗静电剂、抗菌剂进行共混，然后通过双螺杆挤出机挤出造粒，得到共混物。其中，挤出温度为220～250℃。③将步骤②中的共混物进行真空干燥，干燥后的共混物通过螺杆挤压机加热、熔融、挤出、拉伸、冷却、自粘接形成无纺布；混合物在制备无纺布的过程中，熔融温度为230～290℃。④将步骤③得到的无纺布一侧进行喷涂防辐射层，最后放入干燥箱中干燥定型。

（3）产品性能

该医用无纺布复合材料既有抗菌性，又具有防辐射、抗静电性能，主要应用于医用口罩的制备。

4.2.3 医用包装材料

医用包装使用的主要材料有铝箔、黏结剂和塑料材质。其中，塑料材质的包装材料主要有聚氯乙烯、聚酯、聚烯烃材料等。

在医用包装片材方面，聚氯乙烯（PVC）片材要求无毒配方，PVC树脂中氯乙烯（VC）含量小于1×10^{-6}。聚酯（PET）片材是继PVC片材之后，用于医用包装的片材，而在欧洲一些国家禁止PVC用于一次性包装之后，其更成为主要的医用包装片材。PET片材是用PET树脂，经干燥→挤出→流延铸片而成。除此之外，PET还用于医疗器具包装。

本文以下内容主要介绍医用包装材料的配方、制备及性能。

4.2.3.1 可降解的医用输液管材料

（1）产品配方

聚丁二酸丁二醇酯	25	马来酸酐	20
聚乳酸	45	2,5-二甲基-2,5-双(叔丁基过氧基)己烷	4

乙酰柠檬酸三丁酯	3	其他功能性助剂	2
改性淀粉	20		

（2）制备方法

该产品的制备主要包括以下步骤。①按配方准确称取聚丁二酸丁二醇酯、聚乳酸、马来酸酐、2,5-二甲基-2,5 双（叔丁基过氧基）己烷、乙酰柠檬酸三丁酯、改性淀粉及其他功能性助剂；②首先将聚乳酸置于烘箱中干燥 5h。冷却后，向聚乳酸中加入马来酸酐和 2,5-二甲基-2,5 双（叔丁基过氧基）己烷混合均匀，通过双螺杆挤出机挤出造粒。双螺杆挤出机一区到七区温度分别设为 100℃、120℃、150℃、160℃、180℃、180℃、175℃，双螺杆挤出机的主机转速设为 15Hz，将所制得的粒子置于 80℃烘箱中干燥备用。③再将上述步骤获得的粒子与改性淀粉、聚丁二酸丁二醇酯、乙烯丙烯酸甲酯接枝甲基丙烯酸缩水、甘油酯、乙酰柠檬酸三丁酯、其他功能性助剂均匀混合在一起得到混合样，静置 3h，再将混合样置于热电恒温干燥箱内于 70℃，干燥 4h。④将烘干的混合样投入双螺杆挤出机中，进行混炼和挤出，设定双螺杆挤出机一区到七区温度分别为 110℃、135℃、155℃、170℃、170℃、170℃、165℃，双螺杆挤出机的主机转速设为 25Hz，喂料速度设为 8Hz。⑤经双螺杆挤出机模头部分挤出的物料条置于 70℃烘箱中干燥 5h，然后经风冷，用切粒机制得可生物降解的医用输液管材料。

（3）产品性能

该配方制得的医用输液管具有良好的韧性，其抗化学腐蚀、气体水蒸气低渗透性好，综合力学性能、制品透明性好，并且该医用输液管可降解，不会造成环境污染。

4.2.3.2　聚烯烃透析引流袋盖帽材料（一）

（1）产品配方

低密度聚乙烯 LDPE	50	聚乙烯弹性体 POE	120
增黏树脂 EEA	20	填料 CaCO$_3$	10

（2）制备方法

将各种原材料在高速混合机中，完成物料混合，转速为 400r/min，一般混合时间为 10～30min；将原料挤出造粒得到改性粒料；采用注塑成型得到制品。

（3）产品性能

采用聚烯烃弹性体材料取代聚氯乙烯材料已经是一种必然趋势，随着成本和加工工艺问题的解决，聚烯烃弹性体材料必将在医用药物的封装领域得到大规模使用。聚烯烃弹性体医用盖帽是由聚乙烯、聚乙烯弹性体、苯乙烯类热塑性弹性体、填料等无毒、无味物质经过熔融共混加工而成的，可生产硬度为邵氏 A60-95 的弹性体，产品无毒、无味，可达到医用级别的要求。因此，该盖帽材料无毒、安全卫生，不会对医用药物产生任何影响。

4.2.3.3　聚烯烃透析引流袋盖帽材料（二）

（1）产品配方

高密度聚乙烯 HDPE	50	苯乙烯类热塑性弹性体 SBS	70
苯乙烯类热塑性弹性体 SIS	70		

（2）制备方法

将上述原料中的 HDPE、SIS 和 SBS 高速搅拌，得到均匀的混合物；混合物在 160℃的开炼机上开炼 10min 后，得到可热塑性加工的聚烯烃弹性体医用盖帽材料。

（3）产品性能

该产品的力学性能优异，无毒，安全、卫生，不会对常见药物产生影响。

4.2.3.4　聚烯烃透析引流袋盖帽材料（三）

（1）产品配方

茂金属聚乙烯 mPE	60	苯乙烯类热塑性弹性体 SBS	50
苯乙烯类热塑性弹性体 SEBS	90	填料 CaCO₃	10

（2）制备方法

将上述原料中的 mPE、SEBS、SBS 和 $CaCO_3$ 高速搅拌，得到均匀的混合物；混合物在 160～200℃的双螺杆挤出机上挤出、造粒，得到粒状的可热塑性加工的聚烯烃弹性体医用盖帽材料，可用于注塑成型加工。

（3）产品性能

该产品的力学性能优异，无毒，安全、卫生，不会对常见药物产生影响。

4.2.4　医用注射器

我国的医用高分子材料制品发展起步较晚，20 世纪 70 年代才开发出一次性输液器、注射器和塑料血袋等产品，目前一次性注射器基材普遍采用聚丙烯等材料。这类注射器废弃后不能自行降解，会污染环境，危害人们的身体健康。通常的集中焚烧销毁法，不但不能实现资源循环再利用，而且会加重环境污染。受利益驱使，废弃的注射器被不法分子非法再利用，会产生交叉感染等医疗隐患。所以，开发可完全生物降解的一次性医疗注射器械刻不容缓。

4.2.4.1　PP 注射器

（1）产品配方

聚丙烯树脂	85	聚甘油脂肪酸酯	4
聚四氟乙烯树脂	12	海藻酸钠	3
聚碳酸酯	7	聚乙烯醇	2

（2）制备方法

首先，将各种原材料在高速混合机中，完成物料混合，转速为 400r/min，一般混合时间为 10～30min；其次，将混合料投入挤出机中造粒，得到粒状的可热塑性加工的复合材料；然后，可采用注塑成型的方法加工成型。

（3）产品性能

该产品的材料是聚丙烯，其为成本低、综合性能较好的透明高分子材料；该产品力学性能优异，无毒，安全、卫生，不会对常见药物产生影响。

4.2.4.2　PVC 注射器

（1）产品配方

PVC	50	CPE	8
CPVC	30	增塑剂	2

有机蒙脱土	2	稳定剂	5
抗氧剂	0.2	ACR	5
润滑剂	0.5		

（2）制备方法

首先，将各种原材料在高速混合机中，完成物料混合，转速为400r/min，一般混合时间为10~30min；再次，将原料挤出造粒得到改性粒料；最后，可采用注塑成型的方法加工成型。

（3）产品性能

该产品以聚氯乙烯为原材料，具有较好的韧性、透明性，无毒，安全、卫生，不会对常见药物产生影响。

4.2.4.3　PLA注射器

（1）产品配方

聚乳酸	100	抗氧剂	0.5
SEBS	10	二氧化铈	1

（2）制备方法

该产品以聚乳酸（PLA）为主要原料进行生产，具有较好的加工性能，能适用于传统的挤出、注塑、吹塑等加工方法。当使用高速搅拌器时，共混5min，将混合物料加入双螺杆挤出造粒机中造粒、冷却、切粒，得到PLA注射器原料。

（3）产品性能

该产品具有优良的生物相容性、生物可降解性。该产品配方在杀菌方面有很大的改进空间，稀土元素具有良好的抗菌性和防霉性，稀土元素的加入可以使该复合材料具有优异的抗菌效果。

4.2.4.4　注射器针管材料

（1）产品配方

PVC	50	二氧化硅	0.2
DINCH	30	氧化铝	0.2
苯甲基硅油	2	热稳定剂	3
氧化镁	2	MBS	5

（2）制备方法

将上述原料在高速混合机中高速搅拌，得到均匀的混合物；混合物在双螺杆挤出机上挤出、造粒，得到粒状的可热塑性加工的复合材料，可用于注塑成型加工。

（3）产品性能

该产品以聚氯乙烯为原材料，具有较好的韧性、透明性，无毒，安全、卫生，不会对常见药物产生影响。

4.2.4.5　注射器外套用材料

（1）产品配方

PP	80	乙酰柠檬酸三正丁酯	2
DMDBS	5	POE	2

| 抗氧剂(168) | 0.2 | 纳米 Ag-TiO$_2$ | 0.2 |
| 硬脂酸 | 0.5 | | |

（2）制备方法

将上述原料在高速混合机中高速搅拌，混合时间大约为 10～20min，得到均匀的混合物；混合物在双螺杆挤出机上挤出、造粒，得到粒状的可热塑性加工的复合材料，可用于注塑成型加工。

（3）产品性能

该产品的力学性能优异，低温韧性好，无毒，安全、卫生，不会对常见药物产生影响。

4.2.4.6　注射器用活塞材料

（1）产品配方

聚异戊二烯橡胶	50～100	润滑剂	0.2～0.7
煅烧高岭土	30～60	炉法半补强炭黑	0.5～1
氧化镁	2～4	PE 蜡	0.2～0.5
氧化锌	2～8		

（2）制备方法

将上述各种原料在密炼机中进行混炼，得到均匀的混合物；根据硫化曲线上的硫化时间，经过硫化过程，得到活塞材料。

（3）产品性能

该产品综合性能优异，密封性好，无毒，安全、卫生，不会对常见药物产生影响。

4.2.4.7　TPE 注射器活塞材料

（1）产品配方

PP	15～25	硅酮母粒	1～6
SEBS	50～73	抗菌剂	0.3～0.7
氢化石油树脂	4～10	补强剂	8～12
白油	60～100	硅烷偶联剂	1～3

（2）制备方法

将上述各种原料在高速混合机中高速搅拌，混合时间大约为 10～20min，得到均匀的混合物；混合物在双螺杆挤出机上挤出、造粒，得到粒状的可热塑性加工的复合材料，可用于注塑成型加工。

（3）产品性能

该产品主要用于活塞材料，可用于活塞与针筒的内壁滑动密封。在推杆拉动过程中，要尽量避免针筒内的液体或气体漏出。现在市场上以 TPE 制得的活塞在使用过程中，活塞的侧面与针筒的内壁滑动密封，在拉动过程中活塞的侧面受到挤压、拉伸和扭转力，其表面易发生断裂并在断裂面产生细小的碎料细末，污染针筒内的液体，影响针筒内液体或气体的使用。上述注射器活塞使用 TPE 后，整体韧性高，减少断裂后断裂面产生的碎料细末。

4.2.5 其他体外医疗塑料

4.2.5.1 医用高强度高韧性可吸收材料

（1）产品配方

聚乳酸	100	壳聚糖	6～12
纳米 β-Ca$_3$(PO$_4$)$_2$	10～15	纳米银线	2.5～4.0

（2）制备方法

将上述原料在高速混合机中高速搅拌，混合时间大约为 10～20min，然后经过热模压，在温度为 75～250℃、压力为 2～10MPa 条件下，制成产品。

（3）产品性能

该复合生物材料强度高、韧性好，抗菌、生物相容性俱佳，具有骨诱导和骨传导活性等特点，可制成各种骨科固定器械。

4.2.5.2 一次性扩阴器医用材料

（1）产品配方

氨基酸改性聚乳酸和聚羟基丁酸戊酯混合物	80	润滑剂	5
		L-苏氨酸	0.5
聚己内酯	12	丝氨酸	1
聚己二酸丁二醇酯	2	丝素蛋白纤维	2
苯乙烯-*co*-乙烯-*co*-丁烯-*co*-苯乙烯嵌段共聚物	2	纳米抗菌粒子	0.3
		硬脂酸钛	0.5

（2）制备方法

将上述原料高速搅拌，得到均匀的混合物；然后混合物在双螺杆挤出机上挤出、造粒，得到粒状的可热塑性加工的复合材料；采用注塑成型，成型温度为 160～175℃，转速为 180r/min，注塑时间为 4～10s，得到相应的一次性扩阴器的上扩片和下扩片，然后可将它们组装成环保型可降解一次性扩阴器。

（3）产品性能

该产品选用氨基酸改性聚乳酸和聚羟基丁酸戊酯混合物为原材料，具有生物降解性能好和力学强度高的优点，且具有高抗菌性能。

4.2.5.3 3D打印医用面罩

（1）产品配方

聚乳酸	60	增韧剂	5
聚苯乙烯	40	分散剂	3

（2）制备方法

制备方法如下。①按配方将聚乳酸、聚苯乙烯和分散剂加入混合机中，充分混合后烘干，熔融共混均匀，得到混合物。②将步骤①所得混合物与增韧剂、促进剂加入研磨机中，经研磨分散混合处理后出料得到新的混合物。③将步骤②所得新的混合物用双螺杆挤出机混合挤出造粒。

（3）产品性能

该3D打印医用树脂具有优异的形状记忆性能、高强度和高韧性。此外，使用可生物降解的树脂，在废弃该树脂时，能够降低环境负荷。

4.2.5.4　医用体外固定材料

（1）产品配方

PLA	80	硅烷偶联剂	2
TPU	20	软化剂	8
无机填料	10		

（2）制备方法

该产品的制备主要包括以下步骤。①按质量份称取聚乳酸、聚氨酯弹性体、无机填料、硅烷偶联剂、软化剂，将上述组分混合均匀得到混合料。②将步骤①中得到的混合料在50～90℃下塑炼10～30min，得到塑炼料。③将步骤②中得到的塑炼料在双螺杆挤出机中完成混合造粒，然后将造好的粒子在沸腾床内干燥，获得专用料。

（3）产品性能

该产品是一种医用体外固定材料，与聚己酸内酯为主要原料的固定材料相比，具有价格便宜、市场供应丰富、成本低等特点，可广泛推广使用；同时，该产品以聚乳酸为主要原料，具有可完全生物降解的特点，不会对环境造成污染。

4.3　体内医用塑料制品

体内医用塑料制品是指可以植入人体，直接与生物体发生接触，在生命活动中起到一定作用的高分子材料。康奈尔大学研究出了一种能够代替心脏的高分子材料，我国研究人员也制备出了髋关节。现在人体器官高分子材料越来越受到研究人员的重视，尤其是在人口老龄化加速、器官紧缺的情况下，研究此类课题的意义重大。

4.3.1　人工器官

高分子材料作为人工脏器、人工血管、人工骨骼、人工关节等医用材料，正在得到越来越广泛的应用。到目前为止，除了大脑和胃之外，几乎所有人体器官都在研制代用的人工器官。

人工器官种类繁多，形状各异，因而其加工成型的方法也是多种多样的。近年来，各类人工器官加工成型的方法经历了多次改进，人们积累了丰富经验，为能制成满足使用性能要求的制品，已开发了许多新的加工成型方法。此外，针对不同器官，曾采用模压、浸渍、浇铸、涂敷、流延、包埋、熔融纺丝和编织等方法。有时还需要进行后处理，如坯料车削、薄膜的双向或多向拉伸及表面处理等。

目前比较成功的有人工血管、人工食道、人工尿道、人工心脏瓣膜、人工关节、人工骨骼、整形材料；已取得重大研究成果，但还需不断完善的有人工肾、人工心脏、人工肺、人工胰脏、人工眼球、人造血液等；而一些功能复杂的器官，如大脑、肝脏、胃等还没有代用品。以下简要介绍一下几个体内医用材料的配方。

4.3.1.1 弹性假体材料

（1）产品配方

固态硅橡胶颗粒	80	均苯三酚三缩水甘油醚环氧树脂	30
PMMA	50	二甲基亚砜	15
聚三亚甲基碳酸酯	40	三乙烯四胺	10
邻苯二甲酸二异壬酯	25	对甲苯磺酰肼	10

（2）制备方法

该产品的制备过程包括：原料经过配制、混合、密炼等工序，得到均匀的原料混合物；然后，经过模压等工序制成假体材料。

（3）产品性能

该假体材料通常是指一种替代人体某个肢体、器官或组织的医疗器械。根据假体的用途，可分为体外修复体和植入性修复体，前者如假肢、假牙、玻璃眼球等；后者是全部植入人体内部，替换了器官或组织的修复体，如人工肌腱、人工心瓣膜、人工关节等。硅橡胶属线型有机硅氧烷类聚合物，因其对生理液体不发生作用，不会引起过敏反应，被认为是理想的高分子材料，广泛应用于医疗领域。在上面配方中，硅橡胶作为充填材料可用于整形领域，提供一种弹性假体材料。

4.3.1.2 具有抗菌止血功能的防粘连膜

（1）产品配方

聚羟基丁酸酯	48	茶多酚	11
聚乳酸	35	木薯淀粉	30
三黄粉	13	甘草酸二钾	11
芦荟素	8	天冬氨酸	5
羟甲基纤维素钠	10	克林霉素	6
牡丹皮粉	7	乙酸乙酯溶液	5
金银花粉	18	对甲苯磺酰肼	10
佩兰粉	8		

（2）制备方法

该产品的制备过程如下。①按质量份称取各原料，将原料加入烧杯中，在含去离子水的超声波中超声振荡处理2~5h，更换去离子水，如此往复3次，得到混合组分A。②将混合组分A升温至80~100℃，同时搅拌1~4h，然后静置24~30h，得到混合组分

B。③将混合组分 B 用流延法倒入模具中，使膜液自然流平，然后将模具水平放置于干燥箱中恒温干燥 8～12h。④将模具取出，冷却，室温下放置 8～12h，揭膜，所得即为防粘连膜成品。

（3）产品性能

该防粘连膜具有良好的生物相容性，而且还具有止血、促进愈合、抗炎的功能，对组织无刺激性，对人体无毒、无害，可以在医疗领域中广泛应用。

4.3.1.3 耐冲击假体材料配方

（1）产品配方

环氧树脂	34	羧甲基纤维素	1
聚丙烯酰胺	21	聚乙烯吡咯烷酮	2
二乙烯三胺	8	酒石酸	8
二巯基乙酸乙二醇酯	2	四甲基氢氧化铵	6
对羟基苯甲酸甲酯	9		

（2）制备方法

该产品是以环氧树脂、聚丙烯酰胺为主要原材料制备的耐冲击假体材料，制备过程包括：原料经过配制、混合、模压成型后可得到制品。

（3）产品性能

该产品可作为体外修复体来使用。在临床使用过程中，要考虑因外部的冲击作用，而产生的变形，降低使用寿命。该产品的优点是具有优异的抗冲击性能，无毒，可在医疗领域中广泛使用。

4.3.1.4 全髋股骨头假体材料

（1）产品配方

聚醚醚酮	80	碳纤维	20

（2）制备方法

该产品是以聚醚醚酮为主要原材料制备的假体材料，制备过程包括：原料经过配制、混合过程，在高速混合机上，高速混合搅拌，混合时间大约为 10～20min；最后，采用模压成型或注塑成型得到制品。

（3）产品性能

该产品的优点是生物相容性、耐磨损性等综合性能相对优异。晚期髋关节疾病最有效的治疗方法是全髋关节置换术，其主要目的是解除髋股骨头疼痛、保持关节稳定、改善关节功能、调整双下肢长度。目前已商业化并在临床大量使用的仅局限于不锈钢（铁基合金）、钴基合金和钛基合金这三类金属材料制成的全髋股骨头假体。其中，钴基合金强度高、耐磨损性能好，生物相容性优良，是目前应用最广泛的一类合金。从人工关节成形术（THA）产生至今，人工关节假体松动一直是长期困扰人工关节外科领域的难题，也是导致 THA 失败的重要原因之一。

4.3.2 其他体内高分子材料

4.3.2.1 医用手术缝合线

（1）产品配方

5-海因乙酸改性多聚赖氨酸	30	γ-环糊精	10
聚乙二醇羟基酸改性聚乳酸	20	羟丁基甲基纤维素	5
基于海藻酸钠聚己内酯类共聚物	55		

（2）制备方法

该产品的制备过程主要如下：按照质量配比将原料加入高速混合机中，在转速为 70r/min 下混合 20min，得到混合料；然后将混合料送入双螺杆挤出机中经造粒、冷却、干燥、切割后得到母粒；然后将母粒进行熔融抽丝成直径为 0.02mm 的丝线；再将丝线放入医用乙醇中消毒 2h，最后真空干燥即得医用手术缝合线。

（3）产品性能

该手术缝合线制备方法简单易行，原料易得，价格低廉，具有吸收完全、抗拉强度高、生物相容性好等特点，能促进细胞生长，同时具备抗菌消炎、止血的功效。

4.3.2.2 抗菌消炎缝合线

（1）产品配方

聚乳酸	15~18	葡萄糖	2~2.5
穿心莲	5~7	维生素 E	1~2
黄花地丁	3~5	纳米纤维素	5~8
没药	3~5	聚四氟乙烯	0.5~0.7
郁金	4~6	山梨醇	1~1.5
血竭	4~6	蜂胶	2~4
蚕丝蛋白	15~20	透明质酸钠	4~6
甘油	2~3		

（2）制备方法

该产品制备过程主要如下。①取穿心莲 5~7 份、黄花地丁 3~5 份、没药 3~5 份、郁金 4~6 份和血竭 4~6 份清洗风干，然后将其放入研磨机内，分别进行粉碎研末，备用。②将步骤①研末后的穿心莲、黄花地丁、没药和郁金颗粒共同放入超声波提取机内，调整超声波频率为 80kHz，制得中药提取液，备用。③取蚕丝蛋白 15~20 份和步骤②制得的中药提取液进行混合，并置于搅拌机内，然后加入葡萄糖 2~2.5 份、维生素 E 1~2 份、纳米纤维素 5~8 份、聚四氟乙烯 0.5~0.7 份、山梨醇 1~1.5 份、蜂胶 2~4 份和透明质酸钠 4~6 份，以 280~320r/min 的速度搅拌 10~13min，再加入甘油 2~3 份继续搅拌 2~3min，制得混合物，备用。④取聚乳酸 15~18 份置于真空烤箱内，在 60~65℃ 的条件下干燥 30~32h，然后将其取出，并与步骤①制得的血竭粉末以及步骤③制得的混合物进行混合，经过双螺杆机挤出，得到纺丝液，备用。⑤将步骤④得到的纺丝液放入熔融纺丝机内进行纺丝，得到初生纤维，然后将初生纤维放在热板上进行拉伸，制成成品纤维，低温干燥，备用。
⑥将步骤⑤得到的成品纤维利用加捻机捻制成缝合线，然后将其浸入医用乙醇中 15～20min，进行灭菌，最后进行真空干燥包装，即得抗菌消炎缝合线。

（3）产品性能

该缝合线具有良好的生物相容性和生物可降解性，使用方便，避免拆线给患者带来的痛苦，且能够起到抗菌、消炎和止痛的作用，使得伤口愈合快。其具有良好的临床应用价值，值得推广和使用。

4.3.2.3　抗感染医用可吸收缝合线

（1）产品配方

聚乳酸	70	白鲜皮粉	5
角鲨烷	5	柠檬皮果胶	3
海松酸	3	海藻酸钠	12
山梨醇酯	5	甲硝唑	3
玉米淀粉	20	血竭粉	10
卵磷脂	5	磷酸三钙	5
三黄粉	3		

（2）制备方法

该产品制备过程主要如下：按质量份称取各原料，将原料加入反应釜中，于室温下超声 1～6h，然后加热至 50～90℃，搅拌 1～3h，得到共混物；共混物经挤出、水冷、风干、切粒，得到母粒；母粒加热至 120～150℃，通过喷丝板喷丝，制成初生纤维，再经过拉伸定型，得到成品纤维，经灭菌包装，即得抗感染医用可吸收缝合线。

（3）产品性能

该抗感染医用可吸收缝合线，具有良好的血液相容性和组织相容性，力学性能高；还能有效防止伤口感染，能被降解吸收且降解产物对人体安全，无毒、无刺激。

4.3.2.4　具有镇痛抗菌功能的医用可吸收缝合线

（1）产品配方

聚己内酯	80	氮酮	5
黄芪胶	20	甘薯淀粉	20
明胶	15	纳米氧化锌	10
纤维素	12	金盏花油	6
甘油	10	甘草酸二钾	6
维生素	3	紫草粉	8
十二烷基硫酸钠	5	茶多酚	5

（2）制备方法

首先，按质量份称取各原料，将原料加入反应釜中，于室温下超声 1～6h；然后加热至 50～90℃，搅拌，得到共混物；共混物经挤出、水冷、风干、切粒，得到母粒。随后母粒加热至 120~150℃，通过喷丝板喷丝，制成初生纤维，再经过拉伸定型，得到成品纤维，经灭菌包装，即得具有镇痛抗菌功能的医用可吸收缝合线。

（3）产品性能

该医用可吸收缝合线，具有良好的镇痛抗菌功效，血液相容性和组织相容性好，无炎症反应。其在人体内无排异性和不良反应，使用方便，能降解吸收且降解产物对人体安全，无毒、无刺激。

4.4 其他医用塑料

4.4.1 抗菌塑料概况

抗菌塑料中很多塑料制品的表面会滋生致病细菌，与人接触后可能导致如感冒、咽炎、流行性脑膜炎、肝炎、红眼病、皮肤病、肺结核等疾病的传播。为此，要求对家电、化学建材、通信产品、食品包装、厨房用具、办公用品、儿童玩具等塑料制品进行抗菌改性处理。

塑料抗菌改性处理时应在树脂中加入抗菌剂，待其逸出塑料表面后，可将塑料表面的细菌在一定时间内杀死或抑制其繁殖，保持自身清洁状态。

塑料抗菌剂是一类新型塑料添加剂，它可杀死微生物或抑制微生物的繁殖。在树脂中加入少量，即可赋予塑料制品以长期的抗菌和杀菌能力。

4.4.2 塑料抗菌配方实例

4.4.2.1 抗菌保鲜 PVC 膜

（1）产品配方

PVC	100	磷酸锆钠银抗菌剂	0.43
己二酸二异壬酯	28	消泡剂	0.3
双(2-乙己基)己二酸	4	稳定剂	1
环氧大豆油	10		

（2）制备方法

首先，将各种原料在高速混合机中高速混合搅拌，混合时间大约为 10~20min；然后，在挤出机上挤出造粒；最后，可以采用挤出吹塑或者压延得到产品。

（3）产品性能

该产品制备简单，成本低廉，综合性能优异，具有良好的抗菌性能。

4.4.2.2 低密度聚乙烯抗菌塑料

（1）产品配方

低密度聚乙烯	100	异噻唑啉酮	5

壳聚糖	2	分散剂	3
苯扎氯铵	2	抗氧剂	0.5
氧化磷	3	相容剂	5
二氧化钛	0.5	玻璃纤维	25
增塑剂	4		

（2）制备方法

首先，将各种原料在高速混合机中高速混合搅拌，混合时间大约为10～20min；然后，在挤出机上挤出造粒；最后，可以采用挤出、注塑或者压延等工艺得到产品。

（3）产品性能

该抗菌塑料作为近年发展起来的一种具有特殊功能的新型材料，可应用于医疗卫生用具以及家电制品、日用品等对卫生条件高的塑料包装材料等领域。该产品在具有优异的力学性能、热性能和电性能的基础上，还具有优良的抗菌抑菌性能。

4.4.2.3 高导热医用外固定材料

（1）产品配方

聚己内酯	100	纳米银负载的石墨烯微片	2
聚环氧乙烷	20	交联剂	0.5
甘油	5	光分解促进剂	0.1

（2）制备方法

该产品的制备主要包括以下步骤。①按质量份称取聚己内酯、聚环氧乙烷、甘油、纳米银负载的石墨烯微片、交联剂、光分解促进剂，经搅拌混合均匀，搅拌速度为100～150r/min，制得预混物A。②按质量份称取硅橡胶、纳米银负载的石墨烯微片、光分解促进剂和交联剂，经搅拌混合均匀，搅拌速度为100～150r/min，制得预混物B。③将预混物A和预混物B同时投入多层共挤塑料片材机中，在挤出温度为180～200℃的条件下，控制聚己内酯层主机转速为100～150r/min；同时，控制硅胶层主机转速为150～200r/min，进行多层共挤复合成双层板材，然后将双层板材置于含有紫外光灯的密闭室温环境中，经紫外光照射交联，得到板材，并进行分切以及冲孔，制得高导热医用外固定多层材料。

（3）产品性能

该产品为高导热医用外固定多层材料，具有重量轻、舒适、环保、价格便宜等优点。

4.4.2.4 具有远红外辐射功能的医用材料

（1）产品配方

聚己内酯（PCL）	80	扩散剂	5
远红外陶瓷粉	10		

（2）制备方法

首先，将聚己内酯、远红外陶瓷粉、扩散剂等均匀混合造粒，造粒温度为100～160℃；然后用常规挤出法、注塑法等制造具有一定厚度的医用材料。

（3）产品性能

该材料作为医用可修复材料使用时，不仅具有低温热塑性，还具有人体可吸收的远红外辐射，能促进康复的效果。该材料可加速骨折的愈合作用，可产生升温效应，使局部血流状态改善，血流速度加快，减轻血瘀滞现象，使肿胀减轻或消退，缓解疼痛。

4.4.2.5 医用 3D 打印塑料

（1）产品配方

聚己内酯	100	填充剂	10
稳定剂	3	淀粉	10
润滑剂	5	增韧剂	10

（2）制备方法

先将聚己内酯置于 50℃真空烘箱内干燥 24h。将超细碳酸钙、乙基纤维素、硬脂酸钠混合成均匀粉末后与环氧大豆油、聚己内酯再次混合均匀，从主喂料口加入双螺杆挤出机进行挤出加工。双螺杆挤出机主要加工温度为 160℃，主机转速为 200r/min，主喂料转速为 15r/min，切粒，低温干燥后收集可得医用 3D 打印塑料。

（3）产品性能

该产品选用熔点低、生物相容性好的聚己内酯材料作为塑料基体，降低了 3D 打印的能耗；添加填充剂、淀粉等对人体无害的助剂可增加其力学性能，满足对 3D 打印材料的要求。该产品性能见表 4-3。该产品生产工艺过程简单，通用性强，加工性好，可连续规模化生产。

表4-3 医用 3D 打印塑料性能

性能	拉伸强度/MPa	弹性模量/MPa	拉伸应变/%	冲击强度/(kJ/m²)
样品	24～38	200～270	1000～1200	8～16

4.4.2.6 抗菌透气塑料母粒

（1）产品配方

茂金属线型低密度聚乙烯	20	硅酸盐载银无机抗菌剂	0.2
低密度聚乙烯	70	甘油三肉豆蔻酸酯	0.5
等规聚丙烯	5	硬脂酸	0.5
二甲基硅氧烷和二苯基硅氧烷的嵌段		油酸酰胺	0.5
共聚物	5	抗氧剂	0.5
无机微粒粉体	40	液体石蜡	1
纳米级竹香炭微粉	2	硬脂酸单甘油酯	1
聚邻苯二甲酰胺	0.2		

（2）制备方法

该产品的制备主要包括以下步骤。①将无机微粒粉体、纳米级竹香炭微粉置于混合机中，加入硬脂酸单甘油酯，常温搅拌 20min，界面改性后成为原料 A。②按质量份称取茂金属线型低密度聚乙烯、低密度聚乙烯和等规聚丙烯置于搅拌机中搅拌均匀后送入高速捏合机中，然后依次加入二甲基硅氧烷和二苯基硅氧烷的嵌段共聚物、甘油三肉豆蔻酸酯、硬脂酸、原料 A、聚邻苯二甲酰胺、抗氧剂、液体石蜡，两次投料的间隔时间不小于 3min，捏合机温度不超过 90℃，于 100r/min 下搅拌 15min，制成膏状的原料 B。③将原料 B 转入破碎机冷却破碎，然后经排气式双螺杆造粒机造粒，过滤网的网孔为 240 目。双螺杆挤出造粒工艺中加料段温度为 80～95℃，中间塑化段温度控制在 100～120℃，均化段温度控制在 130～150℃，口模温度为 140～160℃，螺杆转速为 250r/min。

（3）产品性能

该塑料母粒具有优异的力学性能，同时集抗菌性和透气性为一体，不仅用料环保，而且制备的能耗低、成本低、单机产出量高。以其加工而成的塑料薄膜，在纸尿裤、卫生巾和医用手术服等领域具有极高的应用价值。

4.4.2.7　药用热塑性弹性体

（1）产品配方

溴化异丁烯-对甲基苯乙烯的共聚物	100	硫化剂	1
聚烯烃弹性体	20	促进剂	3
煅烧陶土	20	颜料	2

（2）制备方法

该产品的制备主要包括以下步骤。①将溴化异丁烯-对甲基苯乙烯的共聚物、聚烯烃弹性体、超高分子量聚乙烯微粉、聚四氟乙烯微粉、煅烧陶土和颜料混合均匀，在橡胶密炼机中混炼 5～15min。②混炼后加入硫化剂和促进剂，采用双螺杆挤出机进行动态硫化，得到药用热塑性弹性体。

（3）产品性能

该药用热塑性弹性体含有化学稳定性和润滑性都很好的超高分子量聚乙烯微粉和聚四氟乙烯微粉，适合注塑工艺成型。

参考文献

[1] 赵长生，孙树东主编 . 生物医用高分子材料 [M] . 第二版 . 北京：化学工业出版社，2016.

[2] 曾戎，屠美主编 . 生物医用仿生高分子材料 [M] . 广州：华南理工大学出版社，2010.

[3] 吕杰，程静，候晓蓓主编 . 生物医用材料导论 [M] . 上海：同济大学出版社，2016.

[4] 高长有，马列编著 . 医用高分子材料 [M] . 北京：化学工业出版社，2006.

[5] 李世普编著 . 生物医用材料导论 [M] . 武汉：武汉理工大学出版社，2000.

[6] 卢晓英，黄强，吴林美，等 . 医用聚烯烃材料的开发及应用进展 [J] . 高分子通报，2012（04）：25-29.

[7] 王奇 . 注拉吹医用输液瓶聚丙烯专用料的研制 [J] . 石油化工技术与经济，2010，26（04）：33-36.

[8] 钟乐，曾绮颖，肖乃玉，等 . 聚乙烯/壳聚糖-柠檬精油抗菌膜的制备及应用 [J] . 包装工程，2019，40（13）：58-66.

[9] 郭洋洋，唐晓宁，张彬，等 . 抗菌塑料的研究进展 [J] . 塑料工业，2018，46（08）：8-13.

[10] 刘艳霞，高长青，丁雪佳，等 . 纳米无机抗菌剂对聚丙烯性能的影响 [J] . 塑料，2018，47（04）：8-12.

[11] 李建，杨明，梅启林 . 抗菌抗静电型 PP/CB 复合材料的制备及性能研究 [J] . 化工新型材料，2017，45（03）：90-92.

[12] 陆漓，梁俊，黄忠辉，等 . 纳米载银沸石抗菌剂的制备及其在抗菌塑料的应用 [J] . 塑料助剂，2017（01）：27-30＋52.

[13] 方立贵 . 抗菌聚丙烯母粒的制备及表征 [J] . 安徽化工，2016，42（03）：22-23＋27.

[14] 李晓敏，史堡习 . PE/无机纳米抗菌包装材料的研究进展 [J] . 科技展望，2015，25（22）：65.

[15] 沈锋明，周琦，吴建东 . 家电用无机-有机复合抗菌聚丙烯专用料的研究 [J] . 石油化工技术与经济，2014，30（01）：42-45.

[16] 卢晓英，黄强，吴林美，等 . 医用聚烯烃材料的开发及应用进展 [J] . 高分子通报，2012（04）：25-29.

[17] 张乐，冒玉娟，吴萌，等 . 天然高分子生物材料在新型医用敷料中的应用研究 [J] . 产业与科技论坛，2018，17（23）：73-75.

[18] 王佳荷 . 浅析可降解生物医用高分子材料 [J] . 科技资讯，2018，16（28）：94-95.

[19] 王均 . 医用高分子载体材料 [J] . 科学观察，2018，13（04）：28-30.

5

阻燃塑料配方与应用实例

5.1 阻燃性能的概念和影响因素

5.1.1 高分子聚合物的燃烧机理

当高分子聚合物受热时，首先会因分解而产生多种挥发性可燃小分子。当空气中可燃物和氧气的浓度达到一定程度后，加之高分子聚合物在燃烧过程中向周围释放大量的热量，从而导致更大面积的燃烧。

聚合物燃烧在时间上可分为受热分解、点燃、燃烧传播及发展（燃烧加速）、充分及稳定燃烧、燃烧衰减等阶段；在空间上可分为表面加热区、凝聚相转换区（分解、交联、成炭）、气相可燃性产物燃烧区等不同区域。聚合物由于自身性能特点，在受热燃烧过程中还会发生玻璃化转变、软化、熔融、膨胀发泡、收缩等特殊热行为。

5.1.2 影响塑料燃烧的因素

影响塑料燃烧的因素很多，包括作为内因的聚合物燃烧特性和作为外因的燃烧环境条件。在燃烧环境条件相同的情况下，则主要取决于聚合物的燃烧特性，包括化学组成和结构、比热容、热导率、分解温度、燃烧热、闪点和自燃点、火焰温度、极限氧指数以及燃烧速度等。

（1）化学组成和结构

聚合物燃烧实质上为聚合物受热发生热分解产生的可燃性气体的燃烧，因此化学组成和结构不同的聚合物由于热分解产物中可燃性气体的含量不同而具有不同的燃烧特性。显然，热分解产物中可燃性气体含量越高的聚合物越容易燃烧。

（2）比热容

比热容就是1g物质温度升高（或降低）1℃所需吸收（或放出）的热量。在其他因素相同的情况下，比热容大的聚合物材料，在燃烧过程的加热阶段需要较大的热量，因此较难燃烧。

（3）热导率

热导率是一个表示物质热传导性能的物理量。在其他因素相同的情况下，热导率大的聚合物材料，在燃烧过程的加热阶段升温较慢，因此较难燃烧。

（4）分解温度

由于聚合物燃烧实质上为聚合物受热发生热分解产生的可燃性气体的燃烧，因此，一般来说，热分解温度较低的聚合物较易燃烧。

（5）燃烧热

燃烧热是维持燃烧和延燃的重要因素，大多数聚合物的燃烧是放热反应。

（6）闪点和自燃点

闪点是明火可以引燃的最低温度，而自燃点是不需明火引燃而自发燃烧的最低温度。

（7）火焰温度

与燃烧热一样，火焰温度是维持燃烧和延燃的重要因素。大多数聚合物的火焰温度比火柴和香烟高得多，约达 2000℃。

（8）极限氧指数

能够维持聚合物燃烧的混合气体中氧气的最小体积分数，称为聚合物的极限氧指数（LOI），简称氧指数（OI）。氧指数是衡量聚合物材料是否燃烧的重要指标。由于空气中氧气的体积分数为 20.9%，所以氧指数小于 21% 的聚合物，一般可在空气中被点燃。

（9）燃烧速度

燃烧速度影响火灾的发展蔓延。各种聚合物材料的燃烧速度不尽相同。因此，燃烧时的传播速度也有快慢。在实际火灾中，聚合物的燃烧速度会受外界气体的扰动和扩散及热的传导、对流和辐射等因素的影响。

5.1.3　阻燃剂作用机理

从燃烧三要素这个角度出发，即氧气、可燃物和一定的温度，这三者中切断任意一条燃烧便不能进行。因此，阻燃剂在燃烧过程中必须能抑制其中至少一个因素。不同的阻燃剂其作用机理不尽相同，但主要为以下几个过程。

（1）吸热降温

阻燃剂在分解过程中多表现为吸热反应，减少热量的散发，降低火焰温度使其不能达到着火点，从而延缓聚合物的持续降解而实现阻燃。

（2）自由基捕捉

聚合物受热裂解成大量自由基，造成持续不断的燃烧。阻燃剂的分解产物可与自由基反应，降低可燃物含量，实现阻燃。

（3）隔绝氧气

阻燃剂涂覆于聚合物表层或者加入聚合物中，会使聚合物表层存在致密涂层或者在燃烧过程中形成致密炭层，将氧气与聚合物隔绝，实现阻燃。

（4）稀释气体

阻燃剂受热分解，生成不可燃气体，对聚合物本身所降解而成的小分子可燃物有一定的稀释作用；同时，也降低了氧气的含量，达到阻燃目的。

5.1.4　阻燃剂选用原则

在通常情况下，阻燃剂的选择是建立在已有研究及经验上的。常见的阻燃剂中基本会含有 P、N、卤素等元素中的一种或几种；其他有效阻燃元素还有 Si、Zn、Mo、Sn 等元素。阻燃剂的选取应满足下列原则：

① 阻燃剂的热分解产物应无毒、安全、环保，对生命安全，不具有威胁。

② 阻燃剂的热分解温度应与被阻燃聚合物的分解温度热力学匹配，确保阻燃剂在聚合物分解前发挥阻燃作用。阻燃剂的分解温度应高于聚合物的加工成型温度，避免阻燃剂提前发挥作用的现象发生。

③ 选取适用于基体的阻燃剂种类和适宜的添加量。阻燃剂添加量不足，满足不了阻燃要求；阻燃剂添加量太多，对复合材料的力学性能影响太大。阻燃剂的效果与被阻燃聚合物的化学结构有关系，任何阻燃剂都不是适用于所有聚合物材料。

④ 选取的阻燃剂应该与聚合物间具有一定的相容性，对聚合物力学性能、耐紫外线、耐腐蚀性等的影响应尽可能小。

5.1.5 聚合物阻燃技术

对聚合物进行阻燃改性，往往是向其中加入阻燃剂，然而添加阻燃剂的方法有许多种，如外加阻燃剂阻燃、纳米复合阻燃、表面改性阻燃、高分子合金化阻燃、化学反应阻燃。其中，应用最广的技术手段包括共混改性和接枝交联，即采用添加型阻燃剂和反应型阻燃剂。

共混改性是指在材料共混时加入阻燃剂。这种方法对材料本身的工艺参数影响较小，因此在日常生产中最为常见，但缺点是会因为混合不均匀导致分散性过差。接枝交联则是在聚合物合成时加入阻燃剂。这种方法操作起来较为复杂且成本较高，但得到的产物阻燃性能更为持久，效果更好。按阻燃剂阻燃作用的机理分类，可以将阻燃剂分为反应型阻燃剂和添加型阻燃剂；按阻燃剂的化学组成分类，可以将阻燃剂分为有机阻燃剂和无机阻燃剂。有机阻燃剂是以某种元素为阻燃关键元素，可将阻燃剂细分为溴系、氯系、磷系或磷氮系阻燃剂。随着纳米科学技术的快速发展，纳米阻燃技术也得到长足发展并取得可喜进步。目前，纳米阻燃技术已成为阻燃材料研究领域的重要方向。纳米阻燃剂作为一种新型的高分子阻燃体系，其以极少的填充量就能使复合材料的性能得到明显提高。分散纳米粒子按照纳米尺寸维数可以分为 3 类。①当纳米粒子三维尺度均为纳米尺寸时，称为同尺寸纳米粒子，即零维纳米材料，如球形二氧化硅、二氧化钛，笼形倍半硅氧烷（POSS）、富勒烯（C_{60}）等。②当纳米粒子二维尺度为纳米尺寸时，此时为纵长结构，称为一维纳米材料，如碳纳米管及各种晶须。③当纳米粒子只有一维尺度为纳米尺寸时，此时是以一到几纳米厚、几百到几千纳米长的片状形式存在，称为层状晶体纳米粒子，也称为二维纳米材料，如蒙脱土（MMT）、石墨烯、滑石、锂蒙脱石、氧化石墨、层状双金属氢氧化物（LDH）等。其中，在纳米阻燃体系的研究中，碳纳米管（CNT）、富勒烯（C_{60}）、纳米炭黑（NCB）等纳米碳材料在改善聚合物的成炭质量，提高聚合物的热稳定性、力学等性能方面有着不凡表现。特别是随着明石墨烯的出现，更在全球范围内掀起了新一轮纳米碳材料研究的高潮。

5.2 阻燃塑料配方设计

5.2.1 改性 SLDH 阻燃抑烟聚丙烯材料

（1）产品配方

PP	75	季戊四醇（PFR）	6
聚磷酸铵（APP）	18	SLDH	1

（2）制备方法

① SLDH本体的制备　将4mmol Zn(NO$_3$)$_2$·6H$_2$O（11.90g）、1.75mmol Al(NO$_3$)$_3$·9H$_2$O（6.57g），0.25mmol Ce(NO$_3$)$_3$·6H$_2$O（1.09g）溶于100mL蒸馏水中，将此盐溶液于40℃下缓慢滴加在含有2mmol SDBS（6.98g）的溶液中。滴加完后，用0.7mol/L NaOH溶液调节至pH＝7，并在此温度下继续搅拌30min，随后升温至75℃下机械搅拌18h，待其自然冷却后所得沉淀经过滤，水和乙醇分别洗两次至pH值恒定为7，所得产物在60℃下烘干。

② IFR/SLDH/PP阻燃材料的制备　在180℃、转速为20r/min的条件下将PP在密炼机中密炼，待PP完全熔融后，按一定量依次加入APP、PFR和SLDH，继续密炼15min。

（3）产品性能

对PP及PP复合材料进行LOI、UL-94和CC测试，根据LOI和UL-94测试结果，SLDH的加入有利于PP阻燃性能的提高。纯PP的LOI仅17%，不能通过UL-94测试，但是加入IFR（膨胀型阻燃剂）后升高至26.3%，UL-94测试达到V-1级；再次将1%的IFR替换为1%的SLDH后，LOI升高至31%，UL-94测试达到V-0级。因此，SLDH与IFR之间有很好的协同阻燃抑烟作用，而这种协同作用只有在适当比例下才会存在。

5.2.2　PC/ABS-HRP/SAN阻燃合金

（1）产品配方

PC	70	PTFE	0.4
TPP	20	ABS高胶粉（ABS-HRP）	27
SAN	3	MBS	2

（2）制备方法

将PC与ABS、SAN分别在110℃和85℃下于鼓风干燥箱中干燥4h，干燥后的原料按一定比例加入密炼机中，在215℃、60r/min条件下熔融共混8min。

（3）产品性能

PC/ABS-HRP/SAN合金是一种阻燃材料，LOI仅为2.9%。当基体中加入10份TPP后，LOI提高至26.8%，UL-94等级达到V-1级；而当TPP量增至20份时，LOI为27.6%，较纯样提高了3.7%，UL-94等级达到V-0级。

5.2.3　ABS/PPTA/EG/APP阻燃材料

（1）产品配方

ABS	75	PPTA	3.75
EG/APP（3:1）	11.25	CaCO$_3$/SiO$_2$（1:1）	10

（2）制备方法

将芳纶剪碎成1～2cm长的短纤维，用丙酮进行超声清洗，然后依次用无水乙醇和去离子水清洗，放入烘箱中干燥，干燥后用10%的氢氧化钠溶液在水浴锅中搅拌进行水解处理，之后用去离子水清洗至中性，烘干；然后对其进行开捻，使短纤维蓬松分散，以增加其中ABS复合材料的分散性。ABS、PPTA短纤维、EG、APP等助剂在80℃鼓风干燥箱中干燥12h，然后按确定的比例称量，混合均匀后，将混合物加入预热好的混炼机中混炼。确定混炼温度为160℃，转速为80r/min，混炼时间为40min。将混炼后得到的复合材料置于平板硫化机模具中，在145℃和5MPa的温度与压力条件下热压成型，热压时间为20min。

（3）产品性能

当PPTA在复合材料中的添加量为5％时，ABS/PPTA/EG/APP复合材料的力学性能达到一个小峰值，其拉伸强度、弯曲强度和冲击强度分别达到36.7MPa、62.1MPa和39.8kJ/m^2，相对于ABS/EG/APP复合材料来说分别提高了38.5％、38.7％和64.9％。复合材料中PPTA含量大于7.5％时，复合材料的力学性能增加幅度较大；而当PPTA含量小于7.5％时，复合材料的综合力学性能在其为5％时达到最佳。

5.2.4 阻燃剂SR201A/溴-锑系阻燃母粒M制备阻燃聚丙烯

（1）产品配方

PP	75	助剂	5
SR201A∶M=3∶1	20		

（2）制备方法

将所有原料预先干燥除去水分后，将聚丙烯、阻燃剂SR201A、溴-锑系阻燃母粒和加工助剂按一定配比在高速搅拌机中混合均匀，然后用双螺杆挤出机挤出造粒。

（3）产品性能

阻燃剂SR201A与溴-锑系阻燃母粒复配阻燃聚丙烯的垂直燃烧测试（UL-94）达到V-2级和极限氧指数（LOI）为31.4％。

5.2.5 阻燃剂SR201A/蒙脱土复配阻燃聚丙烯

（1）产品配方

PP	70	抗氧剂264	2
SR201A	20	NG2002	3
OMMT	5		

（2）制备方法

将所有原料预先干燥除去水分后，将聚丙烯、阻燃剂SR201A、蒙脱土、抗氧剂和相容剂按一定配比，在高速搅拌机中混合均匀，然后用双螺杆挤出机挤出造粒。

（3）产品性能

阻燃剂SR201A和OMMT总添加量为25％时，样品可通过UL-94 V-0级，且LOI高达36.8％。阻燃剂SR201A和OMMT复配使用时有一定的协同作用，并且可以有效减少熔融滴落现象。

5.2.6 三嗪成炭剂复配聚磷酸铵阻燃聚丙烯

（1）产品配方

① CYM配方

PP	75	CYM	8.3
APP	16.7		

② CDP 配方

PP	80	CDP	6.7
APP	13.3		

③ CYP 配方

PP	83	CYP	5.7
APP	11.3		

（2）制备方法

① 小分子三嗪成炭剂（CYM）的合成　将 18.4g 的三聚氯氰、12.9g 的 N,N-二异丙基乙胺和 300mL 的甲苯加入 500mL 的三口烧瓶中；以磁力搅拌，待三聚氯氰完全溶解后，在冰浴条件下，1h 内缓慢加入 26.1g 的吗啉，反应 2h 后，温度升至 50℃，继续缓慢滴加 12.9g 的 N,N-二异丙基乙胺；反应 4h 后，温度升至甲苯的沸点 110℃，再添加 12.9g 的 N,N-二异丙基乙胺，反应 6h；冷却、过滤后，沉淀用水和丙酮反复洗涤；在真空干燥箱中于 60℃ 干燥 12h，最后得到白色固体粉末，产率约为 87.5%。

② 线型结构三嗪成炭剂（CDP）的合成　称取 18.4g 三聚氯氰，溶于 300mL 丙酮/水的混合溶液中。将上述溶液加入 500mL 三口烧瓶中，控制温度在 0～5℃，随后滴加 10.5g 二乙醇胺。滴加完毕后，缓慢滴加 4g 氢氧化钠水溶液，反应 4h 后升温至 50℃，接着滴加 8.6g 哌嗪的丙酮溶液，滴加完毕后再滴加 8g 氢氧化钠水溶液，然后升温至 80℃，蒸出丙酮，反应 6h 后，冷却过滤，并依次用丙酮和水洗 2 次，最后将产品干燥、粉碎，得到白色粉末。

③ 交联结构三嗪成炭剂（CYP）的合成　称取 18.4g 三聚氯氰，溶于 400mL 1,4-二氧六环的溶剂中，将上述溶液加入 500mL 三口烧瓶中，控制温度在 0～5℃，随后滴加 8.6g 哌嗪的 1,4-二氧六环溶液，滴加完毕后缓慢滴加 10.1g 三乙胺，反应 4h 后升温至 50℃；接着继续滴加 4.3g 哌嗪的 1,4-二氧六环溶液，滴加完毕后再滴加 7.2g 的三乙胺，然后升温至 101℃，反应 8h 后，冷却过滤，并依次用丙酮和氢氧化钠溶液洗涤多次；最后将产品干燥、粉碎，得到淡黄色粉末。

④ PP 复合材料的制备　在 200℃、转速为 50r/min 的密炼机中加入原材料，原料配比按不同配方配制而成，共混 8min，然后将所得样品在 200℃、压力为 10MPa 的平板硫化机下热压 3min 成型。

（3）产品性能

① PP/APP/CYM 体系阻燃　单独添加 20%APP 或 20%CYM 对 PP 的阻燃性能基本没改善，UL-94 均无级别，氧指数提高也较小。将 APP 和 CYM 以 2∶1 添加 PP 后，发现可以使 LOI 值从 17.5% 提高到 28.2%。但是，在 UL-94 测试中没有级别。这说明两者复合对阻燃效率有一定提高，但是提高效果有限。随后保持 APP 和 CYM 的比例为 2∶1，提高阻燃剂总添加量，发现在添加 22% 的 APP/CYM 时，可以通过 V-1 级别；而添加量为 25% 时，通过 V-0 级别，LOI 值也达到 30.6%。

② PP/APP/CDP 体系阻燃　APP/CDP 为 2∶1 和 3∶1 时，样条均能达到 UL-94 的 V-0 级，且氧指数分别提高至 29.5% 和 25.2%。

③ PP/APP/CYP 体系阻燃　APP 与 CYP 二者复配，以比例 3∶1 添加时，阻燃级别超过 V-1，氧指数提升至 25.1%。继续调节二者的比例至 2∶1 时，UL-94 超过 V-0 且氧指数进一步提升至 29.5%。然而比例降至 1∶1 时，阻燃却无等级。

5.2.7 PVC/ABS 阻燃合金

（1）产品配方

PVC	100	固体石蜡	0.8
ABS	100	钛白粉	1
复合 PVC 铅盐稳定剂	7	重质碳酸钙	10
硬脂酸钙	0.3	三氧化二锑（Sb_2O_3）	4
硬脂酸锌	0.3	十溴联苯醚（DBDPO）	6

（2）制备方法

先在鼓风干燥箱中 80℃烘干 ABS 树脂颗粒 6h，后将 PVC 树脂与各种助剂放入高速搅拌机进行搅拌，先在高速挡进行混合至 90℃，再换至低速挡缓慢升温混合至 120℃，这时可以出料，并和烘干好的 ABS 树脂颗粒进行充分混合。将混合好的物料加入双螺杆挤出机中进行预混合，其中为防止 PVC 因温度过高或扭矩过大而产生分解，双螺杆挤出机温度不宜过高，具体设置见表 5-1；转速不宜过高，以 10r/min 左右为宜。

表5-1 双螺杆挤出机各区温度设置

温度区间	一区	二区	三区	四区
设定温度/℃	160	163	166	170

（3）产品性能

由于卤锑协同效应，在 Sb_2O_3/DBDPO 配比达到 4：6 时，阻燃性能达到最好，此时的氧指数为 31.4%。

5.2.8 分子筛改性无卤阻燃聚丙烯复合材料

（1）产品配方
① 酸化改性分子筛（4A-L）

PP	80	4A-L	2
IFR(APP：PER=3：1)	18		

② 酸化改性分子筛（4A-La）

PP	80	4A-La	2
IFR(APP：PER=3：1)	18		

③ 酸化改性分子筛（4A-Cu）

PP	80	4A-Cu	2
IFR(APP：PER=3：1)	8		

（2）制备方法

① 含有 L 酸的 4A 分子筛的制备 用球磨搅拌机将 4A 分子筛磨成粉末后过 200 目筛。取 20g 4A 分子筛粉末加入 200g 质量分数为 25%的 HCl 溶液中，混合均匀后，用 1mol/L 的盐酸调节 pH 值至 4.5～5.0，将混合物在常压下于 70℃以 300r/min 的转速搅拌 4h 后冷却至室温。将抽滤后的产物置于 80℃电热恒温鼓风干燥箱中干燥 10h，得到 4A 分子筛（4A-NH）。将 4A-NH 在马弗炉中置于空气氛围中于 700℃煅烧 4h，可得含有 L 酸的 4A 分子筛（4A-L）。

② 含有稀土元素的分子筛的制备　用球磨搅拌机将 4A 分子筛磨成粉末后过 200 目筛。取 50g 分子筛粉末加入装有 500mL 去离子水的三口烧瓶中,搅拌均匀。升温至 90℃,然后将 10mL 的 $LaCl_3$(1mol/L)溶液加入上述混合物中,逐滴加入 HCl(1mol/L)至 pH=4.5~5;在 90℃下以 300r/min 的转速搅拌 1h,抽滤、洗涤后在 100℃下干燥 12h 得到含有稀土元素的 4A 分子筛(4A-La)。

③ 含有 Cu 金属离子的分子筛的制备　用球磨搅拌机将 4A 分子筛磨成粉末后过 200 目筛。取 50g 4A 分子筛粉末置于 500mL 去离子水中,混合均匀后将 0.1mol 的金属(铜)硝酸盐加入混合物中。用 1mol/L 的硝酸调节 pH=4.5~5,在 90℃下搅拌,反应 2h,抽滤并用 5L 去离子水充分洗涤至中性后得到滤饼。将得到的滤饼在 80℃下干燥 10h 后置于马弗炉中在 700℃的空气氛围中煅烧 4h,得到含有 Cu 金属离子的分子筛(4A-Cu)。

④ PP/IFR/分子筛复合材料的制备　将 APP 与 PER 在真空干燥机内烘干后,按质量比 3:1 在高速搅拌机内混合均匀得 IFR,将 4A 分子筛过 200 目筛。制备复合材料的所有原料于 60℃下干燥 12h。将配方材料加入高速搅拌机中,充分搅拌均匀后在双螺杆挤出机中熔融共混造粒,挤出机转速为 50r/min,挤出温度为 170~190℃。

(3)产品性能

① 纯 PP 的氧指数为 18%,在单独添加 2%的 4A 或 4A-La 分子筛后氧指数增加到 18.2%和 18.6%,垂直燃烧出现第一滴熔体滴落的时间由 6s 分别延迟到 7s 和 13s。说明单独的 4A 对 PP 的燃烧性能基本没有影响,但 4A-La 的单独添加却能相对明显地提高纯 PP 的阻燃性能。PP 中加入 20%的 IFR 后其氧指数提高了 8.4%。在 PP/IFR 体系中添加 2%的 4A-La 后,复合材料样品的氧指数进一步提高,达到了 31.1%,其垂直燃烧等级也达到了 V-1 级。

② 4A-La 的单独加入使 PP 的氧指数下降了 0.3%。但将 4A-La 和 IFR 共同加入 PP 中能使复合材料的氧指数从 18%提高到 32.7%,且垂直燃烧等级达到 V-1 级;而未改性的 4A 分子筛与 IFR 复配后的 PP 复合材料氧指数为 28%。

③ PP/IFR/4A-Cu 的氧指数为 31.3%,且垂直燃烧等级达到 V-1 级。

5.2.9　木质素/MCA/APP 膨胀阻燃聚乙烯泡沫材料

(1)产品配方

LDPE	100	偶氮二甲酰胺	4
木质素	20	过氧化二异丙苯(DCP)	0.5
三聚氰胺脲酸盐(MCA)	60	氧化锌	1.5
聚磷酸铵(APP)	50		

(2)制备方法

① 改性溶液的配制　将 KH550 作为改性剂,按照比例改性剂:乙醇:蒸馏水为 20:72:8 稀释配制 KH550 改性溶液。

② 木质素的改性　将木质素和 KH550 改性溶液按照 20:1 的比例倒入转速为 90r/min 的搅拌器中混合 1min,先混合 30s,停止搅拌等待 1min 后继续混合 30s,防止搅拌器搅拌时间过长发热,使木质素受热变黑。

③ 粉料的混合　按照固定的顺序称取粉料,将木质素、APP、MCA、AC 发泡剂、DCP、氧化锌,称取后进行手动混合 5min,尽量使粉料混合均匀。

④ 复配材料的塑炼　将双辊混炼机的前辊温度升高到 165℃,后辊温度升高到 160℃,调节电流大小使前、后两辊的温度保持相对稳定。首先加入 LDPE 进行混炼 5min,使材料

处于熔融状态，然后将混合好的粉料加入双辊中进行混炼10min，使粉料和基体材料均匀混合；混合均匀后，将混炼后的材料快速取出放到准备好的模具中。

⑤ 复配材料的发泡 将平板硫化机的上板温度升高到175℃，下板温度升高到170℃。将模具放到平板硫化机的上板和下板之间，加到相应的压力值；在发泡过程中，有大量气体发出，会使模具内的压力减小；每隔2min，提升压力到最初的设置压力值，坚持模具在相应的压力下发泡10min或压力值不出现变化后，将模具拿出平板硫化机，进行冷轧，此时的施加压力为200N，冷压10min进行冷却，最终形成理想的泡沫材料。

（3）产品性能

木质素/APP二元复合膨胀阻燃体系的氧指数为26.8%，添加MCA后的三元复合膨胀阻燃体系的氧指数明显提高。泡沫材料随着MCA含量的增加，极限氧指数先上升后下降，最高可达28.1%。在垂直燃烧测试中，未添加MCA的膨胀阻燃体系并不能使泡沫材料达到很好的阻燃级别，燃烧过程中还伴有熔滴产生。当APP与MCA的用量为60:50时，泡沫材料的氧指数提高到28.1%以上，垂直燃烧等级也达到FV-0级，说明MCA添加木质素/APP膨胀体系中可提高体系对泡沫材料的阻燃性能；同时，可避免泡沫材料燃烧时出现熔融滴落现象。

5.2.10 PVC/蛭石/$BaSO_4$隔声阻燃复合材料

（1）产品配方

PVC	100	DOP	40
蛭石	125	ESO(环氧大豆油)	6
硫酸钡	300	CP-52	20
$ZnSn(OH)_6$	8	Ba/Zn稳定剂	2

（2）制备方法

将材料与蛭石、无机阻燃剂放置于高速混合机中，并正向、反向搅拌各3次，平均每次5min，一共30min，随后出料；将双辊开炼机温度调到145℃混炼，经过10min后制成薄片；制备好的薄片经平板硫化机160℃的高温，在压力为10MPa的情况下模压6～10min。

（3）产品性能

Sb_2O_3是一种较好的阻燃剂，只需添加4份，其复合材料的氧指数就达32%，达到B1级。随Sb_2O_3添加量增加，LOI最高可达到35.2%；对于羟基锡酸锌ZnSn（OH）$_6$（缩写ZHS）的样品，阻燃效果也较好。当ZHS添加量为8份时，其复合材料的LOI值达到36.8%，略高于添加Sb_2O_3；而且ZHS是绿色阻燃剂，无毒无害。无机阻燃剂处理过后的复合材料，隔声性能未见明显变化。

5.2.11 PVC改性阻燃塑料

（1）产品配方

PVC树脂	70	玻璃纤维	25
抗冲改性剂	60	锑酸钠	17
硬脂酸锌	15	苯乙烯	13
次磷酸铝	40	硫代磷酸二苯酯	15
纳米二氧化硅	25	蒙脱土	25
三聚氰胺氰尿酸钠	25		

所述抗冲改性剂为丙烯酸酯类抗冲改性剂，包括以下按照质量份配制的原料：甲基丙烯酸甲酯 10 份、丙烯酸酯 15 份、苯乙烯 10 份。

（2）制备方法

① 取配方量的 PVC 树脂、硬脂酸锌、次磷酸铝、纳米二氧化硅、三聚氰胺氰尿酸钠、玻璃纤维、锑酸钠、苯乙烯、硫代磷酸二苯酯置于特制搅拌机中充分混合搅拌，得到混合物 A，备用。其中，搅拌速度为 500r/min，搅拌温度为 25℃。

② 向①中盛有混合物 A 的特制搅拌机中加入配方量的抗冲改性剂和蒙脱土，并充分混合搅拌，得到混合物 B，备用。其中，搅拌速度为 300r/min，搅拌温度为 20℃。

③ 将②中得到的混合物 B 放入密炼机密炼，温度为 160℃，转速为 100r/min，密炼时间为 20min，得到混合物 C，备用。

④ 将③中得到的混合物 C 经过造粒机造粒，得到颗粒 D，备用。

⑤ 将④中得到的颗粒 D 放入水槽冷却，然后在常温下干燥，得到 PVC 改性阻燃塑料成品。

（3）产品性能

制备的 PVC 改性阻燃塑料在各种原料的共同配合作用下，阻燃效果好，且不使用含卤阻燃剂，不会造成二次污染；该制备方法过程简单，具有广阔的应用前景。

5.2.12　泡沫阻燃聚丙烯塑料

（1）产品配方

聚丙烯	40～50	膨胀石墨	20～30
蓖麻油酸	10～15	红磷	10%～15%
炭黑	10～15		

（2）制备方法

① 将聚丙烯与红磷按照 4∶1 的比例进行混合配比，充分调制均匀后，用平双螺杆挤出机，在 180～210℃、5～10MPa 的压力下，挤出造粒制备基料 A。

② 将蓖麻油酸按照 5∶1 比例加入基料 A 中，充分搅拌，使基料 A 均匀沾满蓖麻油酸。

③ 将炭黑与膨胀石墨加入沾满蓖麻油酸的基料 A 中充分搅拌；蓖麻油酸用于制备表面活性剂、增塑剂、润滑油添加剂，也用于制备癸二酸、庚酸等。因此，由于蓖麻油酸的作用，能使炭黑与膨胀石墨更好地均匀分配。

④ 将③制作的配料用平双螺杆挤出机再次造粒，温度在 160～190℃ 之间，挤出压力在 8～12MPa 情况下挤出，将挤出成型的长条在 45～48℃ 温度下烘干去除水分，进行切粒包装。

（3）产品性能

材料自身不燃烧，并能阻止燃烧，即可在燃烧条件的另一物质——氧气"做文章"：材料遇到火迅速膨胀，将火焰点包囊在其中并将四周的空气排除在外，隔绝了四周空气的存在，从物理意义上制止火灾的发生。

5.2.13　低密度阻燃聚乙烯塑料

（1）产品配方

低密度聚乙烯	88	季戊四醇磷酸酯蒙脱石的三聚氰胺盐	8

天然茶多酚		4	

（2）制备方法

① 将季戊四醇和磷酸按 1∶4 的摩尔比混合后，在室温下搅拌 30min 并加热至 90℃，反应 2h 后形成季戊四醇磷酸盐混合液。

② 向季戊四醇磷酸盐混合液中加入 0.5 倍季戊四醇量的蒙脱石 K10，在室温下搅拌 24h，然后加热至 100℃保持 1h 后过滤，制备得到季戊四醇磷酸酯蒙脱石。

③ 将季戊四醇磷酸酯蒙脱石分散于 30％的氯化胆碱-尿素低共熔试剂-水混合液后，加入 1.05 倍季戊四醇量的三聚氰胺；然后将混合液温度升高至 110℃反应 8h 后，将反应液过滤，将得到的固体用乙醇重结晶后，经干燥得到新型季戊四醇磷酸酯蒙脱石的三聚氰胺盐阻燃剂。

④ 按质量份将低密度聚乙烯 88 份、季戊四醇磷酸酯蒙脱石的三聚氰胺盐 8 份、天然茶多酚 4 份混合后在双螺杆挤出机中挤出造粒，将颗粒充分干燥后经注塑机注塑成标准试样，得到对环境友好的低密度阻燃聚乙烯塑料。

（3）产品性能

采用磷酸、蒙脱石以及三聚氰胺在绿色溶剂中制备得到新型阻燃剂，制备方法简单，环保，得到的阻燃剂毒性大为减小；采用新型阻燃剂阻燃效果好且塑料的热力学性能不受影响；添加天然抗氧剂后，可加强聚乙烯塑料的抗老化性能。

5.2.14　复合阻燃塑料

（1）产品配方

PET	60	乙烯-丙烯酸丁酯共聚物	2
PBT	10	抗氧剂	0.2
ABS	15	专用阻燃剂	6
PE	7		

（2）制备方法

专用阻燃剂的制备方法具体如下。

① 先将甲醛和氰尿二酰胺按照质量比 1∶1.5 进行混合后放入反应釜中，然后加入其总质量 2.3％的硼酸、0.45％的二茂铁后得混合物 A；随后将混合物 A 的 pH 值调节为 8.5，加热保持反应釜内的温度为 35℃，并以 360r/min 的转速搅拌处理 40min 后备用。

② 向①处理后的反应釜中加入混合物 A 总质量 6％的聚乙二醇、2.0％的苯酚、8％的偏硼酸钠、2％的硅烷偶联剂、2％的六偏磷酸钠、6％的磷酸三苯酯、2％的脂肪醇聚氧乙烯醚，然后将温度升至 43℃，以 600r/min 的转速搅拌处理 55min 后取出，再与其总质量 40 倍的去离子水共同混合均匀后得混合物 B 备用。

③ 将凹凸棒土放入 6％磷酸溶液中浸泡处理 3min 后取出，然后再放入 7％氢氧化钠溶液中浸泡处理 4min 后取出，最后用去离子水冲洗至中性后备用。

④ 将操作③处理后的凹凸棒土放入煅烧炉内进行煅烧处理，1h 后取出备用。

⑤ 将操作④处理后的凹凸棒土浸入操作②所得的混合物 B 中，超声振荡处理 5h 后过滤；最后将滤出的凹凸棒土放入干燥箱内干燥处理 4h 后取出，得功能增强填料备用。

⑥ 按对应质量份称取下列原料备用：30 份硅酸钠、25 份磷酸酯、3 份硫酸铝、2 份钼酸铵、5 份硼酸锌、10 份乙二胺四乙酸、4 份操作⑤制得的功能增强填料。

⑦ 将⑥称取的所有原料共同投入反应釜内，加热保持反应釜内的温度为 56℃；并将反

应釜内的压力增至 0.35MPa，高速搅拌混合处理 2h 后取出，即得专用阻燃剂。

阻燃塑料的制备方法：将称取的所有原料共同投入混炼机内进行混炼处理，1h 后取出得混炼料备用；所得的混炼料投入挤出机内进行挤出处理，成型后得半成品备用；所得的半成品进行切割、检验、包装处理后即可。

（3）产品性能

这种新型塑料的制备方法，整体步骤简单，搭配合理，便于推广和应用。制得的塑料力学性能好，阻燃能力强，综合品质得到明显改善，极具市场竞争力和应用推广价值。

5.2.15　用于 3D 打印的阻燃增强 PLA 复合材料

（1）产品配方

重均分子量为 5×10^5 g/mol PLA	100	抗氧剂 1010 与亚磷酸一苯二异辛酯	
碳酸氢钠	5	质量比为 4:1 组成的抗氧剂	0.5
碳纤维(纤维直径 20nm)和碳化硅按		γ-氨丙基三乙氧基硅烷	0.5
质量比 5:1 组成的增强剂	5	季戊四醇硬脂酸酯	1
羧基液体丁腈橡胶	3	含氮磷的 DOPO 衍生物阻燃剂	10

（2）制备方法

① 含氮磷的衍生物阻燃剂的合成如下。

a. 将 11.1g 的磷酸三(4-氨基苯基)酯和 20.38g 的 8-三氟甲基喹啉-2-甲醛在 75℃的 157g 乙醇中加热 4h，反应结束后，得含有中间产物 I 的反应体系。

b. 将 19.5g 的 DOPO 加入含有中间产物 I 的反应体系中，在 75℃条件下加热 4h，反应结束后，洗涤、干燥，得含氮磷的 DOPO 衍生物阻燃剂，产率 84.6%。

② 用于 3D 打印的阻燃增强 PLA 复合材料的制备方法如下。

a. 按质量份将已干燥的 PLA、成核剂、纳米增强剂、增韧剂、抗氧剂、偶联剂、润滑剂、含氮磷的 DOPO 衍生物阻燃剂投入高速混合机中；混合均匀后投入锥形双螺杆挤出机，双螺杆挤出机的挤出温度为 180～240℃，机头温度为 180～220℃，双螺杆挤出机转速为 100～300r/min；

b. 将得到的粒料冷却后用球磨机粉碎，转速为 200～500r/min，球磨时间为 3～5h，然后在 50～500 目的筛网中进行筛分。

c. 将得到的物料加入真空干燥箱中，在 60～80℃条件下，干燥 4～6h 后得到 3D 打印的阻燃增强 PLA 复合材料。

（3）产品性能

固化物可以达到 UL-94、V-0 级。阻燃剂结构上含有氟原子。由于 C—F 键太强而不能有效捕捉自由基，使复合材料具有较好的热稳定性，抗紫外线照射，对光稳定剂作用影响小，具有高阻燃性、低烟、低毒害，无腐蚀性气体产生。选用碳纤维和碳化硅复合组成的增强剂赋予 PLA 复合材料较高的强度，使得打印出来的制品不易变形，韧性好、精度高，延长制品的使用寿命。

5.2.16　阻燃环保型聚乳酸塑料

（1）产品配方

聚乳酸	100	玻璃纤维布	15

红麻	4	聚羟基脂肪酸酯	4
桑皮纤维	4	丁腈橡胶	2
季戊四醇	3	硬脂酸钙	1
聚磷酸铵	16	抗氧剂1010	0.1
三聚氰胺	4	抗氧剂168	0.1

（2）制备方法

① 称取玻璃纤维布耳料，清洗至无泥浆、污物等，干燥至无水分，然后将干燥后的玻璃纤维布耳料送入切段机进行切段，分别切成长度为4～5cm的小段料。

② 将红麻和桑皮纤维用质量分数为10%～20%的氢氧化钠溶液处理30min，然后水洗至中性后烘干，备用。

③ 按配比称取①所得的玻璃纤维布小段料和②处理后的红麻纤维、桑皮纤维，混合均匀后，送入微波干燥机进行微波干燥。微波干燥温度为150～200℃，时间为1～3min。

④ 将③微波干燥后的混合物料送入纳米研磨机，进行研磨，得到混合粉末。

⑤ 将聚乳酸、聚羟基脂肪酸酯、丁腈橡胶加入反应釜中，加热到100～180℃后继续搅拌30min，再加入④制得的混合粉末、硬脂酸钙、季戊四醇、聚磷酸铵、三聚氰胺、抗氧剂1010、抗氧剂168，充分搅拌均匀后，置于双螺杆挤出机中熔融挤出，将挤出料在（50±5）℃下烘干除去水分，即得阻燃环保型聚乳酸塑料。

（3）产品性能

该阻燃聚乳酸塑料以聚乳酸为本体，选用玻璃纤维布、红麻纤维、桑皮纤维、聚羟基脂肪酸酯和丁腈橡胶来增强聚乳酸可降解塑料。通过控制各成分的比例，使其性能协同互补，提高了聚乳酸塑料的柔韧性、弹性、耐腐蚀性、耐热性等性能，显著提高聚乳酸的强度，改变单纯聚乳酸质脆、易变性的缺点，使制得的聚乳酸材料具有优异的耐热性和成型加工性能。

将红麻纤维、桑皮纤维碱处理后，使它们表面的极性降低，大幅改善红麻纤维、桑皮纤维在聚乳酸基体中的分散效果，以及它们与其他原材料共混后的相容性，挤出后不会发生析出现象。同时，红麻纤维、桑皮纤维既可作为成炭剂，又能作为加强材料提高聚乳酸塑料的力学性能，在实际上相当于减少了膨胀型阻燃剂的添加量，能够最大限度地降低阻燃剂对聚乳酸本体材料力学性能的影响。

选用的阻燃剂为无卤阻燃剂，在使用和燃烧过程中安全、无毒。配方中红麻纤维、桑皮纤维分散到聚乳酸中在起到提高聚乳酸塑料力学性能的基础上，又与季戊四醇共同作为膨胀型阻燃剂的成炭剂。当聚乳酸塑料在受热温度达到150℃左右时，聚磷酸铵产生能酯化多元醇和脱水的酸，酸与成炭剂进行酯化反应。三聚氰胺催化酯化反应加速进行，反应过程中产生的不燃性气体使已处于熔融状态的聚乳酸机体膨胀发泡，形成多孔泡沫碳层，防止聚乳酸塑料熔滴现象的发生，也不会产生火焰和可燃性气体，使用安全。

5.2.17 汽车内饰用阻燃聚乳酸塑料

（1）产品配方

改性龙须草纤维	10	纳米蒙脱土粉末	0.5
聚乳酸	90	碳酸钙	0.8
壳聚糖粉	2		

（2）制备方法

① 龙须草纤维脱胶处理。优选化学脱胶法进行龙须草纤维脱胶处理。

② 微生物发酵改性龙须草纤维。将地衣芽孢杆菌、枯草芽孢杆菌、木醋杆菌按照质量份配制成复合菌剂；将脱胶处理后的龙须草洗净后，均匀喷洒菌剂，于38℃发酵1h，发酵结束后，用温水洗净，抖松，烘干。

③ 原料共混。温度设置为160℃，预热1h，按照配方配制干燥好的原料，调整开炼机转速为6r/min，将称取的聚乳酸粒料在开炼机上完全熔融后，均匀加入改性龙须草纤维，调整转速为15r/min；再均匀加入其他所有原料，调整转速为28r/min，然后翻料，共混5～6min，使原料充分混合均匀。

④ 将混合好的原料趁热投入双螺杆挤出机，经双螺杆挤出机熔融共混挤出，冷却，切粒。双螺杆挤出机各段温度分别设定为：一区155℃、二区180℃、三区185℃、四区165℃、五区170℃，机头温度为150℃，螺杆转速为120r/min。

⑤ 将各改性后的粒料按照客户要求做成各种汽车内饰用阻燃聚乳酸塑料。

（3）产品性能

将通过微生物改性的龙须草纤维和聚乳酸做成复合材料，可以极大提高聚乳酸塑料的阻燃性能，可使其达到汽车内饰用的标准。制得的改性聚乳酸塑料耐水解，又能完全被生物水解，工艺属于环境友好型，极具市场潜力。

5.2.18　无卤阻燃聚丙烯材料

（1）产品配方

聚丙烯 PP	78.5	膨胀石墨	2
膨胀型阻燃剂	15	受阻酚类热稳定剂 1010	1
磷酸锆	3	白油 36#	0.5

（2）制备方法

将原料按比例称取混合均匀后，加入长径比为38：1的双螺杆挤出机中经熔融、挤出、造粒制得产品。

（3）产品性能

在膨胀型阻燃体系中加入磷酸锆和膨胀石墨作为协效阻燃剂以提高产品的阻燃效果，从而达到减少阻燃剂用量的目的；并使制备的聚丙烯材料具有价格和性能方面的优势，具有广阔的市场价值。

加入的磷酸锆在燃烧过程中，对氧气的隔绝和热量的传递起到重要的协助作用。磷酸锆在燃烧过程中，通过释放插层结构中的结晶水，从而降低材料燃烧表面温度并稀释易燃气体含量，起到减缓燃烧速度的作用；同时，磷酸锆有助于材料在燃烧降解后的成炭，从而达到隔绝空气的作用。

加入的膨胀石墨内部插层硫酸、硝酸、磷酸等酸性物质，在燃烧高温下，立即反应生成二氧化碳、二氧化硫、水蒸气等气体，可稀释可燃气体浓度和降低聚合物表面温度；同时，有助于形成连续碳层，达到协效阻燃的作用。

膨胀型阻燃剂的添加比例低，约为总量的10%～20%，即可使所制备聚丙烯材料的阻燃性能达到UL-94、V-0级别的阻燃效果。

5.2.19　碳纳米管改性的阻燃增强聚丙烯材料

（1）产品配方

均聚聚丙烯 500P	55	马来酸酐接枝 POE	5
玻璃纤维 988A	15	碳纳米管-纳米二氧化硅掺杂增强体	1
KH570 表面包覆三聚氰胺氰尿酸和季戊		复配抗氧剂	0.3
四醇的混合物(质量比 4∶1)	25		

（2）制备方法

① 将 10g 多壁碳纳米管加入 1L 硝酸/双氧水混酸溶液（所述硝酸浓度为 75%，双氧水浓度为 45%，体积比为 1∶3）中，常温超声搅拌处理 45min，于 120℃下回流反应 3h。将所得产物用 0.25μm 微孔滤膜抽滤，并用去离子水反复洗涤产物 8 次，再于 90℃真空干燥 8h，得到羧基化碳纳米管。所用超声波频率为 35kHz。

② 将 8g①所得羧基化碳纳米管、10g 脱水剂 DCC 和 2g 催化剂 DMAP、10g 硅烷偶联剂（KH570）加入 2L 无水 THF 中，常温超声搅拌处理 3h，使碳纳米管上的羧基和硅烷偶联剂上的羟基充分进行脱水反应。所用搅拌速度为 300r/min，超声波频率为 30kHz。

③ 待反应完毕后，将②所得反应液进行抽滤，并用无水 THF 反复洗涤产物 6 次，真空干燥 3h，得到干燥产物。

④ 取适量纳米二氧化硅颗粒（粒径 1～100nm）和③所得干燥产物加入适量的去离子水，70℃下超声搅拌 3h，进行充分反应。所用搅拌速度为 300r/min，超声波频率为 40kHz。

⑤ 待反应完全后，将④所得反应液用 0.25μm 微孔滤膜抽滤，去离子水反复洗涤 6 次；再于 90℃真空干燥 6h，即得碳纳米管-纳米二氧化硅掺杂增强体。

⑥ 采用高速混合机将玻璃纤维以外的原料及助剂均匀混合 3～5min，将所得混合物经主喂料口加入同向旋转双螺杆挤出机中。玻璃纤维经侧喂料口加入，熔融共混并挤出造粒。挤出温度为 180～220℃，主机转速为 300～600r/min，喂料速度为 40～80r/min。

（3）产品性能

制备的碳纳米管-纳米二氧化硅掺杂增强体中碳纳米管与纳米二氧化硅以化学键连接，较传统的物理包覆办法，相互作用力更强；挤出混炼时不易被破坏，能有效改善碳纳米管在聚丙烯中的分散性能。通过化学接枝改性，碳纳米管和纳米二氧化硅具有良好的协同阻燃增强作用。阻燃增强聚丙烯材料不仅具有优异的力学性能和阻燃性能，同时还具有低密度的优点。

5.2.20 高效阻燃型聚丙烯材料

（1）产品配方

聚丙烯	100	抗氧剂	0.5
聚乙烯蜡	1	润滑剂	0.1
聚磷酸铵	7	DCP	0.5
季戊四醇	10	填料	20
三聚氰胺	6		

抗氧剂为抗氧剂 1010，润滑剂为硬脂酸钙，填料为滑石粉。

（2）制备方法

① 混料。按照配方称量各种物料，将物料放入高速搅拌机中预混合均匀、备用。

② 挤出造粒。将得到的预混合均匀物料加入双螺杆挤出机中，螺杆各段温度设定依次为：一区温度 160℃、二区温度 170℃、三区温度 190℃、四区温度 195℃、五区温度 210℃、

六区温度 220℃，机头温度为 215℃，螺杆的转速为 60r/min，挤出的料条经过水冷却后，通过切粒机切成粒料。

③ 粒料干燥。将造粒后的物料放入恒温鼓风干燥箱中，控制恒温鼓风干燥箱的温度为 50℃，干燥时间为 12h。

④ 物料成型。将得到的粒料放入注塑机中，控制机头温度为 210℃，一区温度为 205℃，二区温度为 190℃，三区温度为 175℃。将熔融物料注射到模具中，控制保压时间为 5s，冷却时间为 15s，注射压力为 5MPa。

（3）产品性能

聚丙烯材料中添加了聚磷酸铵、季戊四醇和三聚氰胺阻燃剂。其中，聚磷酸铵在高温下能够脱去氨气和水，生成聚磷酸和聚偏磷酸，氨气和水能够稀释空气中氧的浓度，使燃烧反应减缓。聚磷酸和聚偏磷酸能够使聚丙烯脱水、炭化，在聚丙烯表面形成黏稠状炭化物，阻隔聚丙烯和氧气接触，起到阻燃作用；三聚氰胺能够在受热时释放大量无毒不燃性气体，带走大量热量，使燃烧熄灭；同时，气体使炭层膨胀覆盖在聚丙烯表面，隔绝了外界氧气进入；季戊四醇在高温下能够脱水成炭，形成炭层，降低热量和可燃性挥发产物在聚丙烯材料界面的传递，从而终止燃烧。

5.2.21　阻燃聚丙烯

（1）产品配方

PP	100	Al(OH)₃	30
红磷	5	其他助剂	3
纤维状（或球状）Mg(OH)₂	50		

（2）制备方法

首先将纤维状（或球状）Mg(OH)₂ 和 Al(OH)₃ 在 105℃下干燥 2.5h，然后按一定比例加入干燥过的 Mg(OH)₂ 和 Al(OH)₃ 两种物质及偶联剂于高混机中（偶联剂分 3 次加入），在室温活化 20min 后；再按一定比例加入聚丙烯、红磷母粒和复合抗氧剂，室温混合 10min。预混料采用双螺杆挤出机熔融共混挤出，经水冷干燥后进行切粒。再将制得的粒料于烘干箱中烘干 3h，用注塑机注射制得产品。

（3）产品性能

该材料冲击强度 58.3kJ/m²，拉伸强度 25.6MPa，氧指数 26.6%，垂直燃烧性 V-0 级。

5.2.22　阻燃增强 PET 工程塑料

（1）产品配方

PET	100	三氧化二锑	8
GF	30	抗氧剂 1010 和 168	适量
溴化环氧树脂	24		

聚对苯二甲酸乙二酯（PET），特性黏度为 0.855~0.870dL/g，密度 1.40g/cm²；玻璃纤维（GF），合股无捻粗纱 930；抗氧剂 1010 和 168；溴化环氧树脂 GR20000。

（2）制备方法

将 PET 切片在 140℃下干燥 6~8h，加入抗氧剂 1010、抗氧剂 168 和阻燃剂溴化环氧树脂及阻燃协效剂三氧化二梯，混合后从双螺杆挤出机主加料口计量加入，连续 GF、无捻粗纱从辅助加料口加入。将挤出机温度设定为240～275℃，螺杆转速为160r/min。挤出料条经水冷、牵引拉伸，用切粒机造粒备用。

（3）产品性能

该材料拉伸强度为118.7MPa，弯曲强度为178.3MPa，缺口冲击强度为120.5J/m，氧指数为29.0%，燃烧性能为V-0级。

5.2.23 膨胀阻燃低密度聚乙烯

（1）产品配方

LDPE	100	煤	30
IFR	30	SiO_2	1.5
EVA	20	蒙脱土	1.5
硫酸铵	40		

注：其中IFR组成为APP：MEL：PER＝2：1：1（质量比）。

（2）制备方法

用一定量的钛酸酯偶联剂处理各添加剂，用碾钵研磨分散处理，然后再与LDPE一起加入高速搅拌机中，混合搅拌5～10min；所得混合料用开放式炼塑机混炼，前辊温度为120℃，后辊温度为105℃，包辊10min后下片。将上述片材用平板硫化机压片，上、下模板温度都设为120℃；在5MPa下预压3min，10MPa下热压10min；再在8MPa下冷压5min制得测试用样品。

（3）产品性能

此配方设计的主要目的是制备膨胀型阻燃低密度聚乙烯。膨胀型阻燃剂（IFR）是以磷、氮为主要成分的无卤阻燃剂，它是在阻燃涂料的基础上发展起来的一种新型阻燃材料。IFR能选择性催化裂解聚合物骨架变为炭层，炭层不能进行挥发燃烧和分解燃烧，碳的氧指数值高。IFR在聚合物燃烧过程中无熔滴滴落，即使长时间暴露于火焰中也有良好的耐燃性，且无卤、无锑、低烟、低毒，无腐蚀性气体。

5.2.24 膨胀型无卤阻燃ABS

（1）产品配方

ABS	70	ABS-g-AA	10
IFR	30	其他助剂	适量
OMMT	4		

注：其中IFR组成为APP：PER＝3：1（质量比）。

（2）制备方法

向温度为170～180℃的双辊开炼机中加入经干燥的ABS，待ABS熔融包辊后，按配比加入IFR、ABS-g-AA、OMMT及其他助剂，混炼均匀后下片裁切，并在180℃模压成型制得试样。

（3）产品性能

该材料缺口冲击强度为4.5kJ/m^2，拉伸强度为37MPa，弯曲强度为36MPa，弯曲弹性模量为1957MPa，MFR（熔融指数）为10.8g/10min，氧指数为28.6%，垂直燃烧为FV-0级。

5.2.25　非卤阻燃聚氨酯硬质泡沫塑料

（1）产品配方

A组分：B组分＝1：1.5。

A组分：甘油聚醚多元醇（羟值		发泡型催化剂	0.2～0.4
400～500mgKOH/g）	60～70	有机硅泡沫稳定剂	2.0～3.0
蔗糖聚醚多元醇	23～33	水	2.8～3.8
交联型胺类催化剂	0.5～1.0	复配阻燃剂	10.7

B组分为多异氰酸酯。

（2）制备方法

按配方称取100g A组分，加入阻燃剂搅拌均匀，然后加入150g B组分，快速搅拌；混合均匀后，倒入模温为25～30℃的模具中发泡成型，30min后脱模，即得非卤阻燃聚氨酯硬质泡沫塑料。

（3）产品性能

该材料密度为47kg/m^2，压缩强度为132.5kPa，压缩强度保留率为78%，热导率为27.09mW/(m·K)，氧指数为23.3%。

5.2.26　阻燃ABS材料

（1）产品配方

ABS树脂	40	硅粉	0.5
阻燃剂	10	钨粉	0.5
磁铁石	15	碳酸钠	45
硼板匣钵废料	20	无机填料	5
皂土	5	抗氧剂	0.2
水洗泥	3		

阻燃剂包括以下按照质量份配比的原料：绝缘型氯化聚乙烯橡胶20份、硬脂酸0.5份、硅烷偶联剂1份、PE蜡2份、氧化锌0.3份。

（2）制备方法

① 阻燃剂的制作方法。将绝缘型氯化聚乙烯橡胶、PE蜡、氧化锌使用粉碎机混合粉碎，出料粒度为100目；将粉碎后的混合物与硬脂酸、硅烷偶联剂混合，加入100mL的去离子水加热，保持温度于100℃，保持10min；冷却至室温，真空浓缩得到阻燃剂。

② 阻燃ABS材料制作方法。准备ABS树脂、阻燃剂、磁铁石、硼板匣钵废料、皂土、水洗泥、硅粉、钨粉、碳酸钠；将准备好的原料使用粉碎机粉碎，粉碎后的粒度为150目，粉碎后混合；将无机填料、抗氧剂加入上述步骤得到的混合物中，使用搅拌机搅拌20min；将上述混合物加入双螺杆挤出机中，在螺杆的剪切、混炼及输送下，经过熔融、挤出、造粒、干燥，制得透明阻燃ABS材料。其中，所述挤出机的各段螺杆温度控制在200～225℃，双螺杆挤出机的长径比为30，螺杆转速为300r/min。

（3）产品性能

该材料制作方法简单，制作成本低，得到的阻燃ABS材料阻燃性能好；同时，添加的磁铁石、硼板匣钵废料等提高了其韧性，经济价值高，适合应用推广。

5.2.27 用于 3D 打印的低气味无卤阻燃 PLA/PC 材料

（1）产品配方

PLA（牌号：3801X）	64	三聚氰胺脲酸盐（MCA）	10
PC（牌号：PC-110）	10	抗氧剂 1010	0.5
甲基丙烯酸甲酯-丁二烯-苯乙烯共聚物	5	抗氧剂 168	0.3
三聚氰胺脲酸盐包覆无机次磷酸钙	10	硬脂酸	0.2

（2）制备方法

分别称取聚乳酸与聚碳酸酯，再加入甲基丙烯酸甲酯-丁二烯-苯乙烯共聚物、三聚氰胺脲酸盐包覆无机次磷酸钙、抗氧剂 1010、抗氧剂 168 以及硬脂酸，使所有原料搅拌均匀。其中，聚乳酸为美国 nature works 所产；再采用长径比为 40∶1 的双螺杆挤出机熔融挤出造粒，挤出温度为 200℃，转速为 150r/min；然后将挤出粒料置于鼓风烘箱中于 80℃ 干燥 4h，用注塑机于 240℃ 及 50MPa 下将挤出粒料注塑成标准测试样条。

（3）产品性能

将 PLA 与 PC 混合改性，双酚 A 型芳香族聚碳酸酯中含有刚性苯环。苯环上极性的羟基能够与 PLA 的端羧基反应，形成网状交联结构，能够明显改善复合材料的耐冲击性、耐热性能和韧性，保证 3D 打印时所需的加工性、耐热性、韧性和强度等性能要求，能适用于较高的打印速度。

采用包覆无机次磷酸盐与三聚氰胺盐的混合物作为磷氮复配阻燃剂，一方面采用三聚氰胺盐对无机次磷酸盐进行包覆改性，提高了无机次磷酸盐的稳定性，加强了磷的氧化，避免无机次磷酸盐在凝聚相中易以氧化物的形式挥发从而难发挥其作用，大幅提高阻燃效果，可达到 V-0 级阻燃等级。另一方面，因对无机次磷酸盐表面包覆改性降低了次磷酸盐的表面摩擦，从而降低了次磷酸盐中气味性物质的释放，加上通过复配三聚氰胺盐降低了次磷酸盐的比例，进一步降低气味的释放。因此，所选用的磷氮复配阻燃剂能够同时满足 3D 打印材料阻燃效果及对气味的要求。

5.2.28 高韧性阻燃 PLA/PC 合金材料

（1）产品配方

PLA	18.5	增韧剂	2.5
PC	63.1	扩链剂	0.3
RDP	12.3	酯交换促进剂	0.4
滑石粉	2.5	加工助剂	0.4

上述聚乳酸（PLA）为 L 型或 D 型聚乳酸；PC 为双酚 A 型聚碳酸酯，且其分子量为 4 万～11 万，对脂肪烃等稳定，具有良好的热、电和力学等综合韧性，特别是耐冲击、韧性好、蠕变小，制品尺寸稳定；上述阻燃剂为磷系阻燃剂、硅系阻燃剂、水合金属氧化物阻燃剂及其复配阻燃体系；上述成核促进剂为云母、硫酸钡、滑石粉、高岭土、蒙脱土或者碳酸钙，其粒径均小于 20μm；酯交换促进剂为钛酸四丁酯；上述增韧剂为 MBS；上述扩链剂为二环氧化物、二异氰酸酯、二酸酐、双乙烯酮缩醛；加工助剂为润滑剂亚乙基双脂肪酸酰胺（TAF）、季戊四醇硬脂酸酯（PETS）中的一种或两种。

（2）制备方法

将称好的物料放到高速混合机中混合均匀，将混合均匀后的物料加入双螺杆挤出机料筒中造粒。双螺杆挤出机的转速为 150～300r/min，各区温度控制在 195～240℃。造粒后的产品在除湿干燥机中于 60～80℃下干燥 2～4h。对干燥后的产品进行性能测试，样条为注塑成型样条。

（3）产品性能

材料产品性能见表 5-2。

表5-2 材料产品性能

测试项目	测试方法	测试参数	测试结果
熔融指数/(g/10min)	GB/T 3682.1—2008 GB/T 3682.2—2008	230℃,5kg	24
拉伸强度/MPa	GB/T 1040.2—2006	10mm/min	61
弯曲强度/MPa	GB/T 9341—2008	5mm/min	99
弯曲模量/MPa	GB/T 9341—2008	2mm/min	2668
缺口冲击强度/(kJ/m^2)	GB/T 1843—2008	A 型缺口	8
无缺口冲击强度/(kJ/m^2)	GB/T 1843—2008	无缺口	99
热变形温度/℃	GB/T 1634.2—2019	0.45MPa	97
阻燃性	UL-94	1.6mm	V-0

5.2.29　丙烯酸五溴苄酯与三元乙丙橡胶的接枝共聚物阻燃的 V-0 级 PP

（1）母粒组成及加工条件

由于接枝共聚的丙烯酸五溴苄酯（PBBA）分子中含有五溴苄基及丙烯酰氧基，故能改善高聚物基质与某些填料的相容性，并能发挥加工助剂的作用。特别是因为 PBBA 中存在双键，故不仅能通过反应模塑均聚而与工程塑料共混，还能通过反应挤出与 EPDM 接枝共聚，制造以 EPDM 为载体、含 PBBA 的接枝共聚阻燃母粒。这种接枝共聚阻燃母粒的组成可分为（质量份）：PBBA 51、Sb$_2$O$_3$ 17、EPDM 31 及其他添加剂 1，上述组成的母粒含溴 36%。将上述组分在双螺杆反向挤出机中复配和造粒时，四区的温度分别为 110℃、230℃、240℃、250℃。之所以要采用较高的加工温度，是为了保证 EPDM 与 PBBA 有较快的共聚速度，以便物料在挤出机中停留 2～3min，即可使所有 PBBA 完全接枝到 EPDM 载体上。

（2）阻燃 PP 的配方及制备方法

配方

PP	42.7	其他添加剂	1.3
EPDM 母粒	56		

这种组成的物料相当于每 100 份物料中含 42.7 份 PP、17.4 份 EPDM、20 份溴。物料复配采用双螺杆挤出机，四区温度为 120℃、180℃、200℃、220℃，螺杆转速为 75r/min。阻燃吹塑 PP 加工条件为：温度 240℃、240℃、240℃、210℃，螺杆转速为 160r/min，模压温度为 48℃，循环时间为 49s。

（3）产品性能

以 EPDM 母粒阻燃的 PP，冲击强度特优，它在室温下的冲击强度为以 PBBA 阻燃并以 EPDM 改性 PP 的 3 倍，为未阻燃 PP 的约 20 倍。即使在 -20℃时，仍分别为 2 倍和 8 倍。显然，冲击强度的这种大幅度提高，不仅仅是 EPDM 的作用，更是由于 PBBA 接枝共聚至 EPDM 上的结果，因为 EPDM 本身对改善 PP 的冲击强度并不是十分有效，特别是材料冲击强度的改善并未引起拉伸模量的降低。同时，以含 PBBA 的 EPDM 母粒阻燃的 PP，在 150℃下老化 1 个月后，其冲击强度仍相当高，而以 PBBA 阻燃 PP 的冲击强度在这种条件下则明显降低。还值得强调的是，为使 PP 通过 UL-94 V-0 试验，通常至少需添加 25％的阻燃剂（对常用工程塑料只需 10％～20％），这样高含量的阻燃剂常使 PP 发脆，伸长率严重降低；但以含 PBBA 的 EPDM 母粒阻燃的 PP，即使在低温下也具有异乎寻常的塑性和良好的力学性能。

5.2.30　阻燃剂 SNP 阻燃聚碳酸酯

（1）产品配方

PC	99.9	SNP	0.1

（2）制备方法

① 含硫氮磷阻燃剂（SNP）的合成。在 250mL 的干燥四口烧瓶中，加入 4.90g 马来酸酐（0.05mol）、100mL 的丙酮，使反应温度保持在 25℃，然后用玻璃棒搅拌使其充分溶解。将 2.80g（0.05mol）氢氧化钾和 8.66g（0.05mol）对氨基苯磺酸溶于 50mL 的蒸馏水中，然后用恒压滴液漏斗将上述溶液以每 5s 一滴的速度缓慢加入马来酸酐丙酮溶液中，边滴加，边快速搅拌。滴加完毕后，保持体系的反应温度在 25～35℃，反应 24h。反应完毕后，对其进行抽滤，然后用丙酮洗涤滤饼 3～4 次，在 50℃下烘 6h 后得到橘黄色粉末，简称 MAK，备用。

在氮气保护下，向装有机械搅拌器的 250mL 干燥四口烧瓶中，加入 10.8g（0.05mol）DOPO，逐渐升温至 120℃，待 DOPO 完全熔化后，搅拌并缓慢加入 7.7g（0.025mol）MAK，控制在 2～3h 内加完。加完后逐渐升温 136℃，反应 4h 后降温至 116℃，加入 150mL 的甲苯，加热回流 0.5h 后趁热抽滤。抽滤后，滤饼依次用热甲苯、热四氢呋喃多次洗涤后得到白色粉末，在 120℃下干燥 10h 左右，即可得到目标化合物，简称 SNP，产率为 95.8％。

② 阻燃聚碳酸酯复合材料的制备。将 PC 放入真空干燥箱中，在 120℃条件下充分干燥 8h，除去所带的多余水分，以免影响加工后的性能；同时，将阻燃剂 SNP 在 110℃下干燥 10h。然后将 PC 和 SNP 按照不同比例混合均匀后加入双螺杆挤出机中挤出，双螺杆挤出机的转速为 85.7r/min，双螺杆挤出机九区温度为 230℃、230℃、240℃、245℃、250℃、240℃、230℃、220℃、215℃。

（3）产品性能

纯 PC 的 LOI 值为 25.00％，在垂直燃烧测试过程中会有滴落现象发生，UL-94 等级为 V-2 级。当阻燃剂 SNP 按不同比例添加到 PC 时，能使其阻燃性能得到明显改善。当 SNP 的添加量仅为 0.01％时，PC/SNP 复合材料的 LOI 值为 32.25％，垂直燃烧等级提高到 UL-94 V-0 级，且测试过程中没有滴落现象。这表明阻燃剂 SNP 不仅是一种高效的 PC 用阻燃剂，而且具有抗滴落的作用。随着 SNP 在 PC 中添加量的增加，阻燃材料的 LOI 值呈缓慢增加的趋势，UL-94 等级仍为 V-0 级。当添加量为 0.1％时，LOI 值达到最大值 34.5％，但继续加大 SNP 的添加量时，LOI 值会出现小幅度减小。当添加量为 1％时，垂直燃烧等级降至 V-2 级，说明 SNP 对 PC 存在一个饱和添加量为 0.1％，达到此添加量后复合材料的阻燃性能将出现下降趋势。

当 SNP 的添加量为 0.1％时，PC 的阻燃性能得到明显改善，而 PC 本身的力学性能基本保持不变。这说明与大多数多元素复配阻燃剂相比，SNP 不仅能实现阻燃剂的小剂量化，而且在改善 PC 阻燃性能的同时基本不影响其本身的力学性能，不影响 PC 基材的使用。

5.2.31 水滑石阻燃改性聚乙烯

（1）产品配方

LDPE	70	季戊四醇（PER）	5
CLDH	10	抗氧剂 1010	0.5
多聚磷酸铵	15		

（2）制备方法

① LDH 的制备。采用共沉淀法制备 LDH。具体步骤为：a. 配制 A 溶液，按摩尔比（Mg^{2+}：Al^{3+}＝3:1）称取一定质量的 $Mg(NO_3)_2 \cdot 6H_2O$ 和 $Al(NO_3)_3 \cdot 9H_2O$，用蒸馏水将其溶解配制成混合离子溶液；b. 配制 B 溶液，称取一定质量的 NaOH 和 Na_2CO_3 固体，用蒸馏水溶解配制成碱性混合溶液；c. 共沉淀反应，将 A 溶液倒入三口烧瓶中并将其放入一定温度下的恒温水浴锅中加热并进行强烈搅拌，以 1.0mL/min 的滴加速度向 A 溶液中滴加 B 溶液至 pH 值达到 10 时停止滴加，继续搅拌混合溶液 0.5h；d. LDH 的分离，将搅拌好的混合溶液静置进行陈化直至出现明显的分层，将分层后的混合液抽滤并用蒸馏水洗涤直至滤液呈中性为止，将产物置于 70℃的干燥箱中进行烘干，将烘干后的白色固体研磨成粉末，所得的固体粉末为 LDH。

② 改性 LDH 的制备。采用重构法制备改性 LDH。a. 双金属氧化物的制备，称取一定质量的 LDH 将其放入马弗炉中，500℃下煅烧 6h 得到双金属氧化物（LDO），将煅烧后得到的 LDO 放入干燥器中保存；b. 重构改性，将蒸馏水煮沸并保持微沸状态，同时进行回流，将煅烧后的 LDO 放入微沸的蒸馏水中并搅拌，随后立即加入改性剂 SDS 或 CEPPA，用 NaOH 溶液调节混合液至 pH 值为 10，继续搅拌 3h；c. 改性 LDH 的分离，将搅拌好的混合液静置进行陈化直至出现明显的分层，将分层后的混合液抽滤并用蒸馏水洗涤直至滤液呈中性为止，将产物置于 70℃的干燥箱中进行烘干，将烘干后的白色固体研磨成粉末，所得的固体粉末为改性 LDH。

③ LDH 母料的制备。采用熔融共混法制备 PE-g-MA/LDH 母料。为防止降解，加入一定的抗氧剂 1010，将 PE-g-MA 同 LDH 或 SLDH 或 CLDH 一起在密炼机中熔融混合，待转矩稳定后停止混炼，改用开炼机进行二次混炼，得到 LDH 母料。

④ 纳米复合材料的制备。采用熔融共混法制备 PE/LDH 纳米复合材料，将 PE、膨胀阻燃剂（IFR）（APP:PER＝3:1）同 LDH 母料一起在密炼机中混炼，待转矩稳定后停止混炼，改用开炼机进行二次混炼，将混炼后的复合材料热压压制成薄片即得纳米复合材料。

（3）产品性能

分别将十二烷基硫酸钠（SDS）和 2-羧乙基苯基次磷酸（CEPPA）层间改性的水滑石，命名为 SLDH 和 CLDH。膨胀型阻燃剂（IFR）为季戊四醇和多聚磷酸铵复配。SLDH 在有效提高层间距离的基础上，能够有效改着 SLDH 与 PE 的相容性，有利于纳米片层的剥离和分散。CLDH 含有 P 元素，将有利于改善体系的阻燃性能。经 LDH 改性的膨胀阻燃 PE 复合材料的 LOI 值明显升高，由纯 PE 的 21% 上升到 PE-IFR 的 26.5%，提高了约 26%。经 IFR 和 LDH 共同改性后的 PE 复合材料的 LOI 值继续增加，PE-IFR-LDH 的 LOI 值达到 30.5%，相比纯 PE 提高约 45%；而与 PE-IFR 相比，则提高了约 15%。阻燃效果明显升高，揭示 IFR 与 LDH 之间具有一定的协效阻燃作用。

CLDH 和 SLDH 与 IFR 的协效作用差异较大。经 IFR 与 SLDH 共同改性后，PE-IFR-SLDH 复合材料的 LOI 值提高至 27.5，与纯 PE 相比提高了约 30%，与 PE-IFR 相比，仅增加了约 3%；而与 PE-IFR-LDH 相比，则降低了约 9%。说明与基于相容性改性的 SLDH

和 LDH 相比，与 IFR 的协效作用效果降低。经 IFR 与 CLDH 共同改性后的 PE-IFR-CLDH 复合材料的 LOI 值提高至 32.5%；与纯 PE 相比提高了约 54%；与 PE-IFR 相比，则提高了约 22%。由此可见，阻燃化功能改性的 CLDH 更有利于改善膨胀型阻燃 PE 的阻燃性能，可获得纳米复合协同膨胀阻燃材料。

5.2.32　阻燃 HDPE 木塑复合材料

（1）产品配方

HDPE	60	木粉 WF	40
APP	12	PE-g-MAH	6
PAH	8	抗氧剂 1010	1

（2）制备方法

① 原料的预处理。在 105℃下将木粉通过鼓风干燥烘干 8~10h，在 60℃下将 APP、PAH 和 PE-g-MAH 放入鼓风干燥烘箱中烘干 4~6h，去除水分，烘干后放置在阴凉的密封容器中储存，备用。

② 木塑复合材料的加工。将干燥好的木粉、HDPE、MA-g-PE 以固定比例 40∶60∶6 配制，并放到高速运转的混合机中，使原料混合均匀，共混合 3 次（每次 30s）。将处理好的物料放到双辊开炼机中混炼（温度为 150~160℃），待 5~8min 后迅速取出，之后放在 10MPa 且温度为 150~160℃的平板硫化机下压制。

（3）产品性能

当 MPP 和 PAH 的质量比为 3∶2、阻燃剂的添加量为 HDPE/WF 复合材料的 35%时，复合材料的拉伸性能和弯曲性能均略有下降，但 LOI 值高达 29.6%，且通过垂直燃烧的 V-0 级，具有很好的阻燃性能。经过 TG 和 DTG 对材料的阻燃测试进行分析，其结果表明：在最适合的比例下 MPP 和 PAH 协同作用使得 $T_{5\%}$ 从 283.5℃下降到 274.8℃，下降了 8.7℃；木粉的降解温度从 345.4℃下降到 315.8℃；高密度聚乙烯的降解温度从 463.6℃上升到 486.4℃。MPP/PAH 阻燃剂共混体系，使材料的引燃时间从 35s 升高到 43s。与空白样对比，在 400s 时残炭量由 15.7%升高到 60.1%，提高了 44.4%。通过 SEM 观察阻燃剂在阻燃中炭层的形貌，可知复配阻燃剂比单一阻燃剂在阻燃过程中更易产生致密、紧凑的炭层。

5.2.33　白炭黑/IFR/聚丙烯阻燃材料

（1）产品配方

PP（K9928）	100	白炭黑	2
MAP/PER/MEL	28		

（2）制备方法

首先将聚磷酸铵（APP）用 KH550 改性制成 MAPP，然后将聚丙烯、膨胀型阻燃剂（MAP/PER/MEL=4∶2∶1）及一定量白炭黑（粉末或母粒），一起加热搅拌 30min，置于 100℃电热鼓风干燥箱中干燥 5h；然后将不同配比的白炭黑、IFR、PP 在双螺杆挤出机中挤出，得到白炭黑/IFR/PP 复合体系。双螺杆挤出机的温度设定为 195~205℃。

（3）产品性能

在加入白炭黑、膨润土、硅藻土及高岭土这四种无机硅粉末后，体系的阻燃性能均有所增加。其中，白炭黑与膨润土的协效作用最明显，其极限氧指数分别由添加前的 24.2% 增加到 28.0% 和 27.3%。垂直燃烧等级更是由 UL-94 V-2 级提高到 UL-94 V-0 级。白炭黑能略微提高复合材料的强度，膨润土则可提高复合材料的韧性。

5.2.34 PP/IFR 阻燃复合材料

（1）产品配方

PP	80	协效剂	2
IFR	18		

（2）制备方法

将所有原料在 80℃ 下烘干，以除去其中含有的水分；将原料按一定配比在高速搅拌机中混合均匀，用双螺杆挤出机挤出造粒，制得阻燃聚丙烯颗粒，挤出温度为机头温度 175℃，四区温度为 170℃、175℃、180℃、178℃，主螺杆转速为 100r/min，喂料频率为 9Hz。

（3）产品性能

在保持阻燃剂（IFR 和协效剂）总添加量为 20% 的情况下，考察添加不同囊材包覆的 APP 以及不同协效剂对聚丙烯阻燃性能的影响。其中，构成 IFR 酸源与炭源的比例为 3:1。实验用聚丙烯为极易燃材料，LOI 值仅为 18.4%。添加 IFR 后，其垂直燃烧等级和氧指数均有较大提升。APP 和改性 APP 对聚丙烯阻燃效果有一定影响，其中添加 APP 和环氧乙烷（EP）包覆 APP 的阻燃聚丙烯可通过 UL-94 V-2 级测试，点燃后样条缓慢燃烧，有滴落，随后样条熄灭。添加硅烷包覆 APP 的阻燃聚丙烯样条点燃后迅速熄灭，达到 UL-94 V-0 级。LOI 值提升到 30.2%，说明 Si-APP 与 PER 复配阻燃聚丙烯的效果最好。添加 ZnB 和 SiO_2 后，阻燃聚丙烯的 LOI 值分别提升至 33.4% 和 33.6%。样条一经点燃迅速熄灭，均可通过 UL-94 V-0 级测试，这说明 SiO_2 和 ZnB 对 PP/Si-APP 体系有较好的协同阻燃作用。

5.2.35 OMMT/ATH/MH/PP 阻燃复合材料

（1）产品配方

PP	100	MA-g-PP	3
氢氧化镁 MH	40	抗氧剂 1010	0.5
氢氧化铝 ATH	20	硬脂酸	2
OMMT	2		

（2）制备方法

① MMT 的有机改性　将一定量的 MMT 加入去离子水配制成 5% 的悬浮液。将配制好的悬浮液投入玻璃反应釜中，在加热状态下搅拌一定时间后，加入十六烷基三甲基溴化铵（CTAB）溶液，保持加热搅拌状态。待反应一段时间后，离心、分离，得到白色沉淀物，用热的 50% 乙醇水溶液洗涤，过滤至无 Br^-（用 0.1mol/L 的硝酸银溶液检测）；用离心机进行分离，得到的产物在电热鼓风干燥箱中（温度为 65℃）干燥 4h 后，研磨过 200 目筛。

② OMMT/ATH/MH/PP 阻燃复合材料制备　将一定配比的 ATH 和 MH 混合并添加 1% 的硬脂酸进行表面改性，目的是提高阻燃剂和 PP 粉料之间的相容性：一方面使复合材料在高含量阻燃剂的填充下性能有所改善；另一方面能提高复合材料的阻燃性能。将上述改性的阻燃剂和 PP 混合，向其中加入一定配比的 OMMT、MA-g-PP、硬脂酸和抗氧剂，投

入高速搅拌机中高速混合 8~10min；混合好的物料利用双螺杆挤出机熔融挤出，挤出物料通过水冷却，风吹干燥后再经切粒机造粒，挤出机各段温度：机头为 200℃，五区温度为175℃、180℃、185℃、190℃、195℃。

（3）产品性能

OMMT/ATH/MH/PP 阻燃复合材料的 LOI 值为 28.2%，UL-94 为 V-0 级。

5.2.36　生物基阻燃剂阻燃聚丙烯

（1）产品配方

| PP | 78 | PA-Ni | 1 |
| IFR | 17 | | |

（2）制备方法

植酸含有 6 个磷酸基团，对金属离子有强烈的整合作用。因此，也常作为金属离子的吸附剂。

① 植酸镍（PA-Ni）的制备。将 14.9g（0.06mol）$Ni(Ac)_2 \cdot 4H_2O$ 溶解于 100mL、温度为 40℃的无水乙醇中，搅拌至溶解完全。将 5.43g（0.01mol）PA（70%溶液）溶解于50mL 无水乙醇中，然后将此溶液置于恒压滴液漏斗滴加于 $Ni(Ac)_2 \cdot 4H_2O$ 乙醇溶液，滴加过程中溶液逐渐由绿色向淡绿色转化，滴加完毕后继续反应 2h。最后得到的沉淀用无水乙醇洗涤 5 次，产品转至真空烘箱后干燥得到绿色（略泛白）粉末，即 PA-Ni，产率约为 78.6%。

② PP 复合材料的制备。密炼机混炼，时间为 8min，转速为 50r/min，温度为 200℃。

（3）产品性能

PA-Ni 在 PP/IFR 体系中表现出较好的协效作用，添加 17%IFR 与 1%PA-Ni 可以使PP 复合材料的 LOI 值达到 29.5%。

5.2.37　硅藻土-氯化石蜡阻燃聚苯乙烯

（1）产品配方

| PS | 70 | 氯化石蜡 CP-70 | 15 |
| 硅藻土 | 15 | | |

（2）制备方法

① 复合阻燃剂的制备。将硅藻土置于马弗炉中，调节温度至 40℃并在此温度下煅烧 1h后取出，然后加入适量无水乙醇进行超声清洗并用去离子水抽滤，然后烘干；最后用 300 目的标准分散筛对烘干硅藻土进行筛取，得到精制硅藻土。将相变材料氯化石蜡溶解于石油醚中（在 60℃水浴中进行），利用电磁搅拌器搅拌 1h，使其充分溶解于石油醚中；在所得的溶液中加入硅藻土，继续充分搅拌 1h，使硅藻土孔洞结构能够与氯化石蜡充分接触，从而使其表面张力及毛细管作用力能够全部发挥，达到氯化石蜡完全包覆硅藻土的效果。硅藻土充分吸附氯化石蜡后，提高水浴温度到 75℃，使作为溶剂的石油醚能够完全蒸发，并且加装循环水冷凝装置回收蒸发的石油醚；所得产物放入干燥箱中将其充分烘干。

② 阻燃型聚苯乙烯复合材料的制备。将阻燃剂与 PS 进行混合。其中，PS 与阻燃剂的质量比为 7∶3。首先把粒状 PS 用粉碎机加工成粉末，然后混合乙烯-丙烯酸甲酯聚合物EMA（2%），并且与阻燃剂在高速搅拌机中混合，接着加入球磨机中高速球磨；最后，

通过注塑机在 165～170℃下进行注塑制样，进而得到检测相关性能所需的样条。

（3）产品性能

复合阻燃剂可以很好地改善 PS 树脂的阻燃性能。当阻燃剂添加量为 30%、而其中硅藻土∶氯化石蜡为 1∶1 时，制得的 PS 复合材料阻燃效果最好，LOI 值达到 27.6%，UL-94 达到 V-0 级；同时，只有微量烟产生。

5.2.38 可膨胀石墨（EG）/APP 阻燃聚苯乙烯

（1）产品配方

PS(666D)	70	EG(83 目)	22.5
APP(Ⅱ型)	7.5	液体石蜡（化学纯）	2

（2）制备方法

首先将粒料 PS 放入高速万能粉碎机中粉碎成约为 80 目的粉料，然后将该粉料与 EG、APP 置于温度为 80℃的电热鼓风干燥箱中，干燥 4h。取出经处理过的三种原料称量混合，并加入一定量液体石蜡，放入高速混合机中以 800r/min 的转速混合 10min，备用。挤出机每段温度分别为：190℃、205℃、215℃、220℃、215℃。

（3）产品性能

EG 与 APP 最佳协效比例为 3∶1。在该配方下，LOI 值达到 31.8%，UL-94 达到 V-0 级，也没有熔滴现象，说明 EG 与 APP 在该比例下存在很好的协同效应。在最佳比例下，PS 复合材料的拉伸强度为 45.56MPa，断裂拉伸应变为 2.55%，弯曲强度为 58.34MPa，缺口冲击强度为 2.80kJ/m^2。

5.2.39 聚苯乙烯泡沫（EPS）保温板阻燃材料

（1）产品配方

PS	100	无卤阻燃剂（EG）	4
固化剂	20	聚磷酸铵（APP）	8
酚醛树脂（PF）	90		

注：EPS 预发泡颗粒发泡倍率 80 倍，无卤阻燃剂（EG）80 目，酚醛树脂（PF）黏度 3500mPa·s（25℃）；固化剂酸值为 491mg KOH/g，APP 为Ⅱ型。

（2）制备方法

将一定量 EPS 颗粒，置于 10℃左右的水蒸气中约 5～8min，进行预发泡。将预发泡的 EPS 颗粒置于 50℃烘箱中约 2h，烘干后取出，在室温下敞开放置 4～8h 进行熟化，备用；准确称一定量 EG/APP 与 90%的酚醛树脂混合，在电动搅拌机上搅拌约 3～5min，搅拌速率大于 45r/min，以制备阻燃包覆液，备用。加入 20%固化剂继续搅拌 2min 后，取出备用；将包覆颗粒倒入模具中，将模具放置在平板硫化机中模压成型，制成热固性聚苯乙烯泡沫保温板，硫化机上下板温度控制在 102～106℃，成型压力为 7.5MPa，时间为 3min。

（3）产品性能

用无卤阻燃剂（EG）与聚磷酸铵（APP）制成复配阻燃剂对聚苯乙烯泡沫保温板进行阻燃改性。当 EG 加入量为 4 份、APP 加入量为 8 份时，材料的拉伸强度和压缩强度达到最大值，分别为 0.31MPa 和 0.109MPa；同时，EPS/EG/APP 材料的极限氧指数达到最高，为33％。

5.2.40 高抗冲聚苯乙烯/氢氧化镁/微胶囊红磷（HIPS/MH/MRP）的阻燃材料

（1）产品配方

HIPS	100	MRP	20
MH	80		

（2）制备方法

首先将 HIPS 树脂在双辊温度为180℃的开放式塑炼机上熔融，然后把经过精确计量的 MRP 和 MH 加入 HIPS 熔体中进行塑炼，塑炼时间大约为15min，塑炼均匀后出片。把所得到的片状物料用粉碎机粉碎，再将粉碎后的颗粒状物料在平板硫化机上于180℃热压15min，冷压10min，压力均为10MPa。

（3）产品性能

HIPS/MH/MRP 复合材料的 LOI 值为27.1％，UL-94 达到 V-0 级。

5.2.41 聚碳酸酯阻燃材料

（1）产品配方

PC	92	LaHPP	1
DBDPO	7		

（2）制备方法

① LaHPP 纳米晶体的制备。采用回流法和水热法制备 LaHPP 晶体，将32mol（5.06g）苯基磷酸（PPOA）溶于100mL去离子水中，转移至500mL三颈烧瓶中，进行搅拌；将16mL（3.92g）$LaCl_3 \cdot H_2O$ 加入100mL去离子水中，搅拌至完全溶解后转移到滴液漏斗中，在室温下以5～7mL/min的速率滴加到搅拌中的 PPOA 溶液中。滴加完毕后，开启加热，90℃恒温回流24h；将所得乳白色固液混合体系转移至高压反应釜中，100℃恒温水热24h（提高结晶度）；之后将釜中乳白色混合体系抽滤得到白色固体，用去离子水反复洗涤后于80℃真空干燥8h至恒重，所得白色粉末即为 LaHPP 纳米晶体。

② PC/DBDPO/LaHPP 纳米复合材料的制备。将 PC、DBDPO、LaHPP 置于80℃鼓风干燥箱中干燥6h，再将各原料搅拌混合后投入密炼机。在温度240℃、转速60r/min条件下，熔融共混8min，将得到的 PC 复合材料转移至平板硫化机中；在温度240℃、压力20MPa条件下热压8min后，于相同压力下冷压成型。

（3）产品性能

当向 PC 复合材料中引入1％LaHPP 后，其 LOI 值得到显著提升；提升至40.5％时，UL-94 达到 V-0 级。

5.2.42 低烟无卤阻燃 LDPE

（1）产品配方

树脂 LDPE	90	EVA	10

阻燃剂 Al(OH)₃	30	稳定剂 BaSt		2.5
Mg(OH)₂	30	润滑剂 HSt		2.5
阻燃增效剂 金属配合物	1.5	PE 石蜡		1.5
偶联剂 KH560	1.5	分散剂 氧化聚乙烯		1.2

（2）制备方法

将 LDPE/EVA 与各种助剂混合、Al(OH)₃/Mg(OH)₂ 与金属配合物混合，经高速混合、挤出机挤出、切粒、干燥得到试样。将阻燃剂及阻燃增效剂混合，经偶联剂表面处理后，再按配方比例在高速捏合机中充分搅拌均匀，然后挤出、切粒。

（3）产品性能

该材料氧指数为 27.3%，燃烧等级为 UL-94 V-0 级，拉伸强度为 8.8MPa，断裂拉伸应变为 170%。

5.2.43　膨胀型无烟阻燃 LLDPE

（1）产品配方

LLDPE	100	阻燃促进剂(ZEO)	1.5
EVA	15	钛酸酯偶联剂(KR-38S)	1.5
聚磷酸胺(APP)	25	稳定剂(硬脂酸镉)	0.5
季戊四醇(PER)	8	润滑剂(HSt)	0.5

（2）制备方法

阻燃剂研磨→表面处理→高速混合→双螺杆挤出机挤出→切粒→干燥→试样。

其中，双螺杆挤出机机筒温度为 80～160℃。

（3）产品性能

材料氧指数为 27.5%，拉伸强度为 7.5MPa，断裂拉伸应变为 102%，邵氏硬度（HD）为 52。

5.2.44　UHMWPE 阻燃

（1）产品配方

UHMWPE(M-Ⅱ)	100	钛酸酯偶联剂(TM-27)	0.5
十溴二苯醚	18	分散剂(PE 蜡)	0.5
三氧化二锑	4	稳定剂(Ba/Cd)	0.5
硼酸锌	6	润滑剂(HSt)	0.5

（2）制备方法

先将阻燃剂研磨并与助剂混合搅拌，控制温度在 60～100℃，边搅拌，边将稀释后的钛酸酯偶联剂喷淋到物料表面，最后加入 UHMWPE，在高速混合机中搅拌。搅拌温度为 80℃，时间为 30min。挤出机各段温度为 150～180℃、210～240℃、190～210℃，模具温度为 160℃，螺杆转速为 60～100r/min。

（3）产品性能

UHMWPE 阻燃材料的氧指数为 26.5%，燃烧等级为 UL-94 V-0 级，拉伸强度为 15.7MPa，断裂拉伸应变为 182%。

5.2.45　无卤阻燃改性 PP

（1）产品配方

树脂 PP	100	抗氧剂	1010	0.2
膨胀型阻燃剂(EM-82)	35		DLTP	0.4
环烷油处理剂(BHY-1)	3	稳定剂	ZnSt	0.5

（2）制备方法

先将阻燃剂与处理剂混合，在 75~85℃下高速搅拌 5~10min，然后加入 PP 及其他助剂再搅拌 5min 左右，用双螺杆挤出机挤出、切粒。机筒各段温度为一段 170~175℃、二段 175~180℃、三段 175~180℃、四段 185~190℃、五段 175~185℃、六段 170~185℃，机头温度为 170~180℃，螺杆转速为 180~200r/min。

（3）产品性能

该材料氧指数为 30%，垂直燃烧等级为 UL-94 V-0 级，拉伸强度为 24.5MPa，热变形温度为 125~132℃，缺口冲击强度为 5.5kJ/m²。

5.2.46　TDBP 阻燃改性 PP

（1）产品配方

树脂	PP	100	抗氧剂 1010	0.2
阻燃剂	TDBP	8.5	DSTP	0.4
	氯化石蜡	3.5	稳定剂 ZnSt	0.2
	Sb_2O_3	1.5		

（2）制备方法

按配方比例混合→搅拌→挤出→切粒→干燥→试样检测。

（3）产品性能

该材料氧指数≥27.5%，燃烧等级为 UL-94 V-1 级，弯曲强度为 51.2MPa，弯曲弹性模量为 1628MPa，冲击强度为 36.6kJ/m²。

5.2.47　阻燃增强改性 PP

（1）产品配方

树脂	PP	100	偶联剂 KH550	0.8
阻燃剂	八溴醚	16	稳定剂 CdSt	0.2
	Sb_2O_3	6	BaSt	0.2
增强剂	玻璃纤维	20	抗氧剂	1.0

（2）制备方法

稳定剂、Sb_2O_3、八溴醚、PP 及助剂混合搅拌→双螺杆挤出机挤出（玻璃纤维在挤出机中加入）→冷却→切粒→干燥→试样检测→产品。

除玻璃纤维外，PP、阻燃剂、稳定剂及各种助剂挤出前，必须在 80~90℃下高速混合机中搅拌 5~10min，分散、均匀后再挤出、切粒。挤出机机筒温度控制在 190~215℃。

（3）产品性能

该材料氧指数≥27%，垂直燃烧等级为 UL-94 V-1 级，拉伸强度为 46.2MPa，弯曲强度为 73.3MPa，缺口冲击强度（常温）为 8.5kJ/m²。

5.2.48　低烟低卤 PVC 阻燃改性

（1）产品配方

树脂	PVC(S-1000)	100	稳定剂	三盐基硫酸铅	4
增塑剂	DOP	20		二盐基亚磷酸铅	3
	DOTP	20		CdSt	0.5
	氯化石蜡	15	填充剂	$CaCO_3$	30
阻燃剂	Sb_2O_3	3	润滑剂	HSt	0.5
	$Al(OH)_3$	60		石蜡	0.5
	硼酸锌	5			

（2）制备方法

按配方比例称量，PVC 先与增塑剂混合均匀，再与各种助剂、添加剂在高速混合机中搅拌 5～10min，然后在开炼机上塑炼。前辊温度为 150℃，后辊温度为 155℃，使物料包后辊。压片预热温度为 160℃，预热压力为 5MPa，压力为 10MPa。

（3）产品性能

该材料氧指数为 30%～37%，断裂拉伸应变为 125%～155%，拉伸强度为 15～18MPa，邵氏硬度（HA）为 94～98。随着阻燃剂的增加，氧指数逐渐上升，但材料的拉伸强度与断裂拉伸应变明显下降。

5.2.49　无卤阻燃改性 PVC

（1）产品配方

树脂	PVC	100	阻燃剂	氧化铁粉	200
	CPE	15		Sb_2O_3	5～15
稳定剂	ZnSt	5～20			

（2）制备方法

按配方比例称量，先将 PVC、CPE 及稳定剂混合搅拌，然后再与阻燃剂一起加入高速混合机中；在 70～90℃下搅拌 3～5min，搅拌均匀后，用双螺杆挤出机挤出，挤出温度控制在 165～190℃。

（3）产品性能

该材料氧指数为 30%～37%，拉伸强度为 12～18MPa，断裂拉伸应变≥150%。该材料具有良好的阻燃性和消烟性，而且力学性能、隔声效果优良，适用于制作具有阻燃消烟和隔声功能的板材、带材及其制品。

5.2.50　绝缘阻燃 PVC 改性

（1）产品配方

树脂	PVC(XS-2)	100	稳定剂	三盐基硫酸铅	3.5
增塑剂	偏苯三酸三辛酯	12		二盐基亚磷酸铅	4.5
	氯化石蜡	5		CdSt	0.4
阻燃剂	季戊四醇脂肪酸酯	28	填充剂	$CaCO_3$	6
	G-50	6	润滑剂	石蜡	0.5
抗氧剂	1010	0.2		HSt	0.5

（2）制备方法

将稳定剂、阻燃剂、润滑剂、增塑剂等加入釜中搅拌，再用砂磨机研磨，使粗糙的物料细化，过滤后送入储槽，在搅拌下储存备用；将 PVC 树脂通过定目数筛网筛分，以除去杂质及鱼眼等；用增塑剂浸润颜料，用三辊研磨机研磨色浆，使之均匀分散；将计量好的 PVC、助剂、色浆混合送入高速混合釜中，加温捏合；把捏合好的物料送入密炼机塑炼，使之在双辊开炼机中完全塑化；最后切粒、包装。

（3）产品性能

该材料氧指数为 32%～35%，拉伸强度为 14.5～18.2MPa，断裂拉伸应变为 150%～200%，体积电阻率为 $(5.8～6.8)×10^{12}\Omega \cdot cm$。

5.2.51 阻燃/消烟 PVC 改性

（1）产品配方

树脂	PVC	100	稳定剂	三盐基硫酸铅	2.5
增塑剂	DOP	30		二盐基亚磷酸铅	2.5
阻燃剂	Sb_2O_3	8		CaSt	0.8
	G-50	2	抗氧剂	300	0.1
消烟剂	K_2SO_4	2			

（2）制备方法

按配方比例称量，将 PVC 树脂、增塑剂、稳定剂、石蜡、硬脂酸及阻燃剂等助剂混合搅拌，在开炼机上塑炼，塑炼温度为 165～175℃，塑炼时间为 5～10min；再在 230～260MPa 压力下热压 5min，取出再冷压，制成试样，经检测后即为成品。

（3）产品性能

该材料氧指数为 33%～36%，HCl 释放量为 80～88mg/g，烟密度＜300，拉伸强度为 32～48MPa，断裂拉伸应变为 200%～300%，可应用于建筑装饰材料及要求具有阻燃消烟的制品。

5.2.52 高填充阻燃 PVC 改性

（1）产品配方

树脂	PVC(SG2)	100	阻燃剂	十溴二苯醚	20
增塑剂	DOP	40		Sb_2O_3	6
	TIS	4	稳定剂	BaSt	1.5
	DIS	1	润滑剂	HSt	0.5
填充剂	$CaCO_3$	30		石蜡	0.8

（2）制备方法

按配方比例称量混合，在双辊开炼机上塑炼，塑炼温度为 165～175℃，时间为 8～10min；搅拌均匀后硫化压片，压片温度为 75～85℃，压片时间为 5～8min，定型成片，经测试后制成制品。

（3）产品性能

该材料氧指数为 35%～38%，密度为 1.45～1.5g/cm³，拉伸强度为 15～25MPa，断裂拉伸应变为 250%～350%，体积电阻率为$(1.7×10^8)～(1.6×10^9)\Omega \cdot cm$。

5.2.53　通用级 PS 阻燃改性

（1）产品配方

树脂 PS	100	阻燃剂　双(2,3-二溴丙基)磷酸酯	3
增韧剂　聚丁二烯	8	Sb_2O_3	3

（2）制备方法

配料→混合→挤出→切粒→干燥→试样检测。

即先按配方比例称量混合，在 80～90℃下搅拌 5～10min，分散均匀后，投入双螺杆挤出机挤出；挤出机 $L/D \geqslant 28:1$，机筒温度控制在 170～200℃，螺杆转速为 80～100r/min。

（3）产品性能

该材料氧指数≥26%，燃烧性能等级为 UL-94　V-0 级，拉伸强度为 22～26MPa，弯曲强度为 34～38MPa，断裂拉伸应变为 1.8%～2.1%，冲击强度为 11～15kJ/m²，热变形温度（1.82MPa）为 85～100℃。

5.2.54　HIPS 阻燃改性

（1）产品配方

树脂　HIPS	100	阻燃剂　八溴联苯醚	18
增韧剂　PB	5	Sb_2O_3	5

（2）制备方法

配料→混合→挤出→切粒→干燥→试样检测。

按配方称量混合，在高速捏合机中于 80～90℃下搅拌 5～10min，混合均匀后投入双螺杆（或单螺杆）挤出机挤出。

（3）产品性能

该材料氧指数≥28%，燃烧性能等级为 UL-94　V-0 级，拉伸强度为 41.5MPa，弯曲强度为 48.8MPa，断裂拉伸应变为 1%～2%，缺口冲击强度为 57～62J/m，热变形温度为 78～98℃。

5.2.55　无卤阻燃改性 HIPS

（1）产品配方

树脂　HIPS	100	偶联剂　KR-212	0.5
阻燃剂　$Al(OH)_3$	50	增韧剂　SEBS	5
$Mg(OH)_2$	10	润滑剂　HSt	0.5
包覆红磷	3		

（2）制备方法

配料→阻燃剂表面处理→混合→挤出→切粒→干燥→试样检测。

用偶联剂对阻燃剂表面处理，再与 HIPS、助剂在混合机中充分混合，搅拌时间为 5～10min，投入双螺杆挤出机熔融挤出；螺杆 $L/D \geqslant 25:1$，挤出温度为 170～200℃，螺杆转速为 100～140r/min。

（3）产品性能

该材料氧指数27%～29%，燃烧性能为自熄，达到 UL-94　V-0 级，拉伸强度为 38～42MPa，弯曲强度为 50～60MPa，断裂拉伸应变为 1.0%～2.0%，缺口冲击强度（23℃）为 45～55J/m，热变形温度（1.82MPa）为 100～110℃。

5.2.56　ABS 树脂阻燃改性

（1）产品配方

树脂	ABS	100	稳定剂	CaSt	0.8
阻燃剂	全氯戊环癸烷	40		BaSt	0.5
	Sb_2O_3	20	润滑剂	HSt	0.4

（2）制备方法

配料→混合→挤出→切粒→干燥→试样检测。

即先按配方比例把阻燃剂进行表面处理，然后与 ABS 树脂及助剂混合；搅拌 5～10min，均匀分散后，投入双螺杆挤出机熔融挤出。挤出温度为 200～240℃，挤出机 L/D ≥25∶1，螺杆转速为 60～80r/min。

（3）产品性能

该材料氧指数≥27%，燃烧性能为自熄，达到 UL-94　V-0 级，拉伸强度为 28.8～30.1MPa，弯曲强度为 34～37MPa，断裂拉伸应变为 2%～3%，缺口冲击强度为 11～13kJ/m^2，热变形温度为 78～85℃。

5.2.57　ABS 无卤阻燃改性

（1）产品配方

| 树脂 | ABS | 100 | 阻燃剂 | 四溴双酚 A | 15 |
| 阻燃助剂 | 有机硅(SFR-100) | 4 | | Sb_2O_3 | 2 |

（2）制备方法

配料→混合→挤出→切粒→干燥→试样检测。

先按配方比例称量混合，在一定温度下高速混合搅拌 5～10min；然后把混合物投入双螺杆挤出机熔融挤出，挤出温度为 170～200℃。

（3）产品性能

该材料氧指数为 31.5%，燃烧性能为自熄，拉伸强度为 41MPa，拉伸弹性模量为 2.07GPa，缺口冲击强度为 21.4kJ/m^2，热变形温度为 78℃，洛氏硬度（HR）为 98。

5.2.58　ABS 阻燃消烟

（1）产品配方

树脂	ABS	70	阻燃剂	十溴二苯醚	10
	HIPS	30		Sb_2O_3	5
相容剂	PS-g-MAH	5		有机硅	3
抗氧剂	1010	0.3			

（2）制备方法

配料→混合→挤出→切粒→干燥→试样检测。

即先把 ABS、HIPS 及阻燃剂预热干燥处理，热风干燥温度 80～90℃，干燥时间 6～8h。再按配方比例称量配料，放入高速混合机中搅拌 3min，然后把物料投入双螺杆挤出机熔融挤出，挤出温度为 180～210℃，螺杆转速为 60～100r/min。

（3）产品性能

该材料氧指数≥30%，燃烧性能为自熄，达到 UL-94 V-0 级，拉伸强度为 54～56MPa，弯曲强度为 65～70MPa，缺口冲击强度为 25～27kJ/m^2，热变形温度（1.82MPa）为 95～98℃。

5.2.59　透明 ABS 阻燃改性

（1）产品配方

树脂	透明	ABS	90	阻燃剂	四溴双酚 A	18
		MBS	10		五氧化二锑	8
稳定剂	京锡-8831		0.3			

（2）制备方法

配料→混合→挤出→切粒→干燥→试样检测。

先按照配方比例称量混合，投入高速混合机中搅拌 5min，均匀分散后，置于双螺杆挤出机熔融挤出造粒。

（3）产品性能

该材料氧指数≥25%，燃烧等级达到 UL-94 V-2 级，拉伸强度为 42～45MPa，弯曲强度为 50～55MPa，断裂拉伸应变为 2.5%～3.5%，缺口冲击强度为 25～28kJ/m^2，热变形温度（1.82MPa）为 72～78℃。

5.2.60　PDBS 阻燃改性 PA6

（1）产品配方

树脂	PA6	100	增韧剂	EPDM	5～8
阻燃剂	PDBS	21	润滑剂	EBS	0.5
	Sb$_2$O$_3$	7			

（2）制备方法

配料→混合→挤出→冷却→切粒→干燥→试样检测。

将 PA6 在温度为 100～110℃的烘箱内恒温 5～6h 进行干燥处理，然后与阻燃剂在高速混合机中混合，搅拌 5～10min，搅拌温度 90～100℃；分散均匀后置于双螺杆（或单螺杆）挤出机熔融挤出。挤出机 L/D≥28∶1，挤出温度控制在 200～275℃，螺杆转速为 200～240r/min。

（3）产品性能

该材料氧指数≥30%，燃烧等级达到 UL-94V-0 级，拉伸强度为 66.8～78.3MPa，弯曲强度为 102～110MPa，弯曲弹性模量为 2.7～3.5GPa，断裂拉伸应变为 2.5%～4.2%，缺口冲击强度为 26～31J/m，热变形温度（1.82MPa）为 122～138℃。

5.2.61　低烟 Mg (OH)$_2$ 阻燃 PA6

（1）产品配方

树脂 PA6	100	增韧剂 EPDM	5
阻燃剂 Mg(OH)$_2$	60	分散润滑剂 EBS	0.8
流动促进剂	2		

（2）制备方法

PA6→干燥→配料→混合→挤出→冷却→切粒→试样检测。

即先将 PA6 树脂与阻燃剂分别进行干燥处理，PA6 在 100～110℃下干燥 6h，阻燃剂干燥温度为 80～90℃。将干燥后的 PA6、阻燃剂与其他助剂在高速混合机中混合搅拌 10～15min，使物料分散均匀后，置于双螺杆（或单螺杆）挤出机熔融挤出。挤出温度为 210～275℃，螺杆转速为 200～230r/min。

（3）产品性能

该材料氧指数≥40%，燃烧性能等级 UL-94　V-0 级。

5.2.62　Mg(OH)$_2$ 无卤阻燃 PA66

（1）产品配方

树脂　PA66	100	阻燃剂 Sb$_2$O$_3$	7
阻燃剂 Mg(OH)$_2$	50	增韧剂 EPDM-g-MAH	5
BTMPI	20	助剂 PTFE	1

（2）制备方法

PA66 在挤出前要先进行干燥处理，干燥温度 100～110℃，时间 5～6h。将干燥后的 PA66 与阻燃剂及助剂投入高速混合机，在一定温度下混合搅拌 10～15min，使物料分散均匀后置于双螺杆挤出机熔融挤出。挤出温度为 200～270℃，螺杆转速为 200～240r/min。

（3）产品性能

该材料氧指数 33.2%，燃烧性能等级 UL-94　V-0 级，拉伸强度为 53.5MPa，弯曲强度为 65.2MPa，缺口冲击强度为 4.5kJ/m^2，热变形温度（1.82MPa）为 125℃。

5.2.63　DBDPO 阻燃改性 PA66

（1）产品配方

树脂　　PA66	100	增韧剂　EPDM-g-MAH	5
阻燃剂　DBDPO	19	润滑剂　氧化石蜡	0.4
Sb$_2$O$_3$	7		

（2）制备方法

将 PA66 树脂在 100～110℃烘箱内干燥处理 5～6h，然后按配方比例与阻燃剂及助剂等在高速混合机中于一定温度下搅拌 10～15min，搅拌均匀后投入双螺杆挤出机熔融挤出。挤出温度为 200～265℃，螺杆转速为 200～230r/min。

（3）产品性能

该材料氧指数 30.5%，燃烧性能等级 UL-94　V-0 级，拉伸强度为 56.2MPa，弯曲强度为 88.1MPa，断裂拉伸应变为 2.8%，悬壁梁缺口冲击强度为 25.3 J/m，热变形温度为（1.82MPa）125℃。

5.2.64 玻璃纤维（GF）增强阻燃 PA66

（1）产品配方

树脂	PA66	100	偶联剂	KH550	0.8
增强剂	玻璃纤维(GF)	30	增韧剂	PE-g-MAH	5
阻燃剂	赤磷	9	润滑剂	复合 G-70	0.3
	MCA	6			

（2）制备方法

将 PA66 在烘箱中于 100～110℃下干燥 5～6h。除去水分后，置于高速混合机中在一定温度下与阻燃剂及助剂充分混合搅拌 10～15min，使物料分散均匀，再投入双螺杆挤出机熔融挤出，而玻璃纤维则从挤出机的第二进料口经偶联剂浸渍处理后加入。挤出机螺杆 L/D ≥28:1，机筒温度为 220～275℃，螺杆转速为 60～80r/min。

（3）产品性能

该材料氧指数 28.5%，燃烧性能等级 UL-94　V-0 级，拉伸强度为 133.6～148.2MPa，弯曲强度为 208～215MPa，拉伸弹性模量为 2.9～3.2GPa，断裂拉伸应变为 2.5%～2.9%，带 V 形缺口冲击强度为 11.2～15.8kJ/m²，热变形温度（1.82MPa）为 158～198℃。

5.2.65 TDBPPE 阻燃改性 PC

（1）产品配方

树脂 PC	100	抗氧剂 300	0.2
阻燃剂 TDBPPE	8		

（2）制备方法

PC 干燥→混合→挤出→冷却→切粒→干燥→试样检测。

先按配方比例将 PC 置于真空烘箱内于 100～120℃下恒温干燥 5～6h，然后与阻燃剂一起投入高速混合机混合。在 110～120℃下高速搅拌 10～15min，使物料分散均匀后，投入双螺杆（或单螺杆）挤出机熔融挤出。挤出温度控制在 240～280℃，螺杆转速为 160～200r/min。

（3）产品性能

该材料氧指数≥39.6%，燃烧性能等级 UL-94　V-0 级，拉伸强度为 68～71.5MPa，断裂拉伸应变为 88.3%～98.8%，缺口冲击强度为 25～28.5kJ/m²，热变形温度（1.82MPa）为 113～125℃。

5.2.66 PC/ABS 阻燃合金

（1）产品配方

树脂	PC	70	相容剂	ABS-g-MAH	2.5
	ABS	30		PE-g-MAH	5

改性剂	MBS	4.5	填充剂	有机硅粉	2.5
阻燃剂	十溴二苯醚	12.5	抗氧剂	1010	0.2
	Sb_2O_3	5		DLTP	0.3

（2）制备方法

原料干燥→混合→挤出→冷却→切粒→干燥→试样检测。

先将 PC 热风预干燥，干燥温度 110～120℃，时间 5h。将 ABS、阻燃剂在 80～90℃下热风干燥 5h，然后与其他助剂一起投入高速混合机中。在 110～120℃下，搅拌 10～15min，使物料分散均匀后置于挤出机熔融挤出。挤出机机筒各区段温度为 230～260℃、240～270℃、240～280℃、240～265℃，机头温度为 240～265℃；螺杆转速为 120～160r/min。

（3）产品性能

该材料氧指数 32.5%，燃烧性能等级 UL-94 V-0 级，拉伸强度为 5.8MPa，弯曲强度为 79.8MPa，弯曲弹性模量为 1.93GPa，缺口冲击强度为 27kJ/m²，热变形温度为 112℃。

5.2.67 玻璃纤维（GF）增强 PC/PET 共混阻燃

（1）产品配方

树脂	PC	50	相容剂	SEBS-g-MAH	4.5
	PET	50	偶联剂	KH550	0.6
增强剂	玻璃纤维（GF）	20	阻燃剂	磷酸三（2,3-二溴丙基）酯（TDBPP）	
加工助剂	PTFE	0.5			12

（2）制备方法

树脂、阻燃剂、玻璃纤维及其他助剂加工前均需干燥处理。PC 在真空烘箱中于 110～120℃下恒温 5h，PET 树脂、相容剂在鼓风烘箱内于 90～110℃下烘干 5h，阻燃剂、PTFE 及其他助剂在混合机中于 80～90℃下搅拌 5～10min。然后一起投入高速混合机。在一定温度下搅拌 10～15min，物料分散均匀后置于双螺杆挤出机料口挤出，而干燥后的 GF 则从挤出机第二进料口经偶联剂浸渍处理后熔融挤出。挤出温度控制在 230～280℃，螺杆转速为 40～60r/min。

（3）产品性能

该材料氧指数 ≥30%，燃烧性能等级 UL-94 V-0 级，拉伸强度为 140MPa，弯曲弹性模量为 5.3GPa，断裂拉伸应变为 2.7%，悬壁梁缺口冲击强度为 59J/m，热变形温度为 201℃。

参考文献

[1] 蔡靖. LDH 基阻燃抑烟剂的制备及在阻燃聚丙烯中的应用 [D]. 绵阳：西南科技大学，2016.

[2] 邵佳丽. PC/ABS 合金无卤阻燃研究 [D]. 杭州：浙江大学，2016.

[3] 千燕敏. PPTA/EG/APP 对 ABS 机械性能与阻燃性能影响的研究 [D]. 秦皇岛：燕山大学，2015.

[4] 何园. 基于聚磷酸铵的膨胀型阻燃聚丙烯的制备与性能 [D]. 开封：河南大学，2016.

[5] 胡亚鹏. 基于三嗪结构的膨胀性阻燃聚丙烯的结构与性能 [D]. 太原：中北大学，2016.

[6] 郑晓晨. 耐老化阻燃 PVC/ABS 合金的研究 [D]. 北京：北京化工大学，2016.

[7] 宋晓卉. 分子筛的改性对无卤阻燃聚丙烯复合材料燃烧性能的影响 [D]. 北京：北京化工大学，2016.

[8] 刘云. 膨胀阻燃聚乙烯泡沫材料结构与性能的研究 [D]. 大连：大连工业大学，2016.

[9]　虞华东. 蛭石/PVC/BaSO$_4$隔声复合材料的阻燃性能研究 [D]. 杭州：浙江理工大学，2016.

[10]　刘景章. 一种 PVC 改性阻燃塑料及其制备方法 [P]. CN109517296A，2019-03-26.

[11]　刘建军. 一种膨胀阻燃塑料制备方法 [P]. CN109135044A，2019-01-04.

[12]　马育胜. 一种低密度阻燃聚乙烯塑料的制备方法 [P]. CN109135011A，2019-01-04.

[13]　程聚光. 一种阻燃塑料的加工工艺 [P]. CN109161170A，2019-01-08.

[14]　徐再，徐惠凤，徐靖，等. 一种用于 3D 打印的阻燃增强 PLA 复合材料 [P]. CN106832836A，2017-06-13.

[15]　袁国防，黄清华，刘甜甜，等. 一种阻燃环保型聚乳酸塑料及其制备方法 [P]. CN106243656B，2019-03-01.

[16]　张蒙. 一种汽车内饰用阻燃聚乳酸塑料 [P]. CN106243649A，2016-12-21.

[17]　杨桂生，计娉婷，朱敏，等. 一种无卤阻燃聚丙烯材料及其制备方法 [P]. CN109575430A，2019-04-05.

[18]　舒帮建，孟征，黄兴宇，等. 一种碳纳米管改性的阻燃增强聚丙烯材料及其制备方法 [P]. CN109535555A，2019-03-29.

[19]　刘妍，朱业安，王云，等. 一种高效阻燃型聚丙烯材料的制备方法 [P]. CN109467803A，2019-03-15.

[20]　商德发. 阻燃聚丙烯复合材料的制备及性能研究 [D]. 哈尔滨：哈尔滨理工大学，2006.

[21]　刘学习，雷长明，程振民，等. 阻燃增强 PET 工程塑料的研制 [J]. 工程塑料应用，2007（04）：4-6.

[22]　李小建. 氧化剂与炭化剂改性膨胀阻燃低密度聚乙烯的阻燃性能研究 [D]. 苏州：苏州大学，2006.

[23]　韩建竹，夏英，塞锡高，等. 膨胀型无卤阻燃 ABS 的制备及性能研究 [J]. 工程塑料应用，2007（01）：8-11.

[24]　陈一民，刘芳，周婵华，等. 全水发泡非卤阻燃聚氨酯硬质泡沫塑料的制备与性能 [J]. 聚氨酯工业，2007（01）：24-27.

[25]　刘景典. 一种阻燃 ABS 材料及其制作方法 [P]. CN109438909A，2019-03-08.

[26]　潘德群. 用于 3D 打印的低气味无卤阻燃 PLA/PC 材料及其制备方法 [P]. CN109627716A，2019-04-16.

[27]　李德龙，马俊杰. 一种高韧性阻燃 PLA/PC 合金材料的制备方法 [P]. CN109206874A，2019-01-15.

[28]　王永强. 阻燃材料及应用技术 [M]. 北京：化学工业出版社，2003.

[29]　赵明，杨明山. 实用配方设计·改性·实例 [M]. 北京：化学工业出版社，2019.

[30]　齐贵亮. 塑料改性实用技术 [M]. 北京：机械工业出版社，2015.

6

蛋白质塑料与纤维素塑料配方与应用实例

6.1 蛋白质塑料

6.1.1 概念

以蛋白质树脂为主要成分的塑料称为蛋白质塑料，如酪蛋白塑料（即酪素塑料）、大豆蛋白塑料等，主要用于制作日用品（如纽扣、带扣、编织针）、玩具等。蛋白质塑料大多数属于可降解塑料范畴，由于其可生物降解性、原材料可再生、具有较好的力学强度和耐水性能，可作为一种环境友好型新塑料，在生物医疗、农业工程等领域具有非常广阔的应用前景。

6.1.2 蛋白质塑料特点

蛋白质是由不同的氨基酸为基本单位通过肽键（—NHCO—）连接而成的大分子，分子量在 1 万～100 万之间，因种类不同而异，构成天然蛋白质的主要氨基酸约有 20 多种，含有 C、H、O、N 元素，大部分还含有 S 元素等。农副产品植物蛋白质作为一种非石油、可生物降解和可再生的资源受到高分子材料业界广泛关注。以农副产品蛋白质为原料生产的生物基塑料被称为"第二代生物塑料"，是当前世界上重点开发的可生物降解的塑料之一。目前通常以动植物废弃蛋白质为生产原料，如动物角蛋白、禽类羽毛蛋白、大豆残渣蛋白、小麦麸质蛋白和棉籽蛋白等。蛋白质塑料已经在许多特殊领域显示出其应用价值，像农用薄膜、植物培养塑料盆和塑料花瓶等农业园林领域；医用输液管、组织工程支架与药物载体等生物医用领域；食品包装、一次性环保餐具等食品领域。

6.1.3 蛋白质塑料发展历史

由天然蛋白质为原料生产生物可降解塑料的历史可追溯到 18 世纪中期到 19 世纪。据记载，人们将木屑与植物油、金属填料混合，然后将血液/鸡蛋胶凝状物质在水中稀释，随后将两部分混合均匀，再在一种以蒸汽加热的螺旋压机中模压成各种形状的纪念章。20 世纪初，人们以树木纤维、染料、树脂等天然资源制作了各种漂亮的塑料碗、容器、台灯、收音机等可降解塑料产品。美国福特公司 20 世纪 30 年代投入了大量资金和人力致力于开发大豆蛋白塑料，并成功将其应用在汽车的零部件上（车门把手及车身部件等），只是由于这类大豆蛋白塑料产品吸湿性比较高，会导致产品变形。第二次世界大战是可生物降解塑料工业发展的一个转折点，石油基合成类有机塑料产品的出现，导致天然可生物降解类塑料产品的应用停滞。直到 20 世纪 80 年代，蛋白质塑料的研究主要是作为填充或共混材料和普通石油基热塑性材料共混，以减少塑料材料的成本并有利于材料的分解；之后的研究，都是把从各种植物果实提取出来的蛋白质作为塑料的基体材料加以改性研究，利用传统设备加工达到应用目的。随后也出现了一些提高大豆蛋白、酪蛋白塑料产品力学强度的方法，如水溶性铝盐、甲醛和二醛类交联剂，以及提高塑料疏水性能的改性方法。

我国有着非常丰富的蛋白质资源，是世界上主要的大豆生产国，而大豆约含 40% 的蛋白质；同时，我国又是世界上的产棉大国，棉籽蛋白质也有着巨大的资源，其产量居世界第一。利用大豆及棉籽榨油后的废料——豆粕生产蛋白质塑料，既能提高豆粕的利用价值，又开辟出巨大的塑料蛋白质资源，因此蛋白质塑料将会在我国具有良好的市场前景。

6.2　蛋白质塑料的改性

蛋白质塑料的研究和开发已经成为材料领域中的新兴课题，但是蛋白质材料的聚集态结构尚不清楚，其耐水性较差，限制了蛋白质塑料的研究、开发及应用。另外，蛋白质的结构比较复杂，分子链上拥有大量活泼基团，有宽广的物理和化学改性空间。在大多数蛋白质分子化学结构中，除肽键外，还有很强的氢键、偶极作用、离子键、疏水相互作用及二硫共价键，所以蛋白质具有刚硬、脆性的物理特性和较差的流动性；分子链之间缺乏物理缠结，使其在宏观上无法体现出高分子材料的基本性质。加入能与蛋白质分子中的羟基作用、破坏蛋白质分子中的氢键，并使其空间结构解体的材料，如尿素和碱可提高蛋白质塑料的熔体指数、韧性及加工流变性；加入增塑剂，可降低蛋白质塑料的玻璃化转变温度，提高熔体流动性能，并减小最终产品的脆性。常用增塑剂品种有甘油、乙二醇、丙二醇、二乙酸酯、三乙酸酯及山梨醇等。含有羟基的小分子可以进入蛋白质分子之间并减弱其分子间作用力，对蛋白高分子有普遍的增塑作用。水和甘油是研究最多的增塑剂，它们对蛋白质的作用不仅体现在加工性能的改进上，而且对材料的力学性能、热性能和吸水性能以及断面结构形态等方面有极大影响。交联改性可提高蛋白质塑料的拉伸强度、弹性模量、硬度和耐水性。

6.3　大豆蛋白质塑料配方、制备与性能

6.3.1　挤出级大豆蛋白质塑料

（1）产品配方

大豆分离蛋白质（SPI）	100	淀粉	20
水	70	大豆油	1
甘油	30	硬脂酸	2

| 十二烷基硫酸钠 | 2 | 聚乙烯醇 | 15 |
| 壳聚糖 | 5 | | |

（2）制备方法

将大豆蛋白粉、水和其他加工助剂或共混物置于烧杯中，混合顺序按照能溶于水的助剂先充分溶于水中，然后与增塑剂甘油充分混合；再加入蛋白质及其他共混物，充分搅拌至混合物蓬松无块状。在挤出机上挤出造粒，挤出机各段温度为一区65℃、二区95℃、三区100℃、四区115℃、机头110℃；再在此基础上挤出片材，挤出机各段温度为一区110℃、二区120℃、三区130℃、四区140℃，机头温度为135℃。

（3）产品性能

① 大豆油能够提高挤出片材的质地均匀性和制品的表面质量，但对挤出加工不利，大豆油含量小于1份时材料拉伸性能较好，强度和断裂拉伸应变最大。

② 硬脂酸和十二烷基硫酸钠加入后，挤出片材表面从光滑、平整、半透明变为表面皱褶有波动、不透明，并且在其用量大于2份以后，出现打滑现象。

③ 壳聚糖对材料有补强作用。

④ 淀粉可改善共混体系的加工性，随淀粉的增加，挤出片材的表面越来越平整、光滑，质地越来越均匀，挤出也趋于稳定。

⑤ 材料拉伸强度、断裂拉伸应变和吸水率分别为4.5MPa、100％和112％。

6.3.2　甘油增塑大豆蛋白质塑料

（1）产品配方

| 大豆分离蛋白质(SPI) | 100 | 水 | 80 |
| 甘油 | 20 | | |

（2）制备方法

将SPI与一定质量的甘油置于高速混合机中，以3000r/min的速度混合15min，得到SPI/甘油混合物，将混合物的一半放在密封的玻璃瓶中在25～30℃下存放一周。用挤出机（杆直径为19mm，长径比为25∶1）在转速为30r/min时挤出。从进料口到挤出口的三段温度分别设置为80℃、100℃和120℃，挤出过程重复进行4次，将颗粒混合物置于模具中模压成2mm厚度试片。模压温度为140℃，压力为20MPa，时间为10min。

（3）产品性能

① 甘油增塑的SPI塑料存在两个玻璃化转变温度。

② SPI中存在与甘油亲和性差异较大的两种蛋白质结构，从而导致两个玻璃化转变温度以及富甘油和富蛋白微区的产生。

6.3.3　大豆蛋白质/蒙脱土纳米复合材料

（1）产品配方

| 大豆分离蛋白质(SPI) | 70 | 甘油 | 30 |
| 水 | 50 | 蒙脱土(MMT) | 变量 |

（2）制备方法

将10g的大豆蛋白质（SPI）分散在160mL蒸馏水中，室温下搅拌直至形成均匀的淡黄色乳液。同时，将一定量的蒙脱土分散到 40mL 蒸馏水中，室温下搅拌 30min 形成蒙脱土悬。随后将蒙脱土悬浮液滴加到 SPI 乳液中，并在 60℃ 下反应 2h。反应结束后，将黄色的黏稠状液体在 25℃ 下以 9000r/min 的转速离心 15min，所得沉淀经过丙酮洗涤 3 次后降压抽滤，真空干燥 24h，得到 SPI/MMT 纳米复合物粉末。将粉末与甘油（粉末质量：甘油质量＝70：30）混合后以 3000r/min 的速度混合 15min。然后将上述混合物用单螺杆挤出机进一步混合挤出，挤出机三段温度分别设置为 80℃、100℃ 和 120℃。最后挤出物在 140℃、20MPa 下模压成型得到蛋白质/蒙脱土纳米复合塑料试片。

（3）产品性能

SPI/MMT 纳米复合物粉末和试片的结构主要依赖于 MMT 的含量。当 MMT 含量低于 12% 时，MMT 被剥离成厚度约为 1～2nm 的独立片层；当 MMT 含量高于 12% 时，插层结构在 SPI/MMT 复合物中占优势地位。大豆蛋白质分子表面正电荷分布的不均匀性导致带负电的 SPI 分子对同样带负电的 MMT 产生插层和剥离作用。

6.3.4　纳米级羟丙基木质素/大豆蛋白质塑料

（1）产品配方

大豆分离蛋白质(SPI)	94	甘油	30
麦秆碱木素	6	氯化铝(AlCl$_3$)	变量
戊二醛(GA)	3.3		

（2）制备方法

将 8g 大豆蛋白质溶解在 200mL 浓度为 0.01mol/L 的 NaOH 溶液中，然后添加一定量的羟丙基木质素（HPL），剧烈搅拌后得到均匀溶液。反应时间为 0.5h，反应温度为（60±1）℃。反应结束后，用 HCl 将反应液的 pH 值调节为 3.8，反应液酸化后得到 SPI/羟丙基木质素复合物，将复合物和甘油按 70：30 比例高速混合后，加入三段温度分别设置为 80℃、100℃ 和 120℃ 的挤出机挤出。将挤出物置于抛光不锈钢板制成的模具中模压成型。模压温度为 140℃，压力为 20MPa，时间为 10min。

（3）产品性能

SPI/HPL 复合物为无规交联网络结构，包括 HPL 与 SPI 之间的物理交联以及由 GA 引起的化学交联。TEM 照片表明 GA 的增容作用使 HPL 颗粒的直径大约稳定在 50nm，而且 SPI/HPL 复合物呈现较强的界面黏结力。当 HPL 含量从 0% 提高到 6% 时，其玻璃化转变温度明显上升，主要归结于 HPL 纳米颗粒对网络结构的限制作用。物理交联和化学交联网络结构的共同存在对大豆蛋白质塑料力学性能和热性能的提高起重要作用。

6.3.5　豆粕/二甲基二氯硅烷塑料

（1）产品配方

豆粕	100	SiO$_2$	2
尿素	48	ZnSO$_4$	18
十二烷基苯磺酸钠	16		

（2）制备方法

配制豆粕饱和溶液：其中 NaOH 浓度 0.25mol/L、尿素浓度 0.8mol/L、表面活性剂、足量的 SPI 粉，在 70℃ 下加热 60min。在溶液中加入 ZnSO$_4$ 和 SiO$_2$ 搅拌 10min。最后，边搅拌边用二甲基二氯硅烷滴定溶液至中性并产生大量沉淀，60℃下离心分离并干燥，得到改性豆粕粉末。在转矩流变仪密炼机中混合均匀后，在120℃和10MPa平板硫化机中压制10min制成试片。

（3）产品性能

当豆粕处在无酸无碱的环境下时，材料的拉伸强度达到最佳。随着十二烷基苯磺酸钠用量的增加，材料的拉伸强度显著提高，吸水率大幅上升，断裂拉伸应变逐渐下降。

6.3.6 大豆蛋白质/亚麻纤维复合材料

（1）产品配方

| SPI | 100 | 二甲基二氯硅烷 | 2 |
| 尿素 | 48 | 亚麻纤维 | 8 |

（2）制备方法

将大豆蛋白质和亚麻纤维在50℃氢氧化钠和尿素溶液中搅拌50min，常温下加入二甲基二氯硅烷混合10min，60℃下离心分离并干燥，制得改性SPI。在转矩流变仪密炼机中塑炼均匀后，再在120℃和10MPa的平板硫化机中压制10min，制成标准试片。

（3）产品性能

大豆蛋白质/亚麻纤维复合材料的拉伸强度为8.5MPa，球压痕硬度为11.2MPa，熔体指数为3.8g/10min，吸水率为18%。

6.3.7 大豆蛋白质/还原剂材料

（1）产品配方

| SPI | 100 | 甘油 | 50 |
| 水 | 70 | 还原剂（Na_2SO_3） | 2 |

（2）制备方法

将大豆分离蛋白质（SPI）、甘油和还原剂（Na_2SO_3）共混物置于烧杯中，将能溶于水的助剂先充分溶于水中，然后与甘油充分混合，再加入蛋白质及其他共混物，充分搅拌至混合物蓬松，无块状。将混合好的混合物通过挤出机挤出片材，各段温度分别为90℃、120℃和130℃。将片材在120℃和10MPa的平板硫化机中压制10min，制成标准试片。

（3）产品性能

大豆蛋白质/还原剂材料的拉伸强度为3.5MPa，断裂拉伸应变为110%，冲击强度为4.1kJ/m²，挤出片材表面光滑。

6.3.8 大豆蛋白质/硬脂酸复合材料

（1）产品配方

| SPI | 100 | 甘油 | 30 |
| 水 | 100 | 硬脂酸 | 10 |

（2）制备方法

① 将大豆分离蛋白质、甘油、硬脂酸按一定比例置于烧杯中，搅拌至蛋白质粉蓬松，

无块状；然后放入平板硫化机的模具中加热、加压一定时间后取出，冷却至室温后制样。

②　将大豆分离蛋白质粉和增塑剂按照一定的比例混合后，加入10倍蛋白质质量的水，滴加配好NaOH溶液调节pH值等于10。水浴加热至80℃，恒温搅拌30min；然后加入一定比例的硬脂酸，继续滴加NaOH溶液调节pH值等于10，继续恒温80℃，搅拌30min。将溶液倒在聚四氟乙烯平板上，在40℃的烤箱中干燥20h后即可成膜，制成标准样品。

（3）产品性能

①　增塑剂聚乙二醇300的含量为18%时，断裂拉伸应变达到70%，拉伸强度为2.21MPa，弹性模量为45MPa。

②　增塑剂聚乙二醇400的含量为18%时，断裂拉伸应变为70%，拉伸强度为2.21MPa，弹性模量为86MPa。

③　增塑剂聚乙二醇600的含量为12%时，断裂拉伸应变为60%，拉伸强度为2.24MPa，弹性模量为224MPa。

④　己内酰胺的含量为12%时，断裂拉伸应变达到最大120%，拉伸强度为2.85MPa，弹性模量为90MPa。

6.3.9　大豆蛋白质/水性聚氨酯塑料

（1）产品配方

SPI	100	水		60
水性聚氨酯	40			

（2）制备方法

按配方将SPI、水和水性聚氨酯于室温下混合搅拌30min，在玻璃板上流延后放入45℃烘箱中干燥24h后制得固体混合试样；将试样放在115℃、20MPa的平板中热压10min，制成厚度为0.3mm的试片。

（3）产品性能

大豆蛋白质与水性聚氨酯有很好的相容性，材料拉伸强度达到15MPa，吸水率仅为29%。

6.3.10　大豆蛋白质/甲基丙烯酸缩水甘油酯塑料

（1）产品配方

SPI	75	甲基丙烯酸缩水甘油酯	5
甘油	25		

（2）制备方法

按配方将SPI、甘油和甲基丙烯酸缩水甘油酯混合搅拌30min，放置12h以上，将试样放在160℃、4MPa的平板中热压5min；冷却至50℃以下后制成厚度为2mm的试片，裁取标准试样进行性能测试。

（3）产品性能

材料拉伸强度达到14.5MPa，断裂拉伸应变为50%。

6.4 其他蛋白质塑料配方、制备与性能

6.4.1 棉籽蛋白质/甘油塑料

（1）产品配方

棉籽蛋白质	80	马来酸酐	变量
甘油	20		

（2）制备方法

将提取出的棉籽蛋白质粉碎后过 200 目筛，按配方比例与甘油和马来酸酐混合，搅拌到蓬松无结块后球磨 20min，放置过夜。其中，马来酸酐的质量分数分别为 0%、5%、10%、15%、20%，将混合物在一定温度、压力（140℃、10MPa）条件下，在平板硫化机上预热 2min，模压 10min 后得到片材，将其用冲片机裁成哑铃形试样进行力学性能测试。

（3）产品性能

当马来酸酐的加入量为 5% 时，材料的抗拉强度达到最大值，为 14.2MPa。马来酸酐的加入提高了蛋白质塑料的断裂拉伸应变，显著降低其吸水率。用马来酸酐、甘油改性的棉籽蛋白质塑料的最佳加工条件为 140℃、10MPa，模压 10min。马来酸酐中的羰基与蛋白质中的氨基发生酯化反应，导致棉籽蛋白质塑料性能发生改变。

6.4.2 棉籽蛋白质/环氧氯丙烷塑料

（1）产品配方

棉籽蛋白质	100	乙二醇	30
环氧氯丙烷	40		

（2）制备方法

将棉籽饼粕粉碎，过 200 目筛后干燥（40℃，12h），加入一定量的蒸馏水和盐，在水浴中加热搅拌至所需温度。称量上步得到的粉料，加入溶液中，反应一定时间后进行萃取并离心分离，取上层清液加入阳离子交换树脂调至所需的 pH 值后，进行离心分离。取出沉淀，用去离子水洗涤 3 遍，放于鼓风干燥箱内干燥（50℃，24h），得到棉籽分离蛋白；然后将棉籽分离蛋白与环氧氯丙烷混合，搅拌至蓬松无结块后放置过夜。在一定温度、压力（150℃、10MPa）条件下，在平板硫化机上模压成型，裁成标准样条。

（3）产品性能

提取棉籽蛋白质的条件为温度 50℃，质量浓度为 20g/L，液粕体积比为 12:1、提取时间为 100min。蛋白质提取率为 17.8%，蛋白质纯度为 100%；棉籽蛋白质/环氧氯丙烷塑料的抗拉强度达到 41.5MPa，断裂拉伸应变为 22%，吸水率为 30%。

6.4.3 无腺棉籽蛋白质塑料

（1）产品配方

无腺棉籽蛋白质	100	甘油	30

（2）制备方法

① 无腺棉籽蛋白质的制备　称量 100g 棉籽蛋白粉放入烧杯中，加入 80g 蒸馏水，再加入尿素溶液（6g 尿素/100g 去离子水）搅拌 4h 后，调节混合液 pH 值为 11，70℃下搅拌 30min。在混合溶液中加 25g 甲醛交联剂，继续搅拌 10min，混合液在 80℃烘箱中干燥 12h，制得无腺棉籽蛋白质。

② 蛋白质塑料的制备　按配方称取无腺棉籽蛋白质和甘油高速搅拌混合均匀后放入热压模具中，热压温度达到 130℃，压力为 20MPa，热压 5min，冷却后取出制品。

（3）产品性能

无腺棉籽蛋白质塑料的拉伸强度为 0.39MPa，断裂拉伸应变为 4.5%，室温下储能模量下降至原来的 1/12。吸水也能引起储能模量的减小，埋在土壤中 30d，其质量损失率为 28%。

6.4.4　小麦蛋白质/辛醛塑料

（1）产品配方

| 小麦蛋白质 | 60 | 辛醛 | 变量 |
| 甘油 | 40 | | |

（2）制备方法

按配方称量后进行充分混合，搅拌、研磨后将混合物在三辊机上研磨 20min，然后将混合物放在模具中，在平板硫化机上模压成型。压力为 10MPa，温度为 120℃，时间为 15min，样品冷却后取出。

（3）产品性能

辛醛改性的小麦蛋白质塑料的弹性模量、拉伸强度和断裂拉伸应变均随模压温度的升高而增大；交联密度随模压温度的升高而升高，进一步说明了模压温度越高，蛋白质分子内和分子间的相互作用力越强，蛋白质内部交联越充分。在一定范围内，提高模压温度可提高蛋白质塑料的力学性能。

随着辛醛含量的增大，改性蛋白质塑料的模量呈先升高后降低的趋势。当辛醛含量为 4% 时，模量最高。随着辛醛用量的增加，材料拉伸强度和断裂拉伸应变降低。材料交联密度在辛醛含量为 2% 时最高。

6.4.5　明胶蛋白质塑料

（1）产品配方

| 明胶 | 100 | 山梨醇 | 2 |
| 甘油 | 20 | Na_2SiF_6 | 6 |

（2）制备方法

按配方称量后加入带有搅拌和加热装置的三口烧瓶中，在 90℃水浴中高速搅拌分散 30min 左右，用盐酸和 Na_2CO_3 将混合溶液 pH 值调节到 6.5~8.5 之间，制得分散均匀的蛋白质溶液。在 40℃烘箱中将蛋白质溶液用溶液流延法成膜，干燥后便可得到透明的制品。

（3）产品性能

① 材料的拉伸强度随甘油用量的增加呈现明显的升高趋势，增塑剂的质量分数大于

15%时，材料断裂拉伸应变大于100%，表现出优异的韧性。

② Na₂SiF₆用量大于6%时，材料的拉伸强度急剧下降。当其用量少于8%时，对塑料薄膜的断裂拉伸应变没有明显影响。

③ 材料流延薄膜在土壤中放置20d的降解度小于10%，说明蛋白质基塑料薄膜具有降解性的同时，其在一定时期内性质不会有显著变化。

6.5 纤维素塑料

6.5.1 简介

纤维素塑料是将植物中纤维素经过化学反应加入各种助剂后再经物理改性而得到的一类热塑性塑料。纤维素塑料种类很多，性能各异。纤维素类塑料主要有硝酸纤维素、醋酸纤维素、醋酸-丙酸纤维素、醋酸-丁酸纤维素、丙酸纤维素等。其中，硝酸纤维素是已知的第一个塑料品种，最早用樟脑作为增塑剂，用于文教用品、摄影底片、乒乓球和包装材料；醋酸纤维素是纤维素衍生物中较早实现商品化的材料，根据其取代度的大小可分为一醋酸纤维素、二醋酸纤维素和三醋酸纤维素。商业上广泛应用的是二醋酸纤维素，其次是三醋酸纤维素，广泛应用于纺织纤维和香烟滤嘴。纤维素塑料可采用模压、吹塑、注塑、挤出加工等工艺生产，可应用于汽车风挡、文具用品、包装薄膜、军用安全玻璃、日用品、照相机零件、收音机外壳、军用品、电绝缘零件和医药卫生用品等。

6.5.2 纤维素塑料性能特点

纤维素是地球上最丰富的天然高分子材料。植物中木材（针叶材、阔叶材）、草类（麦秸、稻草、芦苇、甘蔗渣、龙须草、高粱秆、玉米秆）、竹类（毛竹、慈竹、白夹竹）、韧皮类（亚麻、大麻、芒麻）以及籽毛类（棉花）都是纤维素的主要来源。植物的细胞壁主要含纤维素、半纤维素和木质素，纤维素衍生物早已用于加工塑料。纤维素塑料是热塑性塑料中最为强韧的塑料之一，具有光泽良好、透明度好、硬度大、力学性能及尺寸稳定性好等优点，具有优良的耐热性、电绝缘性、耐候性、化学性等。尽管纤维素分子内和分子间存在大量氢键作用导致纤维素很难溶解和熔融，但纤维素衍生物可熔融加工。纤维素酯类被认为是未来最有潜力作为生物来源的聚合物之一。

6.5.3 纤维素塑料配方、制备与性能

6.5.3.1 DMI增塑二醋酸纤维素超滤膜

（1）产品配方

| 二醋酸纤维素(CDA,乙酰化68%) | 20 | 1,3-二甲基-2-咪唑啉酮(DMI) | 80 |

（2）制备方法

将CDA置于70℃烘箱中干燥24h，除去水分，称取一定量的二醋酸纤维素置于三口烧瓶中，按一定比例加入稀释剂DMI，经熔融搅拌后得到均相铸膜液，抽真空脱泡1h；将脱

泡后的铸膜液于已预热的玻璃片上刮制成膜，然后迅速放入 0℃ 去离子水中，使其发生相分离，并在去离子水中浸泡 12h，每隔 1h 换一次水。

（3）产品性能

随着 CDA 固含量的增大，膜的致密度增加，孔隙率以及平均孔径、水通量降低幅度均有所减小，膜的拉伸强度显著提高；当 CDA 固含量为 20％ 时，在 0.5MPa 操作压力下，CDA 膜可保持较高的水通量和截留率，同时具有较高的拉伸强度（6.10MPa）。

6.5.3.2　醋酸纳米纤维膜

（1）产品配方

二醋酸纤维素(乙酰化 39.8％)	13	丙酮	29
N,N-二甲基乙酰胺	58		

（2）制备方法

① 纺丝液制备　分别称取 1.95g 二醋酸纤维素片并将其溶解在 9mL N,N-二甲基乙酰胺和 6mL 丙酮（两者体积比为 3∶2）的混合溶液中。将纺丝液放在恒温（室温）磁力搅拌器上充分搅拌约 5h，使二醋酸纤维素片完全溶解，即得到质量分数为 13％ 的纺丝液。

② 醋酸纳米纤维膜制备　将注有纺丝液的注射器固定在注射泵上，调整纺丝管高度与接收板位置，使喷丝头与接收板的中心基本位于同一水平线上，调整二者的距离至 13cm。将阳极接在注射器的针头处，阴极粘在接收屏上，并在接收屏上放一块大小合适的铝箔。打开注射泵，设定流量为 0.2mL/h，在注射泵的推动作用下，溶液在针头尖端形成半球形液滴。此时打开电源并调整电压至 16kV，使纺丝液处于稳定的无液滴自然下垂状态，喷丝口形成稳定的 Taylor 锥。纺丝液喷射到铝箔上，可得到非织布状的醋酸纳米纤维膜。

（3）产品性能

利用静电纺丝技术可以制备平均直径为 200～900nm、均匀性较好的醋酸纳米纤维膜，并具有较好的可纺性。醋酸纳米纤维膜具有优良的吸水性和滤菌性能。

6.5.3.3　醋酸纤维素山梨酸酯抗菌纤维

（1）产品配方

醋酸纤维素山梨酸酯	7	山梨酸酯	45
二醋酸纤维素	3	LiCl	45

（2）制备方法

将 1g 二醋酸纤维素加入 20mL N,N-二甲基乙酰胺中，在 60℃ 下搅拌使其完全溶解，

滴加吡啶然后按比例在冰水浴条件下缓慢滴加山梨酸氯，20min 后将体系移入 60℃ 油浴下搅拌反应 24h；反应结束后，所得产物用去离子水和无水乙醇洗涤数遍至中性，得到醋酸纤维素山梨酸酯；以 N,N-二甲基乙酰胺/LiCl 为溶剂，并加入一定量的纤维素以增加溶液的可纺性，配制质量分数为 10％（7％ 醋酸纤维素山梨酸酯和 3％ 纤维素的纺丝溶液）的纺丝溶液。将上述配制好的溶液真空脱泡至无气泡，安装纺丝装置，以水作为凝固浴，在常温下开始纺丝。在 0.2MPa 的氮气压力下，溶液细流以 1.2m/min 的挤出速度从喷丝头中挤出，经过空气层进入凝固浴中，溶液细流中的溶剂向水中扩散，同时水中的凝固剂向溶液细流内部扩散，醋酸纤维素山梨酸酯抗菌纤维从水中析出成型。

（3）产品性能

醋酸纤维素山梨酸酯纤维具有较好的表面形貌，且具有较高的熔点，随着取代度增大，醋酸纤维素山梨酸酯纤维的断面变得更为致密，结晶度和熔点先下降后上升，纤维的断裂强度逐渐增大，取代度为 1.13 的醋酸纤维素山梨酸酯纤维断裂强度达到 2.02cN/dtex。醋酸纤维素山梨酸酯纤维具有良好的抗菌效果，取代度为 0.81 的醋酸纤维素山梨酸酯纤维对大肠杆菌和金黄色葡萄球菌的抑菌率分别为 76.5% 和 90.2%。

6.5.3.4 二醋酸纤维素接枝聚乳酸改性 CDA/PLA 复合材料

（1）产品配方

PLA	80	CDA-g-PLA	5
CDA	20		

（2）制备方法

① CDA-g-PLA 制备　将 L-丙交酯置于反应器中，在氮气环境下 140℃ 油浴加热，搅拌至全部熔融。加入 CDA，并加快搅拌速度，直至物料全部熔融。用注射器加入催化剂辛酸亚锡的甲苯溶液，搅拌反应 1h，停止加热，冷却至室温，整个过程通氮气保护。加入氯仿，使反应物溶解，用过量无水乙醇析出沉淀，抽滤。重复 2 次。于 60℃ 下真空干燥 24h，得到淡黄色 CDA-g-PLA。

② CDA-g-PLA 增容 PLA/CDA 复合材料制备　配料后在双螺杆挤出机中挤出造粒，然后注射成标准试样。挤出机各段温度为 150℃、170℃、185℃，机头温度为 180℃，转速为 90r/min；85℃ 恒温箱中干燥 4h 后注塑成标准试样，注射机各段温度为 160℃、180℃、205℃，喷嘴温度为 200℃，注射压力为 20MPa；保压 5s。

（3）产品性能

相容剂的加入提高了 PLA/CDA 共混体系的相容性，复合材料的拉伸强度有很大程度提高；同时，聚乳酸/二醋酸纤维素共混体系的热变形温度提高到 68℃，比纯聚乳酸的耐热温度有大幅度提高。

6.5.3.5 二醋酸纤维素增塑膜

（1）产品配方

二醋酸纤维素(CDA)	70	硅烷偶联剂(KH550)	2
柠檬酸三丁酯	30		

（2）制备方法

按配方将二醋酸纤维素与柠檬酸三丁酯溶解于丙酮中，在 50℃ 恒温水浴中充分搅拌溶解，经过滤除去机械杂质。再于 60℃ 的真空干燥箱中脱泡 12h，制备得到铸膜液，在室温环境中将铸膜液倒在玻璃板上制膜。

（3）产品性能

随着增塑剂的加入，膜的拉伸强度下降，透光率和断裂拉伸应变增加；另外，增塑膜表面平滑，结构均匀。加入增塑剂后，CDA 的热失重过程发生了变化，热失重曲线向低温方向移动。增塑剂改变了 CDA 膜的热性能，降低其熔融温度，提高 CDA 膜大分子链的活动性，改善其加工性能。

6.5.3.6 多孔蒙脱土二醋酸纤维

（1）产品配方

二醋酸纤维素(CDA)	95	蒙脱土	5

（2）制备方法

称取一定量的二醋酸纤维素与蒙脱土溶解在二氯甲烷/丙酮（体积比＝9∶1）的混合溶液中，室温下搅拌至完全溶解，得到纺丝液。在室温条件下，将纺丝液倒入塑料注射器内，将注射器固定在注射泵上，静电喷丝收集在铝箔纸上得到多孔蒙脱土二醋酸纤维。

（3）产品性能

使用蒙脱土静电纺丝得到的多孔蒙脱土二醋酸纤维具有多孔洞结构，蒙脱土在纤维膜内产生团聚现象。

6.5.3.7 醋酸纤维素/PET 接枝共聚物

（1）产品配方

醋酸纤维素溶液	50	十二烷基硫酸钠	1
聚乙二醇	1	TiO$_2$	5

（2）制备方法

取醋酸纤维素溶液 50mL 与 1mL 聚乙二醇（分子量为 400）和 1mL 十二烷基硫酸钠溶液混合，加入体积比为 6% 的 TiO$_2$ 胶体，充分搅拌均匀。超声波静置 30min 后，在玻璃板上进行流延，得到醋酸纤维素/PET 接枝共聚物。

（3）产品性能

醋酸纤维素与二氧化钛之间产生了氢键作用力，复合膜的热稳定性和耐碱性均有所增加，并具有较好的抗菌性能。

6.5.3.8 醋酸纤维素/蒙脱土生物纳米复合材料

（1）产品配方

醋酸纤维素(取代度 2.45)	80	蒙脱土	5
PEG(聚乙二醇)	20		

（2）制备方法

将醋酸纤维素与聚乙二醇在 90℃ 高速混合机中混合均匀后加入蒙脱土，在双螺杆挤出机挤出造粒。挤出机各段温度为 150℃、165℃、180℃，机头温度为 180℃，转速为 60r/min；80℃ 恒温箱中干燥 4h 后注塑成标准试样。注射机各段温度为 160℃、180℃、205℃，喷嘴温度为 200℃，注射压力为 15MPa；保压 7s。

（3）产品性能

醋酸纤维素分子链插层进入蒙脱土层间。蒙脱土在醋酸纤维素基体中达到纳米级分散，且分散均匀；复合材料的拉伸强度达到 48.2MPa，储能模量和玻璃化转变温度均有提高。

6.5.3.9 二醋酸纤维素环氧树脂复合材料

（1）产品配方

CDA	70	环氧树脂(EP)	30

（2）制备方法

将二醋酸纤维素放到 60℃ 烘箱中真空干燥 24h，按配方称量后与 EP 在高速混合机中混合均匀，然后在转矩流变仪185℃的密炼机中以50r/min速度混合8min，得到CDA/EP块状复合材料；将块状复合材料放在200℃热板中压片，10MPa下制成2mm片材和4mm片材。

（3）产品性能

复合材料的拉伸强度为37.7MPa，断裂拉伸应变为40%，简支梁缺口冲击强度为9.0kJ/m²，维卡软化温度为86℃。同时，CDA与EP之间相容性较好，EP分子链可以完全"插入"CDA分子链之间，破坏CDA分子链的规整性，使得复合材料由脆性断裂向韧性断裂转变。

6.5.3.10 聚苯胺/醋酸纤维素复合膜

（1）产品配方

醋酸纤维（CA）	90	苯胺	10

（2）制备方法

将醋酸纤维素溶解在N,N-二甲基乙酰胺中，制成一定浓度的聚合物溶液，在N₂保护下，将苯胺单体与CA溶液搅拌混合均匀后涂在电极上制得复合膜。

（3）产品性能

当电流密度为0.5A/g，比电容为410F/g并且在一定电流密度范围内时，容量保持率较好；同时，复合膜电极具有良好的循环寿命，300次循环后，电容并没有明显衰减。

6.5.3.11 聚醚砜/醋酸纤维素复合膜

（1）产品配方

聚醚砜（PES）	18	醋酸纤维素	2.6
聚乙烯吡咯烷酮	12	N,N-二甲基乙酰胺	67.4

（2）制备方法

将醋酸纤维素溶于N,N-二甲基乙酰胺后，加入聚乙烯吡咯烷酮配成配方浓度的铸膜液，放入瓶中（与空气隔绝）于60℃溶解，直至制膜液均匀透明。在70℃烘箱中静置24h以上，脱泡后成膜。

（3）产品性能

PES/CA复合膜的最佳制备工艺条件为蒸发时间30s，凝固浴温度为30℃，凝固时间为30min，纯水通量为606.7L/m²·h。该复合膜抗污染性能更优。

6.5.3.12 马来酸酐熔融接枝醋酸纤维素

（1）产品配方

醋酸纤维素	94.6	马来酸酐（MAH）	5
DCP（过氧化二异丙苯）	0.4		

（2）制备方法

按配方称取MAH和DCP溶于丙酮中，然后与醋酸纤维素一起加入高速混合机中。物料混合均匀后再在双螺杆挤出机中进行熔融接枝，拉条、过水、切粒得到CA-g-MAH。挤出机四区温度分别为160℃、180℃、200℃、195℃，螺杆转速为60r/min。

（3）产品性能

以醋酸纤维素为基础树脂，过氧化二异丙苯为引发剂，马来酸酐为接枝单体，在双螺杆挤出机中于 175～200℃进行熔融接枝。当单体用量一定时，随着 DCP 添加量增加，CA-g-MAH 接枝率随之先增加后减小，在 DCP 添加量为 0.4% 时出现最大值；当 DCP 添加量一定时，在一定范围内，MAH 添加量增加，CA-g-MAH 接枝率随之增加；CA-g-MAH 较 CA 的热稳定性有较大提高，且 MAH 添加量为 5% 时提高最大；CA-g-MAH 较 CA 的体系黏度较小，流动性有显著改善，且随着 MAH 添加量的增加产物的体系黏度下降。

6.5.3.13　烟用二醋酸纤维素

（1）产品配方

二醋酸纤维素	70	乙酰柠檬酸三丁酯	15
环氧大豆油	15		

（2）制备方法

将二醋酸纤维素于 70℃条件下干燥 12h 后，加入增塑剂。在高速混合机中混合 1h，混合物在 80℃真空干燥箱中保温 12h 后得到预混料；预混料经平行双螺杆挤出机熔融挤出造粒，螺杆转速为 45r/min，各段温度为 170～195℃。粒料经熔融纺丝机纺丝，得到烟用二醋酸纤维素。

（3）产品性能

增塑剂对 CAD 的结晶性能有明显促进作用，纺丝过程中不会有增塑剂的挥发。采用这种方法所得的纺丝纤维不存在有机溶剂残留，没有有害成分增加。

6.5.3.14　纳米硝化纤维素纤维

（1）产品配方

硝化纤维素	9	乙醇	45.5
丙酮	45.5		

（2）制备方法

按配方称重后，将硝化纤维素溶入丙酮、乙醇溶液中，搅拌充分溶解制成静电纺丝液。纺丝电压为 14kV，纺丝液流量为 0.1mL/h，接收距离为 22cm。

（3）产品性能

采用溶液静电纺丝法，以体积比为 1:1 的丙酮/乙醇混合液作为纺丝液溶剂，可以实现硝化纤维素的静电纺丝成型。以优化的静电纺丝工艺条件（电压为 14kV，纺丝液流量为 0.1mL/h，接收距离为 22cm，纺丝液浓度为 9%）可以获得平均直径为 80nm 的纳米硝化纤维素纤维。

6.5.3.15　水性硝化纤维素乳液

（1）产品配方

硝化纤维素	3.6	二月桂酸二丁基锡（DBTD）	0.1
丙烯酸（AA）	1.37	三乙胺	2.0
甲基丙烯酸羟乙酯（HEMA）	0.37	异佛尔酮二异氰酸酯（IPDI）	1.39
全氟辛基乙基丙烯酸酯（FA）	0.07	水	50
偶氮二异丁腈（AIBN）	0.12		

（2）制备方法

向装有搅拌器、冷凝管、温度计和氮气保护装置的四口烧瓶中，加入一定量的 HEMA、FA 以及重结晶的引发剂 AIBN（MEK 溶解），60℃下反应 20min 后，向四口烧瓶中缓慢滴加 AA，恒温下反应 30min。降温至 45℃，加入 IPDI（MEK 溶解）和催化剂 DBTD，恒温反应 1h，制备出含氟丙烯酸酯亲水预聚体；升温至 75℃后，将 MEK 溶解的 NC 缓慢滴加到四口烧瓶中，使其与含氟丙烯酸酯亲水预聚体进行接枝共聚反应，恒温下反应 2h；降温至 40℃，加入 TEA 中和反应 30min。冷却至 25℃，在高速搅拌下加入 50mL 去离子水乳化，恒温高速分散乳化 2h 后，出料。将产物进行减压蒸馏除去 MEK 后即得含氟丙烯酸酯改性水性硝化纤维素（FWNC）乳液。将乳液流延成膜，在室温下自然干燥 24h，然后于 40℃烘箱中干燥 2h 取出，制得厚度约 0.5mm 的薄膜。

（3）产品性能

当单体聚合温度为 60℃，含氟丙烯酸酯用量为 1％，AA/HEMA＝3：1 时所得乳液粒径较小且分布较窄，平均粒径和分散系数分别是 54nm 和 0.042；乳液涂膜的吸水率降低至 2.0％，涂膜水接触角增大到 120°。

6.5.3.16 醋酸丙酸纤维素

（1）产品配方

棉纤维	10	催化剂	2.5
乙酸-乙酸酐	80	乙酸	48
丙酸酐	36	丙酸	13.4
乙酸酐	9.4		

（2）制备方法

按配方将棉纤维和乙酸-乙酸酐放入圆底烧瓶中，在 50℃水浴中活化 0.5h，进行抽滤制得活化棉纤维；将丙酸酐、乙酸酐和催化剂加入活化棉纤维中反应 30min，再加入乙酸和丙酸反应 8h。

（3）产品性能

当反应温度为 50℃、反应时间为 8h 时，醋酸丙酸纤维素的收率可达 116.4％。

6.5.3.17 醋酸丙酸纤维素/聚己内酯复合膜

（1）产品配方

醋酸丙酸纤维素(CAP)	80	聚己内酯(PCL)	20
柠檬酸三乙酯(TEC)	20		

（2）制备方法

按配方称取物料放入 70℃高速混合机中混合 15min，混合均匀后在同向双螺杆配混挤出机（长径比 36：1）中挤出。各段温度为 140～170℃，螺杆转速为 120r/min，挤出物经水冷、吹干最后切粒。所得粒料在单螺杆挤出吹膜机上制备成薄膜。

（3）产品性能

该材料熔体指数为 14g/10min，拉伸强度为 8.24MPa，断裂拉伸应变为 30％，吸水率为 4.8％。

6.5.3.18 醋酸丙酸纤维素/聚乳酸复合材料

（1）产品配方

醋酸丙酸纤维素（CAP）	80	聚乳酸（PLA）	20
柠檬酸三乙酯（TEC）	20		

（2）制备方法

采用共溶剂法制备，即将一定量的 CAP 与 TEC 和 PLA 按配方共溶于玻璃表面皿中，在 50℃烘箱中成膜。

（3）产品性能

该材料的拉伸强度为 21.2MPa，断裂拉伸应变为 36%，吸水率为 4.8%。PLA 的加入不能改善 CAP 的力学性能，CAP 与 PLA 没有良好的相容性，出现宏观相分离现象。纯 CAP 的玻璃化转变温度为 146℃，增塑剂 TEC 的加入可以降低 CAP 的玻璃化转变温度，其共混膜的玻璃化转变温度随着 TEC 质量分数的增加而不断降低。

6.5.3.19 聚苯胺/醋酸丁酸纤维素导电复合膜

（1）产品配方

醋酸丁酸纤维素（CAB）	50	丙酮	100
苯胺	125	盐酸溶液	0.5mol/L
过硫酸铵与苯胺摩尔比	1:1		

（2）制备方法

按配方称取 CAB 充分搅拌溶解于丙酮溶剂中，加入一定量的苯胺溶液超声混合均匀。用流延法制备苯胺/CAB 薄膜，并贴于玻璃板上干燥后，将薄膜裁剪成一定尺寸浸没于一定量的过硫酸铵/盐酸溶液（过硫酸铵与盐酸溶液的摩尔比为 1:1）中，盐酸浓度为 0.5 mol/L，密封置于 3℃冰箱中低温发生原位聚合反应 11h 后，经蒸馏水洗涤至中性得到聚苯胺（PANI）/醋酸丁酸纤维素导电复合膜。

（3）产品性能

制得的 PANI/CAB 导电复合膜内部形成相互贯穿的两相连续结构，材料电导率为 0.255 S/cm，具有较好的导电性。

6.5.3.20 醋酸丁酸纤维素超细纤维

（1）产品配方

醋酸丁酸纤维素（CAB）	20	丙酮/二甲基乙酰胺混合液（体积比为 2:1）	80

（2）制备方法

按配方将 CAB 溶入丙酮/N,N'-二甲基乙酰胺混合液中制备纺丝液后，用静电纺丝试验机对纺丝液进行静电纺丝。将 CAB 纺丝液注入一个容积为 6mL，带有不锈钢针头（尖端磨平，毛细管长度为 22mm，内直径为 2mm）的注射器中，注射泵用来给针头提供持续射流。铺着铝箔的转鼓收集装置离针头的水平距离为 20cm，电压为 25kV，所有静电纺丝都是在室温下进行。

（3）产品性能

随纺丝液黏度的增大，其表面张力变小，纤维可纺性变强；随着静电纺丝的外加电压逐渐增大，CAB 纤维逐渐被拉长变细；当电压过大时，纤维已被过度延伸至断丝；随着水平接收距离的增加，CAB 纤维平均直径随之减小，距离过大则会产生断丝现象。

参考文献

[1] 郝建淦，贾润礼，李晋玲，等．增塑剂对大豆蛋白质塑料吸水率的影响 [J] ．塑料助剂，2014，(03)：36-40.

[2] 王洪杰，陈复生，刘昆仑，等．可生物降解蛋白质塑料的改性研究进展 [J] ．塑料科技，2012，40 (03)：76-79.

[3] 刘亮．大豆分离蛋白塑料的制备与性能研究 [D] ．北京，北京化工大学，2011.

[4] 岳航勃．无腺棉籽蛋白可降解塑料的合成与性能研究 [D] ．西安，西北工业大学，2016.

[5] 何玲玲．大豆蛋白/聚乙烯醇共混材料的制备及性能的研究 [D] ．天津，天津科技大学，2013.

[6] 郭丹丹，刘好花，崔莉，等．静电纺丝法制备醋酸丁酸纤维素超细纤维 [J] ．武汉纺织大学学报，2011，24 (06)：25-29.

[7] 覃杏珍，潘旭，黄爱民，等．聚苯胺/醋酸丁酸纤维素导电复合膜制备研究 [J] ．化工新材料，2018，46 (03)：88-91.

[8] 揣成智，王福强，钟沿东，等．马来酸酐熔融接枝醋酸纤维素的研究 [J] ．天津科技大学学报，2011，26 (04)：35-38.

7

抗静电、导电塑料配方与应用实例

7.1 抗静电、导电塑料概念

7.1.1 概念

抗静电塑料是指将抗静电剂添加于塑料中或涂敷于其制品表面，降低表面电阻，适度增加导电性，从而防止制品上积累电荷的一类塑料。导电塑料是将树脂和导电物质混合，用塑料的加工方式进行加工的功能型高分子材料。导电塑料综合了金属的导电性（即在材料两端加上一定电压，在材料中有电流通过）和塑料的各种特性（即材料分子是由许多小的、重复出现的结构单元组成的）。

导电塑料不仅在抗静电添加剂、计算机抗电磁屏幕和智能窗等方面的应用已快速发展，而且在发光二极管、太阳能电池、移动电话、微型电视屏幕乃至生命科学研究等领域也有广泛的应用前景。此外，导电塑料和纳米技术的结合，还将对分子电子学的迅速发展起到推动作用。

通常情况下，塑料的体积电阻率都很大，一般在 $10^9 \sim 10^{20} \Omega \cdot cm$ 范围内。这将使塑料制品在加工和使用过程中易产生静电，这些电荷难以消除，往往会带来很多负面影响。

依体积电阻率不同，可将塑料分为：绝缘体（大于 $10^{10} \Omega \cdot m^3$）、半导体（$10^4 \sim 10^{10} \Omega \cdot m^3$）、导体（小于 $10^4 \Omega \cdot m^3$）、良导体（小于 $1\Omega \cdot m^3$）。不同应用场合的塑料制品，其体积电阻率的要求见表7-1。

表7-1 不同体积电阻率对应的塑料制品应用

体积电阻率范围/$\Omega \cdot cm$	塑料制品应用
$10^9 \sim 10^{13}$	抗静电材料
$10^9 \sim 10^{12}$	静电消失材料
$10^0 \sim 10^2$	电磁屏蔽材料
$<10^0$	导电材料

工业上常用的磁铁材料主要有三大类：稀土磁铁、铁氧体磁铁和铝镍钴合金磁铁。这些磁铁的磁性很好，但由于它们具有加工性差、材质硬而脆的缺点，无法支撑尺寸精细、形状复杂的制品，在具体应用中有很大的局限性。大部分聚合物本身不具有任何磁性，塑料要获得磁性，必须对其进行磁性化改性处理。目前国内外许多研究学者正在从事聚合物类磁性材料的研究和开发，近几年开发出几种如聚双2，6-吡啶基辛二腈（PPH）等具有一定磁性的聚合物。

使塑料磁性化最有效的改性方法为塑料与磁性树脂复合,称为复合磁性塑料。磁性塑料的种类很多,主要有铁氧体类、稀土类和铝镍钴合金类等。铁氧体类磁铁塑料具有原料丰富、价格低廉、加工成本低等优点,是目前的主流磁性塑料,可用于家用电器和日用品等方面。但由于铁氧体类磁性塑料的磁性不高,难以满足电子器件的小型化、微型化要求,因而在一些应用领域逐渐被稀土类磁性塑料取代。

与磁铁相比,磁性塑料的磁性一般、使用温度较低,但易于加工成型成为各类复杂形状的制品,其尺寸精度高、力学性能好、相对密度低、容易整体组合,可用于一些磁性要求不高的制品,如电冰箱密封条、电机零件、耳机、电视机配件、仪器仪表等电子类产品。

衡量磁性材料磁性大小的性能指标有三种:最大磁能面积、剩余磁感应强度和矫顽力。

7.1.2 塑料电磁性能的影响因素

7.1.2.1 影响介电性质的因素

① 高聚物的极性　高聚物根据重复单元偶极矩的大小可分为非极性和极性高聚物。非极性高聚物的介电常数小,介电损耗小;极性高聚物的介电常数较大,介电损耗也大。但需指出高聚物的介电性质与偶极矩间不存在简单的关系,因为其分子链的结构因素对聚合物的介电性质也有影响。

② 极性基团的位置　当极性基团处于聚合物的主链上时,其活动性小,取向伴随着分子主链构象的转变。这类极性基团的极化较难,对介电常数的贡献较小;而当极性基团处于侧基,特别是柔性侧基时,其极化容易,对介电常数的贡献大。

③ 分子链结构的对称性　分子链结构对称性高,电荷分布对称性高,高聚物的易极化程度就小,介电常数小。对同一种聚合物,按空间立构的不同,介电常数大小的顺序为:全同立构＞无规立构＞间同立构。

④ 交联、拉伸取向和支化等结构因素　交联使极性基团取向排列困难,极化难,介电常数减小;拉伸取向使分子间作用力增加,降低极性基团的活动能力,同样使介电常数减小;支化则相反,使极性基团的活动能力增加,介电常数增加。

⑤ 频率　在交变电场中,低频电场时电子极化、原子极化、取向极化都跟得上外场频率的变化,介电常数具有直流电场时的数值,达到最大,但介电损耗小;当电场频率增加时,先出现取向极化跟不上电场的变化,极化速度慢,介电常数减小,介电损耗增加;当频率增至近光的频率时,只有电子极化,此时介电常数最小。

⑥ 温度　温度对非极性分子的影响不大,但对极性分子则影响较大。温度升高时,分子运动能力增加,极化程度升高,介电常数增加;但当温度升至一定值时,分子热运动干扰取向极化,介电常数反而减小。与之对应,介电损耗随温度变化也会出现一个峰值,作用频率越高,分子极化越困难,介电常数和介电损耗的峰值所对应的温度都会向高温移动。

⑦ 添加剂　当加入的是增塑剂时,可以降低分子间作用力,促进分子取向,使极化作用更易进行,介电常数增加;但如是极性增塑剂,在加快极化速度的同时,还在体系中引入了新的偶极子,使极化程度升高,介电常数增加,介电损耗也有较大提高。有时还可能使介电损耗的情况变得复杂,导电杂质和极性杂质的存在会增加高聚物的电导电流和极化率,使介电常数和介电损耗增加。特别是非极性聚合物,极性杂质或导电杂质是引起介电损耗的主要原因。在对介电损耗要求低的场合,需对这一点特别重视。极性聚合物容易吸水,水分的存在有增塑作用,可以使介电损耗峰值向低温方向移动,且易于使界面极化,使介电损耗有较大增加。

⑧ 电压　随电压增加,会使分子极化程度和通过聚合物的电导电流增加,介电损耗增

加；当电压增至击穿电压时，材料会完全丧失绝缘性，结构被破坏。

7.1.2.2 影响导电性的因素

① 分子结构　从电绝缘角度考虑，饱和的非极性聚合物的电绝缘性能最好，极性聚合物因有导电离子的存在，电绝缘性能要差一些。但一般来说高聚物的导电性与分子结构关系不十分密切，因其电导属于杂质电导。对于结构型导电高分子材料，分子结构的影响就成为最主要因素，如具有半导体性质的共轭高聚物的导电性就与 T 电子的非定域化密切相关。

② 分子量　对于电子电导，分子量增加可延长电子在分子内的通道，电导率增加；对于离子电导，只有分子量减少到链端效应，可以增加自由体积时，离子迁移率才能提高，电导率才会增加。

③ 结晶、取向和交联　结晶、取向和交联都使分子间作用力增加，自由体积减小，不利于离子电导；但由于增加了分子间电子传递，利于电子电导。

④ 杂质　导电杂质、极性杂质和水分等的存在都会降低材料的绝缘性能。但从另一角度考虑，与导电材料复合可以制备导电聚合物复合材料。

⑤ 增塑剂　增塑剂会使自由体积大幅增加，利于离子电导；极性增塑剂还可以增加体系中的离子浓度，使电导性有较大提高。

⑥ 温度　温度升高会使聚合物电阻率大幅下降，主要是因为高聚物中导电载流子浓度大幅增加。

7.1.2.3 静电的消除

静电的消除和防止常用以下方法：
① 在塑料加工过程中使用导电装置。
② 提高塑料制品的加工或使用温度。
③ 化学改性，在聚合物分子链中引入极性或离子基团。
④ 提高空气湿度。
⑤ 用强氧化等手段提高制品的表面极性。
⑥ 加入导电性填料。
⑦ 使用内部或外部抗静电剂。
⑧ 与亲水性聚合物或结构型导电聚合物共混。

7.1.2.4 磁性的影响因素

采用铁氧体类、稀土类、铝镍钴合金类等磁性粉末填料填充可以制备磁性复合材料。磁粉的种类和添加量、磁粉的粒径分布、磁粉的结晶形态和在体系中的取向状况对复合材料的磁性都会有影响。

7.1.3　抗静电塑料配方设计、制备与性能

7.1.3.1　石墨烯/PVC抗静电材料

（1）产品配方

PVC	100	ACR	5

| 有机锡热稳定剂 | 4 | PE 蜡 | 1 |
| 超细活性 CaCO$_3$ | 3 | 石墨烯 | 3 |

（2）制备方法

按照配方称量 PVC 树脂加入高速混合中，然后加入有机锡热稳定剂，先低速搅拌，然后高速搅拌。料温约 65℃ 时关机，再依次加入 ACR、超细活性 CaCO$_3$、石墨烯和分散剂，继续高速搅拌，直至料温为 100℃ 时关机倒出物料，自然冷却待用。将混合好的物料加入转矩流变仪中，转矩流变仪三个区域温度均设置为 175℃，塑炼 5min 后取出物料，然后在热平板于 175℃、20MPa 下模压，制得厚度为 2mm 的片材。

（3）产品性能

非极性分散剂能极大提高石墨烯在 PVC 基体中的分散性，可解决熔融共混法中石墨烯易团聚的问题。在分散剂中 PE 蜡的分散效果好，制得的 PVC 材料性能最佳，且对其塑化性能无负面影响。当石墨烯含量为 3%、PE 蜡含量为 1% 时，制得的 PVC 抗静电材料的表面电阻达到 $10^6\Omega$，拉伸强度达到 55MPa 左右，可应用于煤矿的供排水管、正压风管、喷浆管、负压风管和抽放瓦斯管等。

7.1.3.2 抗静电 PP 木塑复合材料

（1）产品配方

树木粉	30	硅烷偶联剂	2
咖啡壳粉	25	色粉	3
西瓜藤粉	8	煤矸石	0.1
聚丙烯	60	高岭土	0.2
硬脂酸锌	1	三氧化钼	0.1
纳米碳化硅	1	柠檬皮粉	0.1
微胶囊化红磷	2	片状锂云母粉	0.2
焦磷酸铵	1	牛至精油	0.3
镍粉	1		

（2）制备方法

将所有原料投入压力锅内高压处理 1～3h，压力为 6～10MPa，取出；再放入 −50℃ 冷库中冷冻 1.5～2h，取出再放入烘干机内烘干。烘干温度为 75～80℃，烘干后含水率小于 3%；将烘干后原料投入搅拌机中搅拌 20～30min，使之分散，无结块；搅拌后的原料经双螺杆挤出机挤出，挤出温度为 190～200℃，然后经冷却水冷却成型即可。

（3）产品性能

该木塑复合材料制备工艺简单，工艺条件易控制，可操作性强，重复性好，而且制备成的材料具有良好的耐磨、抗弯、耐冲击强度。同时，其抗静电性能优异，抗静电效果持久，市场化前景好。

7.1.3.3 抗静电软质聚氯乙烯材料

（1）产品配方

PVC	100	复合稳定剂	4
DOP	60	三氧化二锑和硼酸锌	适量
氯化石蜡	25	炭黑	基体树脂总量的 20%

（2）制备方法

在树脂中加入一定量的增塑剂、复合稳定剂搅拌，放入高混机高速搅拌至增塑剂完全吸干后，加入其他助剂搅拌均匀，出料冷却；将物料在辊温为155℃±5℃的双辊上混炼一定时间后加入炭黑直至规定时间出片；模压成型，成型温度为160~165℃。

（3）产品性能

该材料表面电阻<10^6Ω；因DOP的加入降低了材料的阻燃性能，体系中加入了辅助增塑剂氯化石蜡、阻燃剂三氧化二锑和硼酸锌；当炭黑的质量分数达到18%后，材料的电阻才可大幅下降；混炼时间的延长，使炭黑分散度提高，不利于抗静电效果的提升。炭黑含量的增加，会使体系力学性能下降。

7.1.3.4 抗静电聚氨酯树脂

（1）产品配方

聚氨酯树脂	50	硅油	5
聚丙烯酸钠	5	硬脂酸镁	6
芳胺类化合物抗氧剂	5	氧化硅	8
水	15	草酸钙	5
甲壳素纤维	8	乙氧基硬脂酸胺	8
硅藻土	4		

（2）制备方法

将甲壳素纤维、硅藻土、聚丙烯酸钠和硅油混合，在60~80℃下搅拌处理2~3h得到混合物A；再将硬脂酸镁、氧化硅、草酸钙和乙氧基硬脂酸胺加入混合物A中，在100~120℃下搅拌处理3~4h，冷却后干燥、研磨过筛后得到塑料填料；再与聚氨酯树脂、聚丙烯酸钠、芳胺类化合物抗氧剂、水经加热搅拌混合制得的混合物料，通过模具挤出成型制得抗静电聚氨酯树脂。

（3）产品性能

该抗静电聚氨酯树脂采用甲壳素纤维和硅藻土无机填料，以硅油作为耐磨成分，以乙氧基硬脂酸胺作为抗静电成分，通过分步热处理搅拌来制备，使塑料填料具有优越的耐磨性能和抗静电效果。

7.1.3.5 改性石墨烯改性的抗静电PP复合材料

（1）产品配方

聚丙烯	100	抗氧剂	0.2
改性石墨烯	1.5		

所述改性石墨烯是采用Hummers法制备出氧化石墨烯，然后在氧化石墨烯片层上进行羟基功能化。

（2）制备方法

将聚丙烯树脂、改性石墨烯和抗氧剂加入高速混合机中混合5~15min，然后将混合均匀的物料加入双螺杆挤出机中经混炼、挤出而成。其中，双螺杆挤出机各挤出区间的挤出温度分别为140~165℃、175~185℃、180~190℃、180~195℃、180~195℃、180~195℃、185~200℃。

（3）产品性能

将经过改性后的功能化石墨烯加入，使其能够与聚丙烯基材混合充分，使得石墨烯在聚丙烯基材中均匀分布，并可以和塑料高分子形成网状结构，提高复合材料的力学性能。由于改性石墨烯具有优异的电学性能,将其加入聚丙烯基材中能提高复合材料的抗静电性能并且由于改性石墨烯的加入量少,从而能很好地保留聚丙烯的各项力学性能;并可确保当出现静电时,能够及时通过塑料表面释放,避免出现静电引发的一些事故,提高生命财产的安全性。

7.1.3.6 抗静电聚丙烯材料

(1) 产品配方

聚丙烯	100	抗氧剂 1010	0.1
石墨粉	0.5	热稳定剂	2.5
四溴双酚 A	0.3	氧化聚乙烯蜡	1
抗氧剂 168	0.2		

(2) 制备方法

按所述聚丙烯材料的各组分质量份,将聚丙烯、热稳定剂、抗氧剂和润滑剂加入高速混合机中混合,在 70~90℃下混合 5~10min 后,往高速混合机中继续加入石墨粉、四溴双酚 A,再混合 5~10min,然后将混合均匀的物料通过送料装置送入双螺杆挤出机中挤出造粒。物料在螺杆的剪切、混炼和输送下充分混合,最后经过挤出、拉条、冷却后制得聚丙烯材料成品。双螺杆挤出机的各区段温度设定为一区 160~170℃、二区 180~190℃、三区 190~220℃、四区 220~270℃。

(3) 产品性能

该聚丙烯材料具有优异的力学性能,加工性能优异。常用的表面活性剂型抗静电剂,其抗静电原理是析出表面后吸附空气中的水蒸气,靠表面的水层带走电荷。当基体内的表面活性剂全部迁移至表面后将不再有抗静电效果,因此属于非长久型抗静电,采用四溴双酚 A 与石墨粉复配使用,石墨粉为主抗静电剂,四溴双酚 A 为辅助抗静电剂,它们作为复配抗静电剂加入树脂基体内分散性好,可以形成丝状或网状形态,因添加量很少,不影响原有材料的力学、热学性能。聚丙烯材料具有长久抗静电的特性,不随使用时间的增加而衰减,也不存在析出等问题。热稳定剂中含有有机锡热稳定剂 60%、硬脂酸锌 25%、硬脂酸钙 15%。特种热稳定剂解决了在加工过程中原料会发生部分降解的问题。制备的聚丙烯材料非常适合用于采矿设备、井下设备等对抗静电等级要求高的产品,也适合于其他需要长久抗静电的产品。

7.1.3.7 抗静电 PA6 材料

(1) 产品配方

尼龙 6	100	聚乙烯蜡	1.5
四溴双酚 A	0.2	抗氧剂 168	0.2
乙炔炭黑	0.1	抗氧剂 1010	0.1
热稳定剂	2.5		

(2) 制备方法

按所述 PA6 材料的各组分质量份,将 PA6、热稳定剂、抗氧剂和润滑剂加入高速混合机中混合,在 70~90℃下混合 5~10min 后,往高速混合机中继续加入乙炔炭黑、四溴双酚 A,继续混合 5~10min;然后将混合均匀的物料通过送料装置送入双螺杆挤出机中挤出造粒,物料在螺杆的剪切、混炼和输送下充分混合,最后经过挤出、拉条、冷却后制得 PA6 材料成品。双螺杆挤出机的各区段温度设定为一区 160~170℃、二区 180~190℃、三区 190~220℃、四区 220~270℃。

（3）产品性能

采用四溴双酚 A 与乙炔炭黑复配使用（四溴双酚 A 为主抗静电剂，乙炔炭黑为辅助抗静电剂），作为复配抗静电剂加入树脂基体内分散性好，可以形成丝状或网状形态。因添加量很少，不影响原有材料的力学、热学性能。PA6 材料具有长久抗静电的特性，不随使用时间的增加而衰减，也不存在析出等问题。热稳定剂中含有有机锡热稳定剂 65％、硬脂酸锌 25％、硬脂酸钙 15％。特种热稳定剂解决了在加工过程中原料会发生部分降解的问题。制备的 PA6 材料非常适合用于采矿设备、井下设备等对抗静电等级要求高的产品，也适合于其他需要长久抗静电的产品。

7.1.3.8 抗静电 PP

（1）产品配方

PP	99	羟乙基脂肪胺	79.8
复合抗静电剂	1	脂肪族磺酸盐	20
其中复合抗静电剂配方组成(质量分数)		热稳定剂	0.2

（2）制备方法

准确称取羟乙基脂肪胺投入三口烧瓶中，油浴加热至 95～105℃；加入相应量的脂肪族磺酸盐和热稳定剂，在 N_2 保护下搅拌 45min～1.5h，使之充分溶解；抽真空约 10min，降温至 90℃ 以下出料。按照配方比例准确称取复合抗静电剂和 PP，在挤出机中混合（185℃±5℃）；然后模压成型（190℃±5℃）。

（3）产品性能

该材料表面电阻为 $1.8×10^{10}$ Ω。复合抗静电剂用量过多会造成其在局部富集，相互之间的缔合作用不利于抗静电作用的发挥；而冷辊混合好于高速混合机的混合效果，利于制品表面电阻的下降；制品定型时冷却速度快，则结晶速率大、晶粒小、非结晶部分大，更利于抗静电剂向表面迁移，抗静电效果提高。更为重要的是，两种抗静电剂复配使用可以发挥较好的协同作用。

7.1.3.9 抗静电聚乙烯

（1）产品配方

改性聚乙烯	100	改性离子交换纤维	0.06
改性纳米纤维素	0.05	酸酐改性聚乙烯	0.3

（2）制备方法

① 称取 23 份聚乙烯、8.3 份琥珀酸酐、4.9 份金属纤维和 9.5 份聚烯烃弹性体加入高速混合机中，在 177℃ 下混合反应 2min，用挤出机在 178℃ 下挤出造粒，粉碎，得到酸酐改性聚乙烯。

② 称取 8 份离子交换纤维、5.6 份顺丁烯二酸酐、4.3 份聚苯胺、11 份琥珀酸酐和 3.2 份导电银浆添加至球磨机中。筒体转速为 17r/min，筒体温度为 15℃，球磨反应 25min，将产物转移至水热反应釜中，维持水热反应温度为 140℃，水热反应 25min，粉碎，得到改性离子交换纤维。

③ 称取 17.5 份羟基丁酸加入反应釜中，以二月桂酸二丁基锡作为催化剂，搅拌速度为 86r/min，维持体系温度为 88℃，反应 28min。将 16.5 份二苯基甲烷二异氰酸酯按照 0.02 份/min 添加至反应釜中，待物料添加结束后，维持上述条件继续反应 1.5h，将 10 份纳米

纤维素添加至反应釜中。将反应釜温度升温至100℃反应1.5h，将39.6份1-丁基-3-甲基咪唑醋酸盐添加至反应釜中，将反应釜温度升温至120℃，在－0.07MPa条件下反应2h，即得到改性纳米纤维素。

④ 称取3.1份聚苯胺和4.5份纳米铜粉加入球磨机中。筒体转速为13r/min，筒体温度为16℃，球磨反应15min。将产物和93份聚乙烯、11.5份顺丁烯二酸酐添加至高速混合机中，在175℃下混合反应2min，用挤出机在177℃下挤出造粒，粉碎，即得到改性聚乙烯。

⑤ 称取100份改性聚乙烯、0.05份改性纳米纤维素、0.06份改性离子交换纤维和0.3份酸酐改性聚乙烯加入高速混合机中。在176℃下混合反应3min，用挤出机在180℃下挤出造粒，即得到抗静电聚乙烯材料。

（3）材料性能

在改性聚乙烯、改性纳米纤维素、改性离子交换纤维和酸酐改性聚乙烯协同下，赋予抗静电聚乙烯材料优异的抗静电性能，阻抗为$3.3 \times 10^4 \Omega$。

7.1.3.10 抗静电LDPE

（1）产品配方

线型低密度聚乙烯	90	聚乙烯吡咯烷酮	5
马来酸酐接枝聚乙烯	75	对氨基苯甲酸	3
聚酯丙烯酸酯	25	双(4-丙基亚苄基)丙基山梨醇	1
2-羟基乙基甲基丙烯酸酯磷酸酯	18	山梨酸酯	1
丙烯酸丁酯	15	乙氧基化烷基胺	1
十八烷基三甲基氯化铵	6		

（2）制备方法

① 将线型低密度聚乙烯90份、马来酸酐接枝聚乙烯75份、聚酯丙烯酸酯25份、2-羟基乙基甲基丙烯酸酯磷酸酯18份、丙烯酸丁酯15份加入高速搅拌机，按照800r/min的转速进行混合搅拌，时间为10min；随后加入十八烷基三甲基氯化铵6份、聚乙烯吡咯烷酮5份、对氨基苯甲酸3份、双（4-丙基亚苄基）丙基山梨醇1份、山梨酸酯1份、乙氧基化烷基酸胺1份，将高速搅拌机升温至95℃，继续混合搅拌15min，得到搅拌混合物料。

② 将步骤①得到的搅拌混合物料经行星挤出机在140℃下进行一次塑化，得到胶粒；再将胶粒经扎轮机在160℃下进行二次塑化，得到塑化混合物料。

③ 将步骤②得到的塑化混合物料置于开炼机中开炼。开炼机的前辊温度控制在185℃，后辊温度控制在175℃，辊筒之间的间隙控制在1～2mm，开炼时间控制在20min，冷却后得到炼化混合物料。

④ 将步骤③得到的炼化混合物料加入双螺杆挤出机，设置双螺杆挤出机的长径比为30：1。双螺杆挤出机包括顺次排布的五个温度区：一区温度140℃、二区温度150℃、三区温度160℃、四区温度185℃、五区温度190℃，机头温度为190℃，螺杆转速为300r/min，经挤出得到挤出片材。

⑤ 将步骤④得到的挤出片材经冷却后送入热压机，在180℃下以2MPa的压力热压3min，得到热压片材。

⑥ 将步骤⑤得到的热压片材以5MPa的压力冷压成型4min，随后采用四辊牵引装置进行牵引和收卷，最后按照尺寸要求进行分切，得到成品片材。

（3）产品性能

该抗静电聚乙烯片材抗静电性能好，且强度高、韧性足，能够满足行业要求，具有较好的应用前景。此抗静电聚乙烯片材原料易得、工艺简单，适于大规模工业化应用，实用性强。

7.1.3.11　抗静电浇铸PA6

（1）产品配方

己内酰胺	100	助催化剂（MDI）	14～16滴
磺酸盐	1～4	助溶剂	0～10
催化剂（NaOH）	0.3		

（2）制备方法

磺酸盐抗静电剂为固体粉末状，使用前应充分干燥处理，磨细加工，以便在己内酰胺溶液中溶解，或选用适当的增溶剂（如乙醇等）将磺酸盐溶解成溶液后待用。按一定比例配料，先将己内酰胺在三口烧瓶中加热熔化，抽真空脱水。加入抗静电剂，充分搅拌后加入催化剂（NaOH），抽真空（真空度为0.1MPa）同时升温至130～140℃。在此温度下反应20min以上，卸去瓶口装置，滴入数滴助催化剂，摇动均匀后迅速浇入170～180℃的模腔中，聚合40～60min即可固化成型，然后脱膜。

（3）产品性能

该材料体积电阻率为$3\times10^{16}\Omega\cdot cm$，产品能较好地满足抗静电性能的要求。干燥环境中的体积电阻率几乎不受放置时间的影响，数周以后测试数据与最初数据基本相同。若在环境中吸湿，体积电阻率呈降低趋势，抗静电性则提高；具有一定的耐洗涤性，可用于耐久性抗静电材料。

7.1.3.12　抗静电ABS

（1）产品配方

ABS	100	抗静电母粒	10

其中,抗静电母粒由ABS、抗静电剂和固体粉末按一定比例组成。

（2）制备方法

按一定比例将抗静电剂、ABS、固体粉末在高速混合机内初混3min后，在双螺杆挤出机上挤出、造粒。挤出机各段温度为180～200℃，螺杆转速为300r/min，采用风冷热切造粒工艺。

（3）产品性能

该材料表面电阻降至$10^{11}\Omega$，并且几乎不影响树脂基体的其他力学和加工性能。

7.1.3.13　（PP/POE）-g-MAH改性抗静电聚丙烯

（1）产品配方

聚丙烯	100	抗氧剂1010	0.25
（PP/POE）-g-MAH	20	抗氧剂168	0.25
石棉短纤维	7	硬脂酸	1

（2）制备方法

① （PP/POE）-g-MAH-g-PAM的制备　称取一定量的聚丙烯酰胺（PAM），按PAM：（PP/POE）-g-MAH=1：100（质量比）的比例加入一定量的（PP/POE）-g-MAH于PAM中，采用高速混合机混合。待混合均匀，移入双螺杆挤出机中挤出造粒，烘

干备用。双螺杆挤出机温度参数按区分别设定为：170℃、180℃、190℃、190℃、210℃、210℃、190℃、180℃，机头温度为175℃，螺杆转速为240r/min。

② (PP/POE)-g-MAH-g-PAM抗静电体系的制备　将石棉短纤维置于烘箱中烘烤100℃/24h，除去石棉短纤维中的水分、易挥发组分及易分解组分。将石棉短纤维和聚丙烯粉料加入高混机中，混合2min后，加入(PP/POE)-g-MAH-g-PAM，混合2min，然后移入双螺杆挤出机中挤出造粒，并于烘箱中烘烤100℃/12h，采用注塑机制样、备用。

（3）产品性能

该材料表面电阻（调湿处理前）为 $2.20 \times 10^{12} \Omega$，表面电阻（调湿处理后）为 $6.11 \times 10^{11} \Omega$；体积电阻率（调湿处理前）为 $8.02 \times 10^{14} \Omega \cdot cm$，体积电阻率（调湿处理后）为 $2.23 \times 10^{14} \Omega \cdot cm$。

7.1.3.14　抗静电PP塑料

（1）产品配方

PP 树脂	80	(3-月桂酰胺丙基)三甲基硫酸甲酯铵	
三元乙丙橡胶	5~15		0.5~1.5
碳酸钙	5~15	月桂酸二乙醇酰胺	0.2~0.6
KH550	0.1~0.3	N,N-二(2-羟乙基)-十四酰胺	0.2~0.6

聚丙烯(PP)为上海石化公司牌号M500R的聚丙烯。三元乙丙橡胶选用日本三井公司牌号为4095的EPDM树脂。碳酸钙为纳米级，300目。

（2）制备方法

在高速混合机中，于室温下控制其转速在350r/min，将各配方中原料加入后混合5min。取出后，转入双螺杆挤出机中，在210℃下挤出造粒，螺杆转速控制在400r/min，即获得抗静电PP塑料。

（3）产品性能

对抗静电PP塑料防静电性能进行测试，按照大众抗静电测试标准PV3977进行，时间为120s，温度为23℃。各测试20次，剔除异常值，再取平均值。将抗静电剂（3-月桂酰胺丙基）三甲基硫酸甲酯铵、月桂酸二乙醇酰胺和N,N-二（2-羟乙基）-十四酰胺三者复配，抗静电效果明显，具有协同抗静电效果。

7.1.3.15　聚丙烯抗静电防水塑料

（1）产品配方

PP	112	己二酸丙二醇酯	11
抗氧剂　DLTP	23	氯磺化聚乙烯胶	12
UV-P	7	苯胺	21
炭黑	12	二氧化钛	9
过氧化二异丙苯	13		

（2）制备方法

将混合物放入搅拌机中，搅拌均匀后经过常规的密炼，开炼；然后将开炼后的混合物经造粒机造粒，得到颗粒，将颗粒放入水槽冷却，然后在常温下干燥。

（3）产品性能

该材料的主要性能如下：拉伸强度为35MPa，断裂拉伸应变为15%；冲击强度为4kJ/

m^2；弯曲强度为 45MPa；体积电阻率为 $4.7 \times 10^7 \Omega \cdot cm$。

7.1.3.16 阻燃抗静电聚丙烯

（1）产品配方

PP	100	抗静电剂	2.5
十溴联苯醚	9	硬脂酸	0.5
Sb_2O_3	4	硬脂酸钙	0.2

本配方选择二甲基乙醇基十八酰胺丙基铵硝酸盐作抗静电剂，其结构特点是分子的一端带有强亲水基团—OH，另一端带有疏水基团。在加工过程中，疏水基团朝向高聚物内部；而亲水基团具有渗出至塑料表面的特性，能吸附空气中水分形成肉眼不能察觉的导电膜，使静电迅速地被导走，避免蓄电，达到消除静电的目的。

（2）制备方法

采用双螺杆挤出机进行加工，料筒六区温度分别为 150℃、170℃、200℃、210℃、220℃、220℃，机头温度为 210℃。

（3）产品性能

纯 PP 表面电阻为 $2.1 \times 10^{16} \Omega$，加入抗静电剂后 PP 的表面电阻下降约 4 个数量级，可有效提高 PP 的电导并降低其起静电能力。在国家军用标准 GJB 3007—1997 中，将表面电阻等于或大于 $1 \times 10^5 \Omega$，但小于 $2.1 \times 10^{12} \Omega$ 的材料定义为静电耗散材料。采用此种材料制作的各种制品可对中级及较低敏感程度的电子产品提供有效的静电防护。

7.1.3.17 LDPE 抗静电发泡塑料

（1）产品配方

LDPE	100	硬脂酸锌	1～5
碳酸钙	50	交联剂	0.1～1.5
偶氮二甲酰胺（AC）	10	促进剂	5
EVA	35～45	导电炭黑	2～8
阻燃剂	30	不锈钢纤维	8～13

阻燃剂为氢氧化铝与三聚氰胺的等质量混合物，交联剂为三聚磷酸钠（TPP）与过氧化二异丙苯（DCP）的等质量混合物。

（2）制备方法

制备方法为一步法发泡获得。

（3）产品性能

制得的抗静电聚乙烯发泡塑料的性能为：体积电阻率 $10^5 \Omega \cdot cm$，拉伸强度 27.9MPa，断裂拉伸应变 251%。

7.1.3.18 抗静电耐磨 PS 塑料

（1）产品配方

PS	160～165	光稳定剂（GW-770）	10～14
硫酸钙	10～13	氮化硼	10～12
氯丁橡胶	30～35	紫外线吸收剂（UV-P）	10～15
炭黑	6～10	氧化铍	10～14

三乙烯四胺	10~15

(2) 制备方法

按配方比例称量各原料，在高速混合机中高速混合搅拌 5~10min。充分混合均匀后，经过常规地密炼、开炼，然后将开炼后的混合物料经造粒机造粒，将粒料放入水槽冷却，随后在常温下干燥，即得抗静电耐磨 PS 塑料。

(3) 产品性能

该材料拉伸强度为 34~36MPa，断裂拉伸应变为 12%~14%，冲击强度为 3.8~4.2kJ/m²，弯曲强度为 45~46MPa，体积电阻率为 (4.5~4.8)×10⁷Ω·cm。该材料具有良好的抗静电和耐磨性能，并且不影响塑料的力学强度。

7.1.3.19 抗静电无卤低烟 PC/ABS 合金

(1) 产品配方

PC	70	分散剂亚乙基双脂肪酸酰胺（TAF）	0.5
阻燃协效剂双酚 A-双（二苯基磷酸酯）	1	三氧化钼	8
ABS	30	抗氧剂 1010	0.2
抗静电剂乙氧化烷胺	1	碳酸镁	5
相容剂 LLDPE-g-MAH	3	抗氧剂 168	0.3
钛酸酯偶联剂 TC-109	5	阻燃协效剂红磷	4
阻燃剂氢氧化镁	20		

(2) 制备方法

先将 PC 和 ABS 树脂进行干燥处理，然后按配方比例将干燥后的 PC 树脂、ABS 树脂与阻燃剂、阻燃协效剂、相容剂、抗静电剂、偶联剂、分散剂和抗氧剂加入高速混合机中混合搅拌均匀，混合好的物料投入双螺杆挤出机中，经熔融挤出、冷却，再经切粒机切粒得到圆柱形颗粒料。采用共混分散型螺杆组合，使合金与阻燃剂均达到最佳分散效果。挤出机料筒各区段温度分别为：一区 210~230℃、二区 220~240℃、三区 230~250℃，螺杆长径比为 (35~40):1，螺杆转速为 350~500r/min。

(3) 产品性能

该材料拉伸强度为 61.9MPa，弯曲强度为 100.7MPa，弯曲弹性模量为 2.31GPa，简支梁无缺口冲击强度为 110kJ/m²，简支梁缺口冲击强度为 41kJ/m²，阻燃性等级为 UL-94、V-0 级，烟密度为 36，表面电阻（停放 1 周）为 10¹²Ω，表面电阻（90d）为 10¹¹Ω。

该材料所用的无机阻燃剂具有无卤、低烟、无毒无腐蚀、阻燃性好、热稳定性高、对材料力学性能几乎无影响等优点；所用抗静电剂具有高效、无毒、环保等特点，且长期抗静电性能良好。

7.1.3.20 低成本抗静电 PC 树脂

(1) 产品配方

PC(PCL-1225L)	91.5	金属离子络合剂二苯基砜磺酸盐	1.0
抗氧剂 1010	0.1	润滑剂 PETS	0.4
导电炭黑（Lionite CB）	7	金属离子协效络合剂磷酸二氢钠	0.5
抗氧剂 168	0.1		

(2) 制备方法

先将 PC 树脂在 100~120℃烘箱中干燥 5~6h，然后按配方比例将干燥后的 PC 树脂与导电炭黑、二苯基砜磺酸盐、磷酸二氢钠、抗氧剂和润滑剂加入高速混合机中混合 10min，使物料充分混合分散均匀。将混合好的物料，投入双螺杆挤出机中熔融挤出造粒。挤出机料筒各区段温度控制在 200～280℃ 之间。双螺杆挤出机设有两个抽真空处，一处位于加料段的末端熔融段的开始端，另一处位于计量段。

（3）产品性能

该材料熔体指数（300℃，1.2kg）为 1.7g/10min，悬壁梁缺口冲击强度为 190J/m，表面电阻为 $10^6\Omega$。该材料使用低成本导电炭黑 Lionite CB 替代 EC600JD，在不降低材料性能的情况下，极大降低了材料成本。

7.1.3.21 透明 PVC 抗静电材料

（1）产品配方

PVC	100	热稳定剂二月桂酸二丁基锡	2.0
MBS	15	抗静电助剂硬脂酸单甘油酯	1.5
抗静电剂十二烷基磺酸钠	0.08	润滑剂 HSt	0.5
月桂酸基聚氧乙烯醚	1.0		

（2）制备方法

按配方比例称量各原料，加入高速混合机中，在 80～90℃ 下高速混合 10～15min，然后送入挤出机中熔融共混挤出造粒。挤出温度为 155～175℃。

（3）产品性能

该材料体积电阻率为 $2.4\times10^{12}\Omega\cdot cm$。

7.1.3.22 高抗冲击型阻燃抗静电 PVC 材料

（1）产品配方

PVC(SG-5)	100	稳定剂硬脂酸钙	0.3
CPE(含氯量 35% 的 135A)	9	硬脂酸铅	1.8
抗静电剂聚氧化乙烯	15	润滑剂硬脂酸	0.4
稳定剂三盐基硫酸铅	2.0	增韧剂活性纳米高岭土	16
二盐基亚磷酸铅	0.2		

（2）制备方法

按配方比例称量各原料，将所有原料一起投入高速混合机中混合搅拌至 110℃，然后冷混至温度低于 60℃ 后，加入挤出机中。通过熔融共混后，经温度为 160℃ 的机头挤出并热切造粒，风冷至室温后即得高抗冲击型阻燃抗静电 PVC 材料。

（3）产品性能

该材料表面电阻小于 $3\times10^8\Omega$，冲击强度大于 $35kJ/m^2$。该材料以聚氧化乙烯为抗静电剂，采用传统的物理共混方法，制备工艺简单，容易控制。

7.1.3.23 ABS 抗静电材料

（1）产品配方

ABS(ABS 5000,中国台湾台达)	72.2	DOP	2
抗氧剂 B215	0.8	P(MABB-St)	25

（2）制备方法

① 甲基丙烯酸二甲基氨基乙酯（DMAEMA）的合成　在控制回流比为 3～4 时，可以使 DMAEMA 转化率最大。将压力设为 -0.1MPa，此时，无色、透明并有氨气味的 DMAEMA 就会被减压抽出；该体系的催化剂二月桂酸二丁基锡最佳用量为 1%，反应温度为 105℃。

② 甲基丙烯酸二甲基丁基溴化铵（MABB）的合成　为了确保能尽可能多地参与反应，将 MABB 与 1-溴正丁烷按摩尔比 1：1.2 投料。在反应过程中，阻聚剂采用 4-甲氧基苯酚，并按单体总质量的 0.8% 加入。丙酮为溶剂。反应温度为 40℃，反应时间为 30h。

③ 阳离子两亲聚合物抗静电剂的合成　物料投料比 MABB：St=6：4，无水乙醇为反应溶剂，反应时间为 8h，反应温度为 60℃。反应开始前用氮气吹扫，去除体系中可能存在的氧气。最终产物的产率达 88.5% 左右。

④ 抗静电聚丙烯腈-丁二烯-苯乙烯材料的制备　在进行成型加工前，基体与抗静电剂先在 90℃ 下烘 2h，以除去基体特别是抗静电剂中所含的水分。然后将基体 ABS、抗静电剂、占混合物总质量 0.8% 的抗氧剂和增塑剂邻苯二甲酸二辛酯（DOP）在双螺杆挤出机中造粒。

（3）产品性能

该材料拉伸强度为 42MPa±0.2MPa，断裂拉伸应变为 45%±7%。

7.1.3.24　PET 抗静电卷材

（1）产品配方

PET	96.6	碳纤维	0.5
乙炔	2	氧化锡	0.3
石墨	0.5	分散剂	0.1

分散剂的组分为 80%～90% 的聚乙烯吡咯烷酮和 10%～20% 的聚二甲基硅氧烷。

（2）制备方法

按配方将各组分加入高速搅拌机共混后，于双螺杆挤出机挤出造粒。

（3）产品性能

PET 抗静电卷材的表面电阻 $>10^7\Omega$，卷材透明度 $>80\%$。

7.1.3.25　聚对苯二甲酸丁二醇酯（PBT）导电塑料

（1）产品配方

聚对苯二甲酸丁二醇酯	100	辛酸铅	10
碳纤维	15	聚丙烯	15

（2）制备方法

将碳纤维 120℃ 干燥 3h 以上，然后以聚对苯二甲酸丁二醇酯为基材，依次加入碳纤维、辛酸铅和聚丙烯进行复合制得产品。

（3）产品性能

PBT 导电塑料添加了碳纤维和辛酸铅，耐磨性好，热导率高，适用于防静电材料，体积电阻率达 $10^8\Omega\cdot m$ 以下。

7.1.3.26　导电炭黑改性 PE-RT 抗静电复合材料

（1）产品配方

PE-RT(耐热增强聚乙烯树脂)	68.46	EBS	2.90
CBE	24.11	抗氧剂1010	0.19
CB	12.05	抗氧剂168	0.19
POE	3.86	硬脂酸锌	0.29

（2）制备方法

将 PE-RT、CBE、CB、POE 及相关助剂按照一定质量分数比例称量好并保证其原料干燥。为保证粉末助剂能够在颗粒料中更好地分散，先将 PE-RT、CBE、POE 放入高速搅拌机中，再加入甲基硅油混合均匀；之后加入相关助剂，再次搅拌混合；最后经同向双螺杆挤出机熔融塑化造粒，干燥备用。

（3）产品性能

在 CBE/POE/PE-RT 复合体系中，CB 的用量为 12.05%。随着 POE 质量分数的增加，复合体系的体积电阻率呈现先下降后上升的趋势，并在 POE 用量为 3.86% 时，体系的体积电阻率出现了最小值，达到 $6.31 \times 10^6 \Omega \cdot cm$。

7.1.4　导电塑料配方设计

7.1.4.1　LDPE/炭黑/多晶铁纤维/镍粉导电材料

（1）产品配方

LDPE(燕山石化，LD100-AC)	70	镍粉(直径为1.5～3.0μm)	10
炭黑(粒径30nm)	10	亚磷酸酯类抗氧剂	适量
多晶铁纤维(刮削法纤维，直径8μm)	10	聚乙烯蜡	适量

（2）制备方法

取 100g 炭黑置于高速混合机中，用 20mL 液体石蜡稀释 10mL 的钛酸酯偶联剂，将此溶液注入炭黑中，70℃ 混合 120min，使其表面发生接枝和交联；按配方量将 LDPE、炭黑、多晶铁纤维、镍粉、亚磷酸酯类抗氧剂、聚乙烯蜡等加入高速混合机中混合 5min；用双螺杆挤出机混炼造粒，挤出机温度为 150～170℃；挤出的粒料在吹膜机上吹膜，吹膜温度为 155～175℃。

（3）产品性能

该材料表面电阻为 10Ω；屏蔽效能为 10～30dB。

7.1.4.2　PP/LLDPE/炭黑导电复合材料

（1）产品配方

| PP/LLDPE | 92 | 导电炭黑(HG-4) | 8 |

（2）制备方法

将炭黑在高速混合机中预混 15min，温度为 50℃，然后加入一定量溶于无水乙醇的钛酸酯偶联剂，升温至 100℃，混合 40min，出料，室温下停放 24h 以挥发掉多余的溶剂；经处理后的炭黑与 LLDPE 按一定比例混合，在双螺杆挤出机上挤出造粒，作炭黑母粒备用。炭黑母粒与聚丙烯按一定比例混合，在双辊开炼机中塑炼，温度为 160℃，时间为 15min；模压成型，热压温度为 180℃，压力为 5MPa，时间为 10min；室温冷压，压力为 10MPa。

（3）产品性能

该材料表面电阻$<10^4\Omega$，缺口冲击强度为$3.79kJ/m^2$。

7.1.4.3　PP/LDPE/炭黑导电复合材料

（1）产品配方

PP/LDPE(质量比为 4∶6)	94	导电炭黑	6

（2）制备方法

将聚丙烯、低密度聚乙烯和一定比例的导电炭黑在转矩流变仪中混炼，温度为180℃，螺杆转速为50r/min，时间为12min；压制成型，成型压力为5MPa，温度为180℃，热压时间为10min，冷压时间为5min。

（3）产品性能

该材料电导率为$10^7\Omega/cm$，PTC强度为2个数量级。

7.1.4.4　导电尼龙

（1）产品配方

聚酰胺树脂	20	冲击改性剂	6.5
丙烯腈-丁二烯-苯乙烯三元共聚物	15	无机填充材料	5
导电添加剂	18.5	增塑剂	3.3
导电改良助剂	8.5	偶联剂	1.2

注：所述聚酰胺树脂为质量比为（2～6）∶1的尼龙6（PA6）和尼龙66（PA66）组成的混合物。所述导电添加剂选自PAN基碳纤维、碳毫微管、蒸汽生长石墨及炭黑中的一种或几种。所述导电改良助剂选自聚胺黑、线型酚醛树脂或卤化锂中的一种。所述冲击改性剂选自苯乙烯-丁二烯二嵌段共聚物、苯乙烯-异戊二烯二嵌段共聚物或苯乙烯-（乙烯-丁烯）-苯乙烯三嵌段共聚物中的一种或几种。所述无机填充材料选自玻璃纤维、绢云母、氮化硼、硼酸铝、硅灰石、高岭土中的一种或几种。所述增塑剂选自石蜡油、甘油三醋酸酯、己二酸二辛酯、芳烃油中的一种。所述偶联剂选自硅烷偶联剂、钛酸酯偶联剂或铝酸酯偶联剂。

（2）制备方法

① 按规定质量份称取各原料。

② 将聚酰胺树脂、丙烯腈-丁二烯-苯乙烯三元共聚物、导电添加剂、冲击改性剂、偶联剂在4min内陆续加入反应釜，先干混10～20min。

③ 将干混混合物加入具有10个筒形燃烧室的30mm双螺杆挤出机的加料口中，并设定每个区的温度分别为275℃、295℃、295℃、295℃、295℃、295℃、295℃、295℃、295℃和295℃。机头温度也设定为295℃，挤出机螺杆速度设定为（400～500）r/min，并通过侧进料口加入导电改良助剂和增塑剂。

④ 将上述共混物共挤出成线、冷却，然后切割造粒，即得导电尼龙。

（3）产品性能

通过将聚酰胺树脂作为基材，可使导电添加剂更好、更均匀地分散在其中，从而保证导电塑料具有较好的导电性能。同时，加入与导电添加剂有较好亲和力的丙烯腈-丁二烯-苯乙烯三元共聚物，可使导电添加剂分散在其三元共聚物中，这样不仅保证了该导电塑料具有较好的力学性能；同时，其也具有优异的导电性。

7.1.4.5　导电聚丙烯

（1）产品配方

聚丙烯	48	石墨	8
聚乙烯	16	光敏树脂	1.6
铁粉	6	抗老化剂	0.8
丁腈橡胶	13	相容剂	2
碳纤维	10	偶联剂	1

（2）制备方法

原料按比例称重，干燥混匀之后在 160~220℃下熔融制成。

（3）产品性能

聚乙烯和碳纤维保证了复合塑料维持原有塑料材料的各项优异特点，铁粉和石墨的加入保证了复合塑料同时具备较好的导电性能，丁腈橡胶、光敏树脂和抗老化剂的加入保证了复合塑料具备较好的强度性能。因此，制备的复合塑料不仅保持了塑料制品不具备的电磁屏蔽的良好性能，还很好地解决了复合塑料制品的静电效应问题。

7.1.4.6　导电炭黑填充 PP/EAA 复合材料

（1）产品配方

PP/EAA(质量比 8∶2)	95	炭黑(E900)	5

（2）制备方法

将 PP、EAA 和炭黑在双辊开炼机中共混，温度为 150℃左右，时间为 8min。模压成型，温度为 190℃，模压压力为 10MPa；预热时间为 10~12min，模压时间为 3min，冷却保压 3min。

（3）产品性能

该制品的体积电阻率较 PP/炭黑体系下降了 8 个数量级。

7.1.4.7　导电 LDPE/PP 合金

（1）产品配方

聚丙烯	30	导电粒子	10
低密度聚乙烯	55	增强剂	5

所述导电粒子包括碳纳米管和氧化石墨烯包覆纳米铝颗粒，碳纳米管与氧化石墨烯包覆纳米铝颗粒的质量比为 1∶1。

（2）制备方法

① 制备氧化石墨烯包覆纳米铝颗粒，可以采用两种方式：一种是溶液制备法，即将纳米铝颗粒投入氧化石墨烯溶液中，使得氧化石墨烯在纳米铝颗粒上形成包覆层，再经过干燥处理得到氧化石墨烯包覆纳米铝颗粒；另一种方式是将纳米铝颗粒在真空条件下于 70~100℃范围内搅动，通入 30~50Pa 压力的氢气，同时通入 50~100Pa 的石墨气体，经过24~48h，然后降温制得氧化石墨烯包覆纳米铝颗粒。

② 将聚丙烯与碳纳米管混合均匀。

③ 将低密度聚乙烯与上述制得的氧化石墨烯包覆纳米铝颗粒混合均匀。

④ 将②的产物、③的产物及增强剂混合并在氮气保护下，造粒，得到导电塑料。

（3）产品性能

通过采用氧化石墨烯包覆纳米铝颗粒，使得氧化石墨烯的外径增大，减小了氧化石墨烯聚集的可能性，并且通过采用纳米铝颗粒，降低了通电磁场对导电粒子分布的影响，使得导电粒子在基体中的分布更均匀，相对面积的电流比较均匀。

7.1.4.8 导电聚苯胺/OMMT 纳米复合材料

（1）产品配方

苯胺	100	APS(过硫酸铵)	100
OMMT	350	DBSA(十二烷基苯磺酸)	150

（2）制备方法

① OMMT 的制备　将一定量的 Na^+-MMT，分散在一定量的去离子水中，在 80℃下搅拌 2h，然后加入一定量的 HDTMA，剧烈搅拌，水浴中保温 12h 后，冷却反应液至室温，静置 24h 后减压抽滤，所得沉淀物用去离子水反复洗涤直至用 0.1mol/L 的 $AgNO_3$ 溶液检测不到沉淀为止。将所得的乳白色沉淀物在 105℃下真空干燥 48h，得到 OMMT，再将其磨成粉末，放入干燥器中备用。

② 导电聚苯胺/OMMT 的制备　称取一定量的 OMMT，加入 300mL 去离子水，在 80℃水浴中强力搅拌 2h 直至悬浮液均匀后，加入一定量经减压蒸馏精制的苯胺和经石油醚提纯的 DBSA，继续搅拌 2h 形成白色乳液，然后冷却至室温。接着称取一定量的 APS 溶解于 50mL 去离子水中，用滴液漏斗逐滴加入乳液中引发聚合，反应 6h，直至乳液变为墨绿色。反应结束后，把制得的乳液在高速离心机上离心破乳沉降，再用去离子水洗涤多次以除去未反应单体、乳化剂、引发剂等杂质，离心沉淀，真空干燥至恒重，研磨成粉末，放入干燥器中备用。

（3）产品性能

通过对 OMMT 及聚苯胺/OMMT 的 XRD 和 FT-IR 的分析，发现 OMMT 对复合材料的电导率有双重作用：一方面，OMMT 片层在聚苯胺链中均匀分散，可起到使聚苯胺链规整排布的作用，有利于电子在分子链上及链间的传输，从而提高复合材料的电导率；另一方面，绝缘态的 OMMT 削弱了 DBSA 的有效掺杂和减弱聚苯胺分子链间的相互作用，限制了电荷的有效离域，甚至使电导率下降。

7.1.4.9 聚吡咯/氯化聚乙烯导电材料

（1）产品配方

CPE	100	PPY	15
氧化剂($FeCl_2 \cdot 6H_2O$∶PPY=		其他助剂	适量
2.25mol∶1mol)	适量		

（2）制备方法

将一定量的 CPE 粉末悬浮于定量蒸馏水中。待其充分润湿后，加入吡咯单体或其水溶液，搅拌一段时间使吡咯充分向 CPE 粒子渗透后，在搅拌下加入氧化剂，溶液在几秒内由无色变为深黑色。待反应一定时间后抽滤，产物经水充分洗涤后，再用丙酮或乙醇洗涤至无氯离子检出，于室温下真空干燥备用。测试所用试样在平板硫化机上热压成型。温度视实验要求而定，压力为 10～15MPa。

（3）产品性能

利用吡咯在 CPE 表面发生化学氧化聚合，可制得性能优异的 PPY-CPE 导电材料，且该材料具有较好的热稳定性和成型加工性能。

7.1.4.10　炭黑导电 LDPE

（1）产品配方

LDPE	90～96	E-AE-MAH	4～10
HG-4	10	高分子蜡	5

（2）制备方法

按配方称取原材料，控制双辊筒炼塑机辊筒温度约为 120℃。先加入 LDPE 熔融包辊后，再加入炭黑等其他原材料，混炼均匀后出片备用。控制平板硫化机温度约为 150℃，将裁切好的片材于模具中压制成约 1mm 厚的试片，压力约为 10MPa，冷压定型后取出备用。

（3）产品性能

炭黑导电 LDPE 的体积电阻率可达 $9.97 \times 10^4 \Omega \cdot cm$，拉伸强度 $\geqslant 13MPa$。

7.1.4.11　导电交联低密度聚乙烯

（1）产品配方

LLDPE	90	氧化镁（MgO）	2
EVA	10	硫黄（S）	1
过氧化二异丙苯（DCP）	2	硬脂酸（SA）	0.5
氧化锌（ZnO）	1	乙炔炭黑	30

（2）制备方法

配料 —→ 塑炼 —→ 混炼 —→ 平板硫化 —→ 制样。

（3）产品性能

该材料拉伸强度为 14MPa，邵氏硬度（A）为 94，断裂拉伸应变为 40%，维卡软化温度为 97℃，体积电阻率为 $10\Omega \cdot m$。

7.1.4.12　PVC 导电塑料

（1）产品配方

PVC 树脂（SG-7 型）	100	抗冲击改性剂	24～26
润滑剂	1～3	导电炭黑（XE2）	15～25
锡稳定剂	1～3	加工助剂	适量

（2）制备方法

按配方将导电剂和加工助剂等与一定量的 PVC 树脂按顺序均匀混合，待充分搅拌后将物料输送至加料器，均匀加料入挤出机，经压缩、排气、塑化，挤出成细条；经切粒机切粒，制成均匀、完整的塑料粒子。

（3）产品性能

PVC 导电塑料主要用来制造防静电器材，用于生产防静电产品，如防静电垫、防静电插件周转箱、元器件盒等。

防静电垫表面电阻为 $10^6 \sim 10^8 \Omega$，体积电阻率为 $10^6 \sim 10^8 \Omega \cdot cm$；防静电插件周转箱、元器件盒表面电阻为 $10^4 \sim 10^6 \Omega$，体积电阻率为 $10^4 \sim 10^6 \Omega \cdot cm$。

7.1.4.13　黄铜纤维/PVC复合导电塑料

（1）产品配方

PVC	75～80	增塑剂	适量
经化学处理的黄铜纤维	20～25	活性偶联剂	适量
热稳定剂	3	交联剂	适量

（2）制备方法

黄铜纤维的化学处理是以适当浓度处理剂的非水性溶液，在温度为（50±5）℃时对黄铜纤维进行表面化学处理。

把经混炼（或经切粒）的聚氯乙烯复合物在45t压机上成型制片，控制温度为（180±10）℃；压力为8MPa，并制成所需样品。

（3）产品性能

采用黄铜纤维复合聚氯乙烯树脂制造导电塑料时，材料的体积电阻率已达到$4.12×10^{-3}\Omega\cdot m$，其力学强度与基体树脂相近，且有一定的耐氧化性，具备实用性。

7.1.4.14　导电PVDF/炭黑复合材料

（1）产品配方

PVDF	100	炭黑（HG-4）	5
炭黑（N339）	5～10	ZnO	5～10

（2）制备方法

按配方准确称取（以质量份计）PVDF、炭黑及其他添加剂，控制塑炼机辊筒温度在180℃左右。加入PVDF，待熔融包辊后，再加入其他组分，混炼均匀后出薄片备用。控制平板硫化机温度在200℃左右，将裁切并称量好的上述薄片置于模具中热压成型，经冷压定型制得试片。

（3）产品性能

用此配方制得的导电PVDF/炭黑复合材料既具有良好的导电性，又具有较高的拉伸强度，应用前景良好，尤其是在高温级自控温电缆上有重要应用。

7.1.4.15　PP/SEBS导电复合材料

（1）产品配方

PP	80	SEBS	20
碳纤维	50	炭黑	20

（2）制备方法

将一定配比的PP和SEBS加入双螺杆挤出机，在螺杆转速120r/min、挤出温度160～200℃条件下挤出。然后将一定量的基体树脂倾入双辊筒塑炼机内，混炼至均匀成片，再均匀加入炭黑与碳纤维，控制塑炼时间为15min左右。将塑炼后的复合材料装入模具中硫化，保压后脱模，即得到所需导电复合材料。

（3）产品性能

以PP/SEBS共混物作为基体树脂，复合掺混炭黑与碳纤维，用开炼法制备出导电性能优良的导电复合材料。其体积电阻率小于$0.1\Omega\cdot cm$，并作为集流体材料成功应用于全钒氧化还原液流电池，同时也为其他领域内惰性电极材料的选择提供了一种新思路。

7.2 绝缘塑料配方、制备方法与性能

绝缘塑料除具有一般塑料的特点，如质量轻、力学强度高、易加工成型外，还应具有耐高温、介电性能好的特点。因此，在进行组成设计时，特别是在潮湿、机械损伤、易燃易爆等苛刻条件下的电气绝缘性能是首先要考虑的问题。绝缘塑料以合成树脂为主要成分，添加少量辅助材料和较多的增强材料，经混炼后加工成颗粒状的复合材料。选用塑料作为绝缘材料一般要考虑制品质量轻、产品形状复杂、成本低、工作振动负荷大和使用温度不高等。

7.2.1 高导热高绝缘 FEP/AlN 复合材料

（1）产品配方

聚全氟乙丙烯（FEP）	70%	其他助剂	适量
氮化铝（AlN）	30%		

（2）制备方法

① 表面处理　将 1% 的钛酸酯偶联剂（NDZ-102）用乙醇溶液稀释后，加入 AlN 粉体中，使 AlN 粉体充分浸渍。然后放入真空干燥箱中烘干。

② 混炼　把称量好的样品在设定温度下，用德国 PolylabRC-300P 型 HAAKE 转矩流变仪把 AlN 粉末（分别为 0%、10%、20% 和 30%）与 FEP 充分混炼，同时测试其流变性能，然后将试样破碎待用。

③ 模压成型　将破碎后的试样放入模具内，在马弗炉里于 350℃ 熔融 15min 后，取出模具，迅速压制成型。

（3）产品性能

该材料热导率为 2.22W/（m·K），体积电阻率为 $1.5 \times 10^{15} \Omega \cdot cm$，拉伸强度为 17.25MPa，断裂拉伸应变为 27.37%。

7.2.2 绝缘 PVC

（1）产品配方

PVC 树脂	100	醋酸纤维素	15
氯醋树脂	20	热塑性聚酯	100
环氧树脂	70	环氧大豆油	25
硬脂酸	90	邻苯二甲酸二丁酯	15
二氧化钛	160	热稳定剂	21
聚苯乙烯树脂	200	无机抗菌剂	15

（2）制备方法

按比例称取各质量份的原料于混合搅拌机中进行混合，混合转速为 60r/min，混合温度控制在 60℃，时间为 20min，得到混合料。将混合料投入塑料双螺杆挤出机料斗内。塑料双螺杆挤出机温度控制在 170℃，混合料经加温熔化，在螺杆推动下，进行物理和化学反应，经孔状口模流出，热切呈颗粒状，通过风筒风送入料仓。其中，热切颗粒状的形状为

3mm×4mm 的圆饼，塑料双螺杆挤出机是同向平行双螺杆。

（3）产品性能

制备的绝缘 PVC 材料，具有优异的综合性能，机械强度高，绝缘性能好；同时，具有优异的耐热性和成型加工性能，使其能够广泛应用于低频绝缘领域，工艺简单，便于生产。

7.2.3　聚碳酸酯及聚碳酸酯合金导热绝缘高分子材料

（1）产品配方

PC/ABS	70%	其他助剂	适量
SiC（经偶联处理）	30%		

（2）制备方法

将加入偶联剂的无机填料放入烘箱，在 100℃下烘干 3～5h；PC/ABS 在 120℃下干燥 4～6h；用双螺杆挤出机挤出造粒；然后注塑成型。

（3）产品性能

该材料热导率为 1.099W/（m·K），拉伸强度为 30.96MPa，冲击强度为 21.5kJ/m^2，断裂拉伸应变为 6.21%。

7.2.4　导热绝缘阻燃增强 PBT

（1）产品配方

PBT 36	5	氮化铝单晶	1
十溴二苯乙烷	9	相容剂 EMA-g-GMA	5
三氧化二锑	0.5	抗氧剂	0.5
纳米氧化铝	16	润滑剂	0.5
纳米氧化镁	16	玻璃纤维	20

（2）制备方法

将各阻燃剂、纳米氧化铝、纳米氧化镁和氮化铝单晶在 85～100℃、转速为 1250～1350r/min 的条件下混合后，加入抗氧剂和润滑剂混合；再加入树脂和相容剂混合；最后加入玻璃纤维，熔融挤出造粒。

（3）产品性能

该材料采用多元导热填料复配，在提高热导率的同时能够降低导热填料的用量，兼顾热导率和力学性能；不仅能够满足导热塑料的要求，力学性能也满足使用要求，适合实际应用。

7.2.5　软质 PVC 电缆料

（1）产品配方

PVC（上海氯碱，牌号 WS-1300）	100	润滑剂	适量
偏苯三酸三辛酯	40	三羟甲基丙烷三甲基丙烯酸酯（TMPTMA）	10

（2）制备方法

按照配方将 PVC 及助剂在高速捏合机中捏合至 90℃；于 160～165℃下在双辊塑炼机上塑炼 8min；模压成型，成型压力为 10MPa，热压时间为 6min，冷压时间为 10min；辐射交联，在空气中常温下以 Coγ 射线辐照至 40kGy 的辐射剂量。

（3）产品性能

该材料辐射交联后拉伸强度增加，断裂拉伸应变下降，155℃的热老化失重与 120℃热变形率减小。

7.2.6　高性能 LLDPE 电缆护套

（1）产品配方

LLDPE(扬子石化通信电缆护套专用料,LLD-PEX)	60	抗氧剂　0.5
炭黑(美国 CABOT 公司,Ⅰ型炭黑母料)	40	有机硅加工助剂　0.1
		其他助剂　适量

（2）制备方法

将配方中各组分按适当比例共混均匀；用双螺杆挤出机熔融挤出造粒，制备电缆护套料，挤出机机筒温度为 190～220℃，机头温度为 210～230℃，螺杆转速为 200～380r/min。挤出成型电缆护套工艺条件如下：加热区各段温度分别为 150℃、170℃、190℃、210℃、215℃、215℃，机颈温度为 220℃，机头温度为 230℃，挤出线速率为 24m/min，螺杆转速为 44r/min，缆径为 17mm，护套外径为 19.8mm，模芯直径为 18.2mm，模套直径为 23.5mm。

（3）产品性能

该材料熔融指数为 0.6g/10min，密度为 0.932g/cm³，拉伸强度为 22.9MPa，断裂拉伸应变为 800%，低温冲击脆化温度为 −76℃，耐环境应力开裂时间＞500h，200℃时氧化诱导期＞90min，介电强度为 38MV/m；介电常数为 2.26MHz，20℃时体积电阻率≥1.3×10^5Ω·m。

7.2.7　超细煤粉填充高分子绝缘材料

（1）产品配方

LDPE	80	其他助剂　适量
煤粉(经烷基化改性)	20	

（2）制备方法

煤样在冷冻干燥空气气氛下经气流粉碎分级。煤粉的预处理采用以下方法：脱除部分挥发组分，超细煤粉在 150～300℃隔绝空气条件下脱除加工条件时易析出的挥发组分。采用烷基化改性法，以十六醇作烷基化剂，无水 $AlCl_3$ 作催化剂，正辛烷作溶剂，回流下反应6h 后过滤、洗涤并真空烘干。

将预处理后的煤粉、抗氧剂、润滑剂及聚烯烃依次加入，混合均匀，经强制排气式双螺杆系统共混挤出造粒，制备煤粉填充高分子母料。将母料添加在 LDPE 中，挤出直径为10mm 的 10kV 低压电缆材料。

（3）产品性能

将烷基化改性的煤粉填充聚烯烃母料，按 20%的比例添加在低密度聚乙烯（LDPE）中挤出 φ10mm 的 10kV 电缆，按 GB/T 12579—2002 的要求测试绝缘层的性能。结果表明，产品绝缘层力学性能满足标准要求，绝缘性能优异。煤填充聚烯烃高分子复合材料可用作绝缘材料和电缆料。

7.2.8 导热绝缘 PPS

（1）产品配方

PPS	30	KH560	0.14
氧化镁	70		

（2）制备方法

① 将原料充分干燥，然后按照 PPS、氧化镁、KH560 的配方比例进行称取。

② 将氧化镁放入高速混合机中混合 3～6min，待脱水处理后放入偶联剂再混合 2～3min，最后放入 PPS 混合 2～3min，待混合均匀后取出备用。

③ 将混合均匀的物料送入双螺杆挤出机进行造粒，制备导热绝缘塑料，双螺杆转速为 250～350r/min。双螺杆的加工温度具体为第一段 275～285℃、第二段 275～285℃、第三段 280～290℃、第四段 280～290℃、第五段 285～295℃、第六段 290～300℃、第七段 295～305℃、第八段 290～300℃、第九段 285～295℃，机头温度为 295～305℃。

（3）产品性能

该材料制备操作简便、安全，而且还可根据不同需要配制不同要求的成型材料，以达到绝缘防腐、保密导热等目的。主要应用在导热绝缘的电子电器领域，如在商业仪器、自动化设备、齿轮、轴承、移动电话、发动机罩、灯箱等方面。

7.3 磁性塑料配方设计

7.3.1 挤出成型各向同性磁性塑料条

（1）产品配方

CPE	100	DOP	20～25
磁粉	90	其他助剂	适量

（2）制备方法

① 磁粉表面处理　取适量表面处理剂对磁粉表面进行处理。

② 混合与塑炼　将磁粉、CPE、DOP 等成分按比例加入高速混合机内高速搅拌 6～8min，然后取出在二辊塑炼机上塑炼，制成薄片，再经切粒机切成颗粒。

③ 挤出成型　在改装后的挤出机上加工成型。该机的特点是螺杆长径比、压缩比都较普通塑料挤出机小。

④ 充磁　挤出成型的磁性塑料条通常不具有磁性。只有经过磁化过程，即充磁后才具有磁性，可采用电容脉冲放电对磁性塑料条进行充磁。

（3）产品性能

挤出成型各向同性磁性塑料条的最大磁粉填充量应在 90% 左右，所得磁条的剩余磁感应强度 $B_r \geqslant 0.15T$，矫顽力 $H_c \geqslant 99.52kA/m$，最大磁能积 $(BH)_{max} \geqslant 3.98kJ/m^3$。上述磁性能均达到或超过引进生产线生产的磁条性能。

7.3.2 磁性聚苯醚

（1）产品配方

聚苯醚	60	邻苯二甲酸酯类增塑剂	8
聚烷基有机硅树脂	15	硬脂酸钙以及磁性颗粒	5
季戊四醇硬脂酸酯	3		

所述磁性颗粒为二氧化硅包覆的四氧化三铁颗粒，且在二氧化硅的表面接枝有超支化聚硅氧烷；在与有机聚硅氧烷混合后能够有效进行交联，提高磁性颗粒与塑料本体的结合相容性，保证磁性颗粒在塑料中的均匀性和稳定性。

（2）制备方法

制备二氧化硅包覆的四氧化三铁颗粒：将氯化铁和氯化亚铁按摩尔比溶解到去离子水中，超声 15min 去除氧气，在 50～60℃水浴、氮气保护下，搅拌 15min 后，以 1mL/min 的速度滴加氨水调节 pH 值至 9～11；在 40～80℃下，加入浓度为 0.004g/mL 的柠檬酸溶液，继续反应 6h 后，用乙醇洗涤，干燥得到四氧化三铁纳米颗粒。所述柠檬酸与铁原子的摩尔比为 0.01∶1。取四氧化三铁纳米颗粒，超声分散于正丙醇溶剂中，于搅拌条件下滴加氨水使其 pH 值为 8.0～11.0，然后加入正硅酸乙酯，于 25～60℃下反应 2～6h，磁性分离得到二氧化硅包覆的四氧化三铁颗粒。其中，所述四氧化三铁和正硅酸乙酯的质量比为 1∶4。

按质量份称取聚苯醚、聚烷基有机硅树脂、季戊四醇硬脂酸酯、邻苯二甲酸酯类增塑剂和硬脂酸钙混合均匀后，于高速混合机中 210℃条件下加热熔融搅拌，得到聚合混合物。

取上述制得的二氧化硅包覆的四氧化三铁颗粒 5 份加入制得的聚合混合物中，以 70～90r/min 的转速搅拌 2～4h，使包覆于四氧化三铁颗粒表面的二氧化硅均匀分散于聚合混合物中。然后置于模具中，真空脱泡后，采用阶梯升温法使其固化，于 215℃固化 2h。最后先于 225℃固化 2h，后于 235℃固化 2h，然后冷却至室温，得到磁性聚苯醚。

（3）产品性能

采用此配方以及制备方法得到的磁性塑料成分均匀稳定，并且性能优良。

7.3.3 耐热磁性 PVC 门封塑胶套

（1）产品配方

PVC	100	加工助剂	适量
CaCO$_3$	52～68	热稳定剂	6～10
增塑剂	52～64		

（2）制备方法

按配方称好各种原材料。将 PVC 和各种助剂在高速混合机内捏合，当 140～160℃时把混好的粉料排至冷却桶内。混好的粉料送入双螺杆挤出机组造出耐热胶套粒料。双螺杆挤出机各区加热温度为 150～180℃。耐热胶套粒料在塑料挤出机组挤出耐热胶套。挤出机各区加热温度为 130～160℃。耐热胶套置于塑料压片机压模中压出试样块。模温为 180℃，压力为 6MPa，保温、保压 10min，通水冷却 15min。用冲模冲出试样条。

（3）产品性能

耐热磁性 PVC 门封塑胶套主要技术指标如下：外观光滑平整，无焦痕、裂纹等，颜色均匀；材料拉伸强度不小于 10MPa，材料断裂拉伸应变不小于 200%，材料邵氏硬度（A）为 75～85，耐热性达到 150℃，氯乙烯单体残余量不大于 1mg/kg，4%酯类或酸类浸泡液重金属含量（以 Pb 计）不大于 1mg/L。

7.3.4　注射成型钕铁硼塑料粘接磁体

（1）产品配方

NdFeB	91	润滑剂 A	1.5
抗氧剂	0.3	润滑剂 B	0.2
尼龙	9	包覆剂	适量
KH550	1～5		

（2）制备方法

将已预先用包覆剂包覆并用硅烷偶联剂（KH550）表面处理后的快淬 NdFeB 磁粉，与烘干后的 PA12、润滑剂、抗氧剂按一定的配比在高速混合机中混合均匀，然后在双螺杆挤出机中进行熔融挤出、造粒，最后在注塑机中注射成试样，并充磁。

（3）产品性能

该材料 BH_{max} 为 5.38MGOe（$1G = 10^{-4}$ T；$1Oe = 79.5775A/m$），MFR（熔融指数）为 79.3g/10min，弯曲强度为 39.6MPa，H_{cj} 为 4.25kOe。

7.3.5　复合型磁性塑料

（1）产品配方

混合型双酚 A 环氧树脂	17	催化剂，稀释剂	适量
KH550	0.5	固化剂 PA	1.5
磁粉 SrO·6Fe$_2$O$_3$，BaO·6Fe$_2$O$_3$	83		

（2）制备方法

按配方依次称好各组分，稍加热，静止脱气，再将磁粉与树脂等各组分于捏合机中均匀混合。随后注入模具内，经成型磁化、固化等步骤即制得磁性塑料产品。工艺参数：固化条件 70℃、3h，环氧基转化率为 66%。

（3）产品性能

该固化体系对于制备磁性教具及玩具较合适。磁性能可满足使用要求，制品的力学性能较好，抗张强度为 1484N/cm^2，不脆，韧性强。在固化反应体系中加入硅烷偶联剂（KH550）参与交联反应，可改进表面性能，提高胶接强度和耐老化性能；30～97℃的热膨胀系数为 $7.24 \times 10^{-1}/℃$，30℃以下无形变，其软化温度为 240℃，具有强度高、易于成型加工和磁性好的优点。

参考文献

[1] 付世创，庄鹏程，张凌．石墨烯/PVC 抗静电材料的开发 [J]．聚氯乙烯，2018，46（07）：15-17.

[2] 曹承良，余龙飞，杨杰．一种抗静电 PP 木塑复合材料及其制备方法 [P]．CN108727700A，2018-11-02.

[3] 吕瑞华，雷景新，冯新亮，等．抗静电软质聚氯乙烯材料的研究 [J]．中国塑料，2005（01）：60-63.

[4] 王祖贤，华加美．一种抗静电塑料及其制备方法 [P]．CN108707330A，2018-10-26.

[5] 杨桂生，廖雄兵，朱敏，等．一种改性石墨烯改性的抗静电聚丙烯复合材料及其制备方法 [P]．CN108690262A，2018-10-23.

[6] 杨桂生，李晓庆，姚晨光．一种聚丙烯组合物材料及其制备方法 [P]．CN108690260A，2018-10-23.

[7] 杨桂生，李晓庆，姚晨光．一种尼龙 6 组合物材料及其制备方法 [P]．CN108690348A，2018-10-23.

[8] 贺天禄，李宝芳，罗英武，等．复合抗静电剂在 PP 上的应用研究 [J]．塑料工业，2003 (05)：43-45.

[9] 李娜．一种抗静电聚乙烯材料及其制备方法 [P]．CN109401004A，2019-03-01.

[10] 刘永清．一种抗静电聚乙烯片材及其制备方法 [P]．CN109135035A，2019-01-04.

[11] 陈永东，徐青，杨桂生．ABS 系抗静电树脂母粒的开发 [J]．现代塑料加工应用，2001 (05)：14-15.

[12] 赵明，杨明山．实用配方设计·改性·实例 [M]．北京：化学工业出版社，2019.

[13] 张诚，周平，乔梁，等．高导热高绝缘 FEP/AlN 复合材料的研究 [J]．塑料工业，2007 (05)：9-12.

[14] 王升瑶．绝缘 PVC 塑料 [P]．CN108164852A，2018-06-15.

[15] 李丽，王成国，李同生，等．聚碳酸酯及聚碳酸酯合金导热绝缘高分子材料的研究 [J]．材料热处理学报，2007 (04)：51-54.

[16] 于敬阳，崔成杰，谢众．一种导热绝缘阻燃性能增强的 PBT 塑料及其制备方法 [P]．CN107841093A，2018-03-27.

[17] 陆小义，徐振明，李建峰．高性能 LLDPE 电缆护套的研制 [J]．工程塑料应用，2005，33 (8)：38-41.

[18] 卢建军，赵彦生，施卫仁，等．超细煤粉填充高分子绝缘材料 [J]．煤炭学报，2005，30 (2)：229-232.

[19] 陈钢，陈华，李文森，等．一种 PPS 导热绝缘塑料的制备方法 [P]．CN106633881A，2017-05-10.

[20] 丁乃秀，齐兴国，黄兆阁，等．PP/LLDPE/炭黑导电复合材料的性能研究 [J]．塑料，2006，35 (5)：5-8.

[21] 熊辉，张清华，陈大俊．填充型多相聚合物导电复合材料的 PTC 效应 [J]．化学世界，2007 (11)：661-663.

[22] 尚福平．一种新型导电塑料及其制备工艺 [P]．CN108285639A，2018-07-17.

[23] 周进伟，王拥军，王佳婕．一种导电高强度复合塑料 [P]．CN108219286A，2018-06-29.

[24] 杨波，陈晓浪，陈光顺，等．导电炭黑填充 PP/EAA 复合材料的形态及电性能 [J]．复合材料学报，2007，24 (3)：78-82.

[25] 虞海盈．一种导电高分子塑料 [P]．CN107973963A，2018-05-01.

[26] 王爱东，宁平，刘丹丹，等．导电聚苯胺/OMMT 纳米复合材料的研究 [J]．工程塑料应用，2005 (01)：11-14.

[27] 赵石林，等．LDPE/炭照导电复合材料电学及力学性能研究 [J]．塑料工业，1998，26 (6)：25-27.

[28] 刘勇刚，刘素琴，等．PP/SEBS 基导电复合材料的研制 [J]．工程塑料应用，2005，33 (1)：15-17.

[29] 陈林照．一种磁性塑料及其制备方法 [P]．CN107312314A，2017-11-03.

[30] 古启仁．耐热磁性门封塑胶套配方研究 [J]．聚氯乙烯，1996 (05)：25-27.

8

降解塑料配方与应用实例

8.1 概述

　　塑料以其质量轻、耐腐蚀、易加工、成本低、使用方便等优点，被广泛应用于国民经济的各个行业。随着塑料制品的广泛应用，废弃塑料大量增加，造成环境的严重污染，即所谓"白色污染"。据统计，近年来中国包装用塑料已超过400万吨，其中难以回收利用的一次性塑料包装约占30%，每年产生的塑料包装废弃物约为120万吨；塑料地膜约为40多万吨。由于塑料地膜较薄，利用后破碎在农田中夹杂大量沙土，很难回收利用。此外，难以回收利用的一次性塑料日用杂品及不宜回收利用的医疗用品约为40万吨。综合以上各项一次性塑料废弃物达200万吨左右，引起了全社会的极大关注。目前使用的塑料品种有几十种，其中产量最大，也最常用的是聚乙烯、聚氯乙烯、聚苯乙烯、聚丙烯等。这些塑料占塑料总产量的2/3以上。它们对环境的危害主要有以下特点。

　　① 数量大　塑料在人们的日常生活中随处可见，购物袋、快餐盒、日用品包装、农用薄膜等，以每年约2500万吨的速度在环境中积累。这些塑料在完成其使用寿命后，通常被遗弃，尤其突出的是在铁路沿线形成著名的白色垃圾带状污染，严重影响了铁路沿线的环境美观。在城市及其周边地区，这些废弃物一般可以得到回收，但在落后地区往往得不到回收，造成长期污染。另外，典型的难以回收物如农用薄膜，因为分布比较散，且半埋藏于土壤中，往往得不到重视，而其数量却很大。调查表明，在覆盖薄膜5年的土壤中，每公顷残膜累积量达120kg。

　　② 处理难　塑料属于高分子聚合物，降解困难，埋在地下数百年不会腐烂降解。塑料废弃物如果采取焚烧的方法，又会产生二次污染物，如氯化氢、二噁英等有毒气体。

　　③ 回收成本高　将塑料回收进行再加工所需要的能量比使用新鲜原料进行生产所消耗的能量高；而且，塑料属于易老化物质，被回收的塑料很多都已经进入老化阶段，对其进行二次加工得到的产品很难达到初次使用的状态且成本高。

　　④ 毒害野生动物　废弃的食品袋等被丢弃到环境中，很容易被动物吞食，因难以消化或阻塞消化道、呼吸道而使动物窒息或中毒死亡。

　　基于塑料废物对环境的污染，以及环保呼声的日渐高涨，人们对可降解塑料的兴趣增强，研制可降解塑料成为必然。按美国材料试验学会（ASTM）对可降解塑料所下的定义，可降解塑料是在特定时间内、在造成性能损失的特定环境条件下，其化学结构发生变化的一种塑料。根据促进其化学结构发生降解变化的因素来分类，可降解塑料可分为生物降解塑料和光降解塑料两种。前者在细菌、真菌和藻类等微生物的作用下，塑料可产生分解直至消失；后者是在日光作用下，塑料产生分解直至消失。可降解塑料具有如下特点：①可制成堆肥回归大自然；②因降解而使其体积减小，节省占用填埋场的土地，进而节约土地资源；③不用焚烧，减少有害气体排放；④可减少随意丢弃对野生动物的危害；⑤应用范围广，不仅可以应用于日常生活，而且可用于医药领域。

生物降解塑料按降解机理和破坏形式可分为生物破坏性塑料和完全生物降解塑料两种。

8.1.1 生物破坏性塑料

生物破坏性塑料是对材料水平而言的，主要是以天然高分子材料与通用型合成高分子材料共混或共聚以制取具有良好力学性能和加工性能的生物可降解材料。其组合方式有以下几种：用熔融和溶液共混的方法将一种高分子材料分散在另一种高分子材料的水溶液中，形成悬浮体系，最后制成各种复合物；将天然高分子材料分散或溶解在可进行聚合反应的体系中，进行均聚或共聚合反应，使体系中的单体聚合，得到含天然高分子的复合材料；将天然高分子材料在适当的条件下降解，并使降解后的分子链段与其他单体进行聚合反应，从而制备具有生物降解性能的新型共聚物，包括淀粉、纤维素、蛋白质与合成高分子材料组合的塑料。

淀粉基塑料的制造方法主要有以下两种。①共混。由于淀粉分子中含有大量羟基等强极性基团，与非极性的聚烯烃如聚乙烯、聚丙烯、聚乙烯醇、聚氯乙烯等很难相容，人们采用偶联剂法、淀粉接枝改性法、加入第三组分及母料等多种方法对淀粉进行化学改性，可有效改善淀粉与聚烯烃的相容性，可以制造农用薄膜和包装材料。淀粉聚氯乙烯型可降解塑料通常采用两种共混工艺进行加工：一是利用机械干混法；二是采用糊化淀粉和聚氯乙烯胶乳混合再凝结法。第一种方法简便易行，但效果不佳。这主要是由于淀粉的大颗粒和强极性使之很难与聚氯乙烯相容。人们采用不同的改性方法来增容。②将淀粉与不饱和单体如苯乙烯、乙烯、丙烯、丙烯酸及其酯类等共聚而得到的可降解材料。已开发的淀粉基塑料主要有：淀粉接枝丙烯酸丁酯、淀粉接枝、甲基丙烯酸甲酯、丙烯酸丁酯、苯乙烯等。

纤维素基塑料也有两种制备方法：一是共混；二是化学改性。

蛋白质虽然具有较好的生物降解能力，但热性能和力学性能较差；用化学处理可改善其热性能和力学性能，但这方面的研究还处于基础研究阶段。

8.1.2 完全生物降解塑料

完全生物降解塑料是对高分子化学结构的分子水平而言的，主要包括微生物型降解塑料、合成高分子型生物降解塑料和天然高分子生物降解塑料3种。

微生物型降解塑料是指微生物可把某些有机物作为食物来源，通过发酵作用合成高分子。大多数微生物能合成光活性聚酯作为能源储存物质，以颗粒状存在菌体内，用作能源储备。

合成高分子型生物降解塑料是指利用化学方法合成制造的生物降解塑料。它较微生物合成具有更大的灵活性，容易控制产品，相关研究开发工作是合成具有类似于天然高分子结构的物质或含有容易生物降解的官能团聚合物。合成高分子材料对微生物侵蚀的敏感性依赖于其结构，通常主链上含 C—N、C—O 等杂键的高分子材料比仅含 C—C 键的高分子材料对微生物更为敏感，带有支链结构的比直链结构的更为敏感。在热塑性塑料中只有脂肪族聚酯及其衍生物可被微生物降解，如分子量为 40000 的无支链型聚己内酯显示出很高的微生物降解性。聚己内酯（PCL）塑料可在海水中溶解，该种塑料在海水及海洋生物作用下，先产生变形而最终可完全降解。根据 PCL 的这种性质，可使之成为更有前途的一种生物可降解医用材料。聚乳酸（PLA）也是一种性能极佳的生物降解材料，是以乳酸为单体反应的聚合物，通常能被水解成低分子，然后再被微生物分解。聚乙醇酸交酯、聚丙醇酸交酯不仅具有生物降解性能，而且具有很好的生理适应性，可作为外科缝合线、人工骨、缓释性药膜材料。这一类生物降解塑料可用来取代吹瓶 PE、PET 传统塑料原料，但因要求完全分解，如何控制其结构尚需进一步研究，而且其成本也有待进一步降低。

1969 年，日本京都大学的井上祥平发现可将二氧化碳固定为可降解的脂肪族聚碳酸酯共聚物，但所采用催化体系的催化活性太低，和理想的工业化要求相差甚远。进入 20 世纪 80 年代以后，由于人们对能源与环境及可持续发展的认识日益提高，二氧化碳的固定及利用已经成为世界各国科学家研究的焦点课题，所得到的聚合物统称为聚碳酸亚丙酯（PPC）。其中，以聚甲基碳酸亚乙酯的二氧化碳利用率为最高。其主链结构单元中，二氧化碳和环氧丙烷是严格的交替结构，其摩尔比为 1:1，二氧化碳的质量分数为 42.2%。二氧化碳和环氧化物的共聚合可以在很宽的二氧化碳压力、反应温度、时间范围内于不同的溶剂中进行。

聚酸酐是一类新的可生物降解高分子材料，由于其优良的生物相容性和表面溶蚀性，在医学领域正得到越来越广泛的应用。

天然高分子生物降解塑料是利用生物可降解的天然高分子材料（如植物来源的生物物质和动物来源的甲壳质等）为基材制造的塑料。植物来源包括细胞壁组成的纤维素、半纤维素、木质素、淀粉、多糖类及烃，动物来源就是虾、螃蟹等甲壳动物。纤维素和甲壳质在化学结构上相似，是分布在自然界中的碱性多糖，可生物合成及分解，不会造成环境污染。

8.1.3 光降解塑料

目前已被采用的光降解技术有合成型和添加型两种。前者是在烯烃聚合物主链上引入光敏基团，后者是在聚合物中添加有光敏作用的化学助剂。国内采用的光降解技术路线主要是后者。

合成型光降解塑料主要是通过共聚反应在高分子主链上引入羰基型光敏基团。研究表明，若聚烯烃的分子链上引入羰基，则可吸收 340nm 以下的紫外线，发生 Norrish Ⅰ 型反应或 Norrish Ⅱ 型反应，从而发生光降解反应。通常采用光敏单体一氧化碳、烯酮类与烯类等单体共聚，即可合成含羰基结构的光降解型聚合物。目前对乙烯共聚物类光降解聚合物研究最多。研究表明，聚乙烯降解成分子量低于 500 的低聚物后，可被土壤中的微生物吸收、降解，具有较好的环境安全性。例如，用共聚法合成聚乙烯时，与乙烯同时加入含有羰基的可聚合单体，如乙烯与一氧化碳采用乙酸钯作催化剂，共聚得到乙烯-CO 交替共聚物。通过调节羰基基团含量可控制其降解活性，使光降解速率具有可控性。

添加型光降解塑料是将光敏剂添加于通用聚合物中，而制得光降解塑料。在光的作用下光敏剂可解离成具有活性的自由基，进而引发聚合物分子链的连锁反应，达到降解作用。通常所用的光敏剂有下述几种。①过渡金属配合物二乙基二硫代氨基甲酸铁是工业上使用的最佳光敏剂，它吸收太阳光后产生的二硫代氨基甲酰自由基可引发聚合物发生光降解反应。②含有芳烃环结构的物质如蒽醌，对波长为 350nm 的光波尤为敏感，经光激发转变为激发态并产生光化学活性，将能量转移给聚合物链上的羰基或不饱和键，从而使聚合物降解。二茂铁是一种性能优异的光敏剂。通过控制二茂铁在塑料制品中的含量，既可以促进塑料发生光降解，也可以使塑料稳定化，由此可以控制农用薄膜的使用寿命。③卤化物。在金属氯化物中，氯化铁是最有效的光敏剂。氯化铁在光的作用下产生氯化亚铁和活性氯原子，后者能捕获聚烯烃中的氢原子形成氯化氢，因此氯化铁可以促使聚烯烃分子形成烷基自由基，然后发生氧化反应形成过氧化自由基，进一步发生光降解。

尽管目前开发的可降解塑料尚未彻底解决日益严重的"塑料垃圾问题"，但这仍然是一条缓解矛盾的有效途径。它的出现不仅扩大了塑料的功能，缓解了人类和环境的关系，而且从合成技术上展示了生物技术的威力和前景。这将是 21 世纪新材料的重要领域，其重点发展的方向是发掘新的原材料及其基础理论和应用研究。

8.2 生物破坏性塑料配方、制备与性能

以下对淀粉/聚乙烯降解塑料的配方、制备与性能进行介绍。

（1）产品配方

LDPE	60	变性淀粉	40

（2）制备方法

先通过高速搅拌将淀粉和改性剂共混制备变性淀粉，然后与 LDPE 在开放式炼塑机上塑化混合均匀，制得淀粉/聚乙烯降解塑料。

（3）产品性能

淀粉和 LDPE 性质差异较大，天然淀粉中含有支化结构，支化结构单元上含有亲水的羟基，与疏水的 LDPE 相比较，两者相容性差。将淀粉经过改性处理以后，缩小了二者之间性质的差异，可明显改善体系的力学性能。

配方料的拉伸强度可达 13MPa，断裂拉伸应变约为 200%。采用此配方料与 LDPE 按1:1 混合后，吹塑成膜，膜的力学性能和降解性能均较好。

8.3 光降解塑料配方、制备与性能

8.3.1 可光降解聚丙烯/黏土纳米复合物

（1）产品配方

PP（MFR＝1.5）	95	负载锐钛矿型纳米二氧化钛的有机黏土	5

（2）制备方法

通过溶胶-凝胶法将锐钛矿型纳米二氧化钛负载到有机黏土片层表面，然后与聚丙烯熔融混合，制得可光降解聚丙烯/黏土纳米复合物。

（3）产品性能

实验结果表明，锐钛矿型纳米二氧化钛粒子均匀分布在有机黏土片层表面，粒子尺寸在8～12nm 之间。负载锐钛矿型纳米二氧化钛的有机黏土对聚丙烯的光降解速率较纯二氧化钛快，纳米二氧化钛粒子在有机黏土表面均匀分布，可有效避免二氧化钛粒子的团聚，增加了二氧化钛和聚丙烯基体的有效接触面积，极大地提高了材料的光降解速率。

8.3.2　含铁配合物类光敏剂的降解塑料

（1）产品配方

	1#	2#
LDPE	100	100
FeDBC	0.1～0.3	
FeSt$_3$		0.5

（2）制备方法

首先将光敏剂与 LDPE 在高速搅拌机中混合，再经挤出、造粒，然后经吹塑制成厚度为 0.01～0.03mm 的薄膜。

（3）产品性能

含有 0.1%～0.3%FeDBC 和 0.5%FeSt$_3$ 光敏剂的 LDPE 膜试样在受紫外光辐照或自然暴露 5～10d 后，断裂拉伸应变保持率全部降到 80% 以下；当保持率降到 20% 时，在室内紫外光辐照只需 20d 左右，室外自然暴露需 40d 以上。综合评价，FeSt$_3$ 的光敏化降解效果要优于 FeDBC 类光敏剂。

8.3.3　可光降解聚丙烯/纳米钛白粉

（1）产品配方

PP(iPP)	100	二氧化钛	0.5～1.0

（2）制备方法

在 185℃下，将 iPP 分别与两种二氧化钛粉体（纳米级和微米级）在 Brabender 转矩流变仪中混合 10min，制成二氧化钛含量为 10% 的两种母粒。然后按配方加入 iPP 中进行熔融纺丝，纺丝温度为 230～245℃，纺丝速度为 150m/min。初生纤维在 60～70℃下、经 4 倍拉伸获得成品纤维。然后在紫外光灯箱中进行人工加速光老化试验，间隔一定时间后取样。

（3）产品性能

纳米级和微米级的金红石型 TiO_2 都对 PP 光氧化降解具有一定的催化作用，而且其含量越高，催化作用越强，但纳米级 TiO_2 的催化作用比微米级 TiO_2 强。

8.4　完全生物降解塑料

8.4.1　聚乳酸基完全生物降解塑料

8.4.1.1　聚乳酸/PBAT 共混物

（1）产品配方

PLA	50～99	硬脂酸钙	1
PBAT	1～50	抗氧剂(PL-34)	1
硬脂酸	1		

（2）制备方法

将 PLA、PBAT 以及各种加工助剂按配方混合均匀后，通过双螺杆挤出机进行熔融共混挤出。挤出机各段温度从加料口到机头依次为 160℃、165℃、170℃、170℃、170℃、170℃、165℃、165℃。螺杆转速为 150r/min。

（3）产品性能

共混物的冲击强度及断裂拉伸应变随着 PBAT 含量的增加而增大，在 PBAT 含量为 30％时，断裂拉伸应变最大，达到 9％。PBAT 的加入降低了共混物的拉伸、弯曲性能，但在添加量较少的情况下（如 5％和 10％），拉伸、弯曲性能下降不大。退火处理可极大提高材料的维卡软化温度。

8.4.1.2　聚乳酸/PBAT 共混物

（1）产品配方

	1#	2#
L-聚乳酸	50	50
淀粉	50	50
淀粉-聚醋酸乙烯酯接枝共聚物		14
淀粉-聚乳酸接枝共聚物	7～14	

（2）制备方法

称取淀粉加入 30％的蒸馏水混合均匀，再按配方加入 PLA 和一定量的接枝共聚物，混合均匀。将上述混合物在 XSS-300 转矩流变仪上以 LH60 塑料混合装置进行熔融共混。共混进行一定时间后，将共混物熔体骤冷至室温（约 15℃）或置于 105℃烘箱中退火 24h，用 WL-A 型微粒制样机粉碎后进行干燥、储存。

（3）产品性能

淀粉-聚醋酸乙烯酯和淀粉-聚乳酸接枝共聚物对聚乳酸/PBAT 共混物可有效增加淀粉与聚乳酸的相容性，从而提高共混物的耐水性和力学性能。

8.4.1.3　柠檬酸酯增塑改性聚乳酸

（1）产品配方

	1#	2#	3#
聚乳酸(4060D)	80～90	80～90	80～90
ATBC(乙酰柠檬酸三丁酯)	10～20		
TBC(柠檬酸三丁酯)		10～20	
TEC(柠檬酸三乙酯)			10～20

（2）制备方法

将聚乳酸和 TBC、TEC 放入混合设备中捏合，制备柠檬酸酯增塑改性聚乳酸。

（3）产品性能

柠檬酸酯类增塑剂均能有效降低聚乳酸的玻璃化转变温度，改善其加工性能，克服脆性断裂。其中，含有羟基并且构成酯的醇分子量越低的柠檬酸酯，越能有效降低聚乳酸玻璃化转变温度，提高其韧性，加快降解速率；柠檬酸酯分子量越小，越易迁移，且材料耐水性越差。

8.4.1.4 聚乳酸基木塑复合材料

（1）产品配方

PLA（3051D）	100	增容剂 NAX	18
松木粉（80 目）	30	硅烷偶联剂 KH560	0.6

（2）制备方法

① 松木粉的表面处理　将松木粉在 80℃下真空干燥 24h，再用 5％的硅烷偶联剂-丙酮溶液充分浸润后分散，于 120℃下活化 2h 后，再于 100℃下烘干备用。

② 试样的成型与加工　将 PLA 于 50℃下真空干燥 24h，按照一定比例将 PLA、松木粉和各种助剂在高速混合机中混合均匀，再用双螺杆挤出机在机筒温度 170～175℃、机头温度 165℃条件下挤出造粒。所得粒料在平板硫化机上于 170℃下模压制样。

（3）产品性能

对于以聚乳酸（PLA）、松木粉为主要原料的体系，单用硅烷偶联剂可以增加 PLA 与松木粉之间的界面结合力，但是对体系的力学性能影响不是很大；增容剂的加入能够提高复合材料的力学性能。

8.4.1.5 聚乳酸骨折内固定材料

（1）产品配方

聚乳酸	85	碳纤维（T300）	20
羟基磷灰石（HA）	15		

（2）制备方法

将碳纤维在浓硝酸中 70℃下回流氧化 5h，再用大量去离子水洗涤，所得产物鼓风干燥 24h。

将 PLA 溶解在氯仿中成糊状溶液，羟基磷灰石在少量氯仿中超声分散 15min 后，加入 PLA 溶液中搅拌 4h，再加入碳纤维，用上述混合液浇膜形成预浸渍带。挥发溶剂：为了减少样条气泡，在室温下冷压 10min，然后在 170℃、4～8MPa 下热压 20min，再转移到冷压机上冷却至室温。

（3）产品性能

羟基磷灰石由于具有良好的生物活性和骨传导性，能够与骨直接形成键性结合，被大量应用于骨替换植入材料，但其力学性能不佳，易脆，对负荷承载性差，不能完全符合骨组织复原的要求。将 HA 与 PLA 复合，可提高材料韧性，满足骨替换植入材料的强度要求；同时，可以解决 X 射线对 PLA 仅有穿透力而造成显影观察困难的问题。PLA 的酸性降解产物可被 HA 缓冲；同时，HA 的骨诱导性可提供良好的骨细胞黏附生长环境，复合材料的多孔结构则为细胞生长、组织再生及血管化提供条件，符合骨组织工程的生物学要求，有望成为骨组织工程中理想的支架材料。但是，HA/PLA 复合材料的强度尚不理想，尤其不能满足大块骨段固定强度的要求。用碳纤维增强 HA/PLA 复合材料能够显著提高复合材料的力学性能，满足其作为骨折内固定材料所需的力学强度。

8.4.1.6 聚乳酸/聚乙烯醇共混膜

（1）产品配方

PLA	20	PVA（DPJ 750）	80

（2）制备方法

先配制 5％PLA 和 PVA 溶液，按一定配比将 PLA 溶液加入 PVA 溶液中，混合均匀后采用流延法将混合液倒入模具中；于 40℃下干燥，溶剂挥发形成共混膜后，脱膜，室温下真空干燥至恒量，即得 PLA/PVA 共混膜。

（3）产品性能

将 PVA 与 PLA 进行溶液共混，优化调节了 PLA 材料的降解性能，改善了 PLA 的亲水性，降低了 PLA 材料的应用成本，使其成为优良的药物缓释制剂。

8.4.1.7 玻璃纤维增强聚乳酸

（1）产品配方

PLA(RS01)	100	偶联剂 KH550	0.4～1.2
玻璃纤维	10～30		

（2）制备方法

将 PLA 在 60℃烘箱中干燥 6h，取出后与偶联剂等辅料按一定比例加入高速混合机中，然后用双螺杆挤出机挤出，加热段温度 140～160℃，机头温度 165℃；挤出后经水冷、干燥、切粒机造粒，再在 80℃烘箱中干燥 8h，注塑成标准样条，注射机料筒温度为 160～180℃，模温为 20～30℃。

（3）产品性能

共混体系中随玻璃纤维含量的增加，玻璃纤维/PLA 复合材料的拉伸性能、弯曲性能和冲击性能均得到显著提高。随偶联剂 KH550 含量的增加，玻璃纤维/PLA 复合材料的力学性能明显提高。

8.4.1.8 木粉/聚乳酸可降解复合材料

（1）产品配方

聚乳酸（AI-1015)	50～90	丙基三乙氧基硅烷（KH570)	5％桉木粉质量
桉木粉（80 目）	10～50		

（2）制备方法

将桉木粉在烘箱中干燥至恒重，用冰醋酸调节无水乙醇溶液 pH 值至 4～6，50℃下缓慢加入 5％（相对桉木粉质量）的偶联剂，搅拌均匀形成混合液；然后将桉木粉添加高速混合机中，先快速搅拌 3～5min 后，升温到 50～70℃，再将混合液加入，继续搅拌 4～15min，取出并在烘箱中烘干，即得改性木粉。将改性木粉和聚乳酸加入高速混合机中混合均匀后，再通过双辊开炼机在 170℃下进行熔融共混。

（3）产品性能

在木粉/聚乳酸体系中，木粉的添加有利于 WF/PLA 复合材料异相成核结晶和热稳定性的提高，木粉对 PLA 起到增强作用。当木粉含量为 50％时，WF/PLA 复合材料的拉伸强度最大为 29.9MPa，比纯 PLA 提高了 10MPa；当木粉含量为 30％时，WF/PLA 复合材料的弯曲强度最大为 43.2MPa，比纯 PLA 提高了 7.2MPa。

8.4.1.9 环氧基团功能化弹性体增韧聚乳酸

（1）产品配方

| 聚乳酸(4032D) | 100 | E-MA-GMA(AX8900) | 5～20 |
| POE-g-GMA | 5～20 | | |

（2）制备方法

将聚乳酸、POE-g-GMA 和 E-MA-GMA 弹性体按一定质量比称重，弹性体（POE-g-GMA 及 E-MA-GMA）质量分数从 5% 变化到 20%，采用 Haake 转矩流变仪进行熔融共混，共混温度为 180℃，时间为 5min，转速为 80r/min。

（3）产品性能

接枝型聚合物 POE-g-GMA 与基体 PLA 之间有良好的界面相溶性。当 POE-g-GMA 的质量分数为 15% 时，共混体系的缺口冲击强度为 $78.4kJ/m^2$；而当 E-MA-GMA 的质量分数为 15% 时，共混体系的缺口冲击强度为 $38.4kJ/m^2$。结果表明，接枝型聚合物 POE-g-GMA 增韧效果明显优于嵌段型 E-MA-GMA。

8.4.1.10 聚乳酸增韧材料

（1）产品配方

| 聚乳酸(3051D) | 100 | DOP | 8 |
| EVA | 20 | | |

（2）制备方法

将 PLA 及 EVA 置于真空干燥箱中在 60℃ 下干燥 12h，按照一定配比称取 PLA、EVA、DOP，加入 Haake 转矩流变仪中以 180℃、90r/min 混炼 5min。

（3）产品性能

该体系无论是缺口冲击强度还是无缺口冲击强度，都随着 DOP 用量的增加先升高后降低。当 DOP 用量为 8 份时，冲击性能达到最佳，此时共混体系的缺口冲击强度和无缺口冲击强度比不加 DOP 时分别增加了 47.4% 和 57.1%。

8.4.1.11 碳酸钙填充聚乳酸

（1）产品配方

| PLA(3051D) | 100 | $CaCO_3$ | 10～50 |

（2）制备方法

将 PLA 和 $CaCO_3$ 按照比例称量并混合均匀，通过双螺杆挤出机进行熔融共混挤出。PLA 和 $CaCO_3$ 在 60℃ 下真空干燥 2h，110℃ 下真空干燥 4h；螺杆各段温度分别为（从机头到加料口）：165℃、170℃、175℃、180℃、180℃、180℃、180℃、180℃、175℃、175℃、170℃，螺杆转速为 100r/min；在注塑机上注塑成标准样条，注塑前粒料在 100℃ 下真空干燥 4h。

（3）产品性能

该体系较高含量的 $CaCO_3$ 在材料内部形成网络结构，能阻止微裂纹的扩展，断裂从脆性变为韧性，对 PLA 起到了较为明显的增韧作用。但如果含量过高，会导致 $CaCO_3$ 凝聚，分散不均匀，影响复合材料的冲击性能；但当 $CaCO_3$ 的含量较低时，$CaCO_3$ 粒子孤立地分散在基体内，未形成网络结构，微裂纹的扩展不能及时阻止，会形成裂纹，从而导致复合材料破坏，冲击强度下降。

8.4.1.12 淀粉填充聚乳酸

（1）产品配方

	1#	2#
聚乳酸	70	70
热塑性淀粉 TPS	30	30
聚乙二醇	5～20	
柠檬酸三丁酯 TBC		5～20

（2）制备方法

① TPS 的制备　按配方将淀粉与甘油等助剂充分混合后混炼均匀，淀粉与甘油的共混质量比为 100∶40。

② PLA/TPS 共混物的制备　按配方将干燥的 PLA、增塑剂与 TPS 在转矩流变仪中熔融混炼，然后压制成板材制成标准样条。

（3）产品性能

TBC 能增加 TPS 的分散均匀性，使相分散尺寸明显变小；TBC 改性 PLA/TPS 的拉伸强度和断裂拉伸应变明显提高，吸水率较小。

8.4.1.13　滑石粉填充聚乳酸

（1）产品配方

PLA(4032D)	100	超细滑石粉(7800目)	2～10
ATBC	适量		

（2）制备方法

将 PLA 及超细滑石粉在 80℃下真空干燥箱中干燥 10h，然后将 PLA、ATBC、超细滑石粉按一定质量比称量且混合均匀，经双螺杆挤出机熔融共混挤出造粒并吹塑成膜。挤出机螺杆各段温度分别为（从加料口到机头）：120℃、160℃、170℃、175℃、170℃、165℃、160℃，螺杆转速为 150r/min；吹膜机螺杆温度分别为：130℃、150℃、160℃、170℃，螺杆转速为 60r/min。

（3）产品性能

对于聚乳酸（PLA）、超细滑石粉（Talc）及乙酰柠檬酸三丁酯（ATBC）体系，随着超细滑石粉用量的增加，PLA 共混薄膜材料的旋转扭矩逐渐下降，拉伸强度和断裂拉伸应变均先增后降，直角撕裂强度基本不变；60℃时体系增塑剂迁移率逐渐变小；125℃时随超细滑石粉用量的增加，晶核数目增加，结晶速率增大且球晶尺寸变小。

8.4.1.14　甘蔗渣填充聚乳酸

（1）产品配方

PLA(2002D)	100	偶联剂	适量
甘蔗渣	10～40		

（2）制备方法

将甘蔗渣分级过筛，置于 105℃恒温烘箱内干燥 8h，然后将偶联剂按不同的甘蔗渣质量分数溶解在丙酮中。在充分搅拌下，与一定量预先干燥过的甘蔗渣混合均匀，使偶联剂充分浸润甘蔗渣表面并吸附，最后置于通风橱内使溶剂完全挥发。

将 PLA 预先在 70℃、101.3kPa 的真空度下干燥 8h，与干燥过的甘蔗渣在转矩流变仪中于 180℃、40r/min 条件下共混密炼 10min。

（3）产品性能

甘蔗渣经过偶联剂表面处理后，聚乳酸/甘蔗渣复合材料的力学性能较未处理体系有不同程度提升；聚乳酸/甘蔗渣复合材料的力学强度受甘蔗渣粒径和含量的影响，甘蔗渣的粒径越小，复合材料的冲击强度越大；随着甘蔗渣含量的增大，复合材料的冲击强度和拉伸强度均呈下降趋势。

8.4.1.15　交联淀粉填充聚乳酸

（1）产品配方

PLA	100	环氧氯丙烷交联淀粉	10～40

（2）制备方法

称取淀粉溶于蒸馏水中，加入 NaCl 以防止淀粉膨胀，边搅拌边滴入 NaOH 至 pH 值等于 9.5 时，缓慢滴加交联剂环氧氯丙烷，50℃下恒温水浴中搅拌 5h，使交联反应完全。反应后用盐酸调节 pH 值到 6.5，放置一段时间后弃去上清液，先用无水乙醇洗涤，再用蒸馏水洗涤，得到不同交联程度的淀粉。然后加入占淀粉质量 32% 的甘油作为增塑剂，与上述改性淀粉进行充分混合，制得的改性淀粉在 140℃下干燥 6h 备用。将改性淀粉与聚乳酸一起混合均匀，加入流变仪中，熔融共混，然后挤出，挤出温度为 163℃，螺杆转速为 35r/min。

（3）产品性能

交联剂环氧氯丙烷有一个最佳用量，在淀粉/环氧氯丙烷比值为 100:6 时最佳。随着聚乳酸/淀粉共混物中改性淀粉含量的增加，共混物的拉伸强度、弯曲强度和冲击强度等都呈下降趋势。用环氧氯丙烷将淀粉交联能明显改善聚乳酸/淀粉的相容性。

8.4.1.16　纳米碳酸钙填充聚乳酸

（1）产品配方

PLA(2002D)	100	聚乙二醇（PEG）	5
纳米碳酸钙	2～10		

（2）制备方法

将 PLA、聚乙二醇和纳米碳酸钙按照比例称量并混合均匀，通过双螺杆挤出机进行熔融共混挤出。挤出温度为 210℃，螺杆转速为 150r/min。

（3）产品性能

当纳米碳酸钙含量为 5%～9% 时，PLA 的拉伸强度最大增加了 30%，断裂拉伸应变最大增加了 83.3%。当纳米碳酸钙含量为 5% 时，水蒸气的透湿系数降低了 48.3%。纳米碳酸钙与 PLA 混合后能提高 PLA 的耐热性。均匀分散的纳米碳酸钙对 PLA 起异相成核的作用，使晶粒尺寸减小了 41%，结晶度提高了 40%，并且使结晶温度降低，结晶速度加快，结晶时间缩短。

8.4.1.17　聚乳酸填充改性

（1）产品配方

PLA(注塑级)	100	$CaCO_3$	10～40
酯化纤维素	10～40		

（2）制备方法

按配方准确称取经干燥的 PLA、酯化纤维素和 CaCO₃，用高速混合机预混合。然后用双螺杆混炼挤出机熔融混炼、造粒。

（3）产品性能

PLA/CaCO₃/酯化纤维素复合材料的力学性能比 PLA/酯化纤维素、PLA/CaCO₃ 复合材料都好。其拉伸强度在填料含量为 10％时与纯 PLA 相当，弯曲强度在填料含量为 20％时与纯 PLA 相当，随后随填料含量的增加而降低，其拉伸和弯曲模量都随填料含量的增加而升高。CaCO₃ 与酯化纤维素存在一定的相互作用，能够提高复合材料的热稳定性，并在一定程度上能够减缓 PLA 的降解。CaCO₃ 与酯化纤维素间的相互作用主要表现在 CaCO₃ 能够引起酯化纤维素中的酯键断裂。

8.4.1.18　淀粉填充聚乳酸

（1）产品配方

PLA(3051D)	100	PEG400	1～5
热塑性淀粉 TPS	20		

（2）制备方法

先将 TPS 和 PLA 在 50℃下真空干燥 24h，然后加入适量 PEG400 混合均匀，使用双螺杆挤出机进行挤出造料。挤出机各段温度依次为 160℃、165℃、170℃、170℃、165℃、165℃、165℃、170℃、170℃，螺杆转速为 330r/min，熔料温度为 177℃。

（3）产品性能

随 PEG400 含量的增加，PLA/TPS 复合材料的拉伸强度、弯曲强度、弯曲弹性模量和冲击强度都呈先增大后减小趋势。其断裂拉伸应变呈增加趋势。当 PEG400 质量分数达到 3％时，其力学性能最佳。PEG400 可以改善 PLA/TPS 的相容性，使界面结合力提高。PEG400 能够提高 PLA/TPS 复合材料的可塑性和加工性能，在冷却时间为 60s、注塑压力为 10MPa、注塑速度为 80mm/s 时，复合材料体系的力学性能达到最佳。

8.4.1.19　木粉填充聚乳酸

（1）产品配方

聚乳酸(注塑级)	100	硅烷偶联剂(KH560)	3％绝干杨木纤维质量
杨木纤维	10～50		

（2）制备方法

将杨木纤维放入浓度分别为 2％、4％、6％、8％、10％和 12％的 NaOH 水溶液（浴比为 1:20）中常温下浸泡 24h 后，用滤网分离出杨木纤维并用自来水反复冲洗至中性，然后送入真空干燥箱内在 80℃下干燥 8h。称取一定量的硅烷偶联剂溶于适量的正己烷，然后将杨木纤维浸入硅烷偶联剂正己烷溶液中处理，硅烷偶联剂用量为绝干杨木纤维的 3％。室温静置，待正己烷挥发后，送入真空干燥箱内干燥备用。将用真空干燥箱在 80℃下干燥 8h 后的聚乳酸和杨木纤维送入开放式混炼机中在 160℃下混炼 10min，得到片状混合物，再将片状混合物送到强力塑料粉碎机破碎成颗粒。

（3）产品性能

复合材料的拉伸强度和冲击强度随着杨木纤维质量分数的增加呈现先增大后减小的趋势。当杨木纤维的质量分数为 30％时，材料的拉伸强度和冲击强度最大。随 NaOH 溶液浓度的增大，复合材料的拉伸强度和冲击强度先增大后减小，NaOH 溶液浓度为 8% 时复合材料的拉伸强度和冲击强度达到最大值。杨木纤维经 8% 碱液、3% 偶联剂以及 8% 碱液＋3% 偶联剂协同改性处理后，复合材料的力学性能都有所提高。其中，杨木纤维经 8% 碱液＋3% 偶联剂协同处理后的复合材料力学性能最好。

8.4.1.20 环氧大豆油增塑聚乳酸

（1）产品配方

PLA(2003D)	100	ESO（环氧大豆油）	5～30

（2）制备方法

将干燥后的 PLA 和 ESO 按不同质量比置于密炼机中，在加工温度为 170℃、转子转速为 60r/min、密炼时间为 6min 的条件下进行熔融共混，制得 PLA/ESO 共混物。

（3）产品性能

ESO 能显著提高 PLA 的断裂拉伸应变和冲击强度。随 ESO 含量增加，共混物的断裂拉伸应变和冲击强度先增大后减小，且分别在 ESO 含量为 20% 和 15% 时达到最大值，较纯 PLA 增大了约 17 倍和 1.9 倍。共混物的拉伸强度随 ESO 含量的增加而逐渐降低。

8.4.1.21 POE 增韧聚乳酸

（1）产品配方

PLA(3051D)	85	POE 缩水甘油基异丁酸酯类接枝共聚物（增容	
POE(8210)	10	剂）	5

（2）制备方法

将 PLA、POE、增容剂放入 60℃ 真空烘箱中干燥 24h，然后按照设计好的配比混合均匀，放入双螺杆挤出机在 180℃、螺杆转速为 150r/min 的工艺条件下挤出，造粒。

（3）产品性能

复合材料的缺口冲击强度是纯 PLA 的 4.6 倍左右。

8.4.1.22 增韧聚乳酸

（1）产品配方

PLA	100	长链支化聚己内酯聚乳酸嵌段共聚物	15

（2）制备方法

首先以 DMPA 为引发剂，$Sn(Oct)_2$ 为催化剂，引发 ε-CL 开环聚合。其中，ε-CL 与 DM-PA、$Sn(Oct)_2$ 的摩尔比分别为 60:1、2000:1，制备得到 HOOC-PCL-2OH；再加入总原料投料量 0.4% 的 $Ti(OBu)_4$ 作催化剂，催化 HOOC-PCL-2OH 发生自缩聚反应，制备得到 LB-PCL；最后以 LB-PCL 为大分子引发剂，$Sn(Oct)_2$ 为催化剂，引发 L-LA 发生开环聚合。其中，LB-PCL 与 L-LA 的质量比为 6:4，L-LA 与 $Sn(Oct)_2$ 的摩尔比为 200:1，制备得到 LB-PCL-b-LLA。将干燥处理过的 PLA 和共聚物 LB-PCL-b-LLA 置于密炼机混炼腔中熔融共混。大约 5min 后，停止密炼机运行，趁热取出制得的 PLA/LB-PCL-b-LLA 共混物，并用剪刀将其剪成小块。其中，密炼机参数为：温度 190℃，转速 100r/min，时间约 5min。

（3）产品性能

DSC 测试结果表明，共聚物的引入可以提高 PLA 基体的结晶能力。SEM 测试结果表明，共聚物与 PLA 基体之间相容性较好；对 PLA 共混物拉伸断面进行观察，发现共聚物的引入使拉伸断面变得粗糙，且基体出现明显的塑性形变。力学测试结果表明，当共聚物添加量为 15％时，LB-PCL-*b*-LLA 共混物的拉伸韧性最佳，断裂拉伸应变由 9.4％增加到 348％。

8.4.1.23　木粉填充聚乳酸

（1）产品配方

	1#	2#	3#
聚乳酸	800	800	800
杨木粉	200	200	200
PMD	20		
PGD		20	
PMGD			20
PE 蜡	5	5	5

（2）制备方法

将 PLA（4032D）、MAH、GMA、DCP 按比例称量，将称量过的 MAH 和 DCP 溶于 5～10mL 丙酮中，并与 PLA 粒料混合均匀，放置；待丙酮挥发后再经转矩流变仪密炼机混炼均匀，进行熔融接枝反应。混炼条件：混炼头温度为 175℃，转速为 45r/min，时间为 8min。挤出物经冷却、切粒、干燥得到接枝产物：马来酸酐接枝聚乳酸 PLA-*g*-MAH（PMD）、甲基丙烯酸缩水甘油酯接枝聚乳酸 PLA-*g*-GMA（PGD）、马来酸酐/甲基丙烯酸缩水甘油酯共接枝聚乳酸 PLA-*co*-MAH/GMA（PMGD）。

使用鼓风干燥箱在 103℃条件下干燥杨木粉 12h，50℃条件下干燥 PLA（3001D）24h。称取干燥处理后的杨木粉 200g 和 PLA 树脂 800g，分别加入杨木粉和 PLA 总量 2％的 PMD、PGD 和 PMGD 以及 0.5％的 PE 蜡，然后用高速混合机将混合物分散均匀。将上述混合物采用 SJSH-30 型同向啮合双螺杆挤出机（南京橡塑机械厂）进行挤出造粒，挤出温度分别为 Ⅰ区 150℃、Ⅱ区 160℃、Ⅲ区 170℃、Ⅳ区 180℃、Ⅴ区 170℃、Ⅵ区 160℃和Ⅶ区 150℃（从喂料口至出口）。

（3）产品性能

PLA-*g*-MAH、PLA-*g*-GMA、PLA-*co*-MAH/GMA 均能不同程度改善木粉/PLA 复合材料的界面相容性，MAH/GMA 共接枝 PLA 使木粉/PLA 复合材料的拉伸强度和冲击强度分别提高了 9.54％和 7.23％。该复合体系的平衡扭矩和剪切热提高，储能模量及复数黏度均增大，能更有效地提高复合材料的力学性能。

8.4.1.24　MBS 增韧聚乳酸

（1）产品配方

PLA(4032D)	100	P(MMA-*co*-GMA)	2～5
MBS	10～30		

（2）制备方法

采用乳液聚合方法合成 MBS，在三口烧瓶中分别加入去离子水、焦磷酸钠、葡萄糖、硫酸亚铁、PBL、氢氧化钾和异丙苯过氧化氢（CHP），反应在 70℃水浴中进行。通入氮气，将配好的 St、MMA 和 CHP 的单体持续滴加反应釜中，3h 左右滴加完毕，转速为 280r/min。再补加 0.245mL 的 CHP，待 1h 后加入 60mL 抗氧剂，反应 0.5h 后取出，倒入硫酸镁溶液中（温度为 65℃）进行破乳，然后经过滤得到 MBS 共聚物。最后，将其放入

60℃鼓风干燥箱中干燥获得共聚物粉料。

P(MMA-*co*-GMA) 通过连续溶液聚合的方法制备。首先在反应釜中加入 2/3 的 MMA/GMA/甲苯/引发剂混合物，在油浴中于一定的反应温度下连续反应。剩余 1/3 的 MMA/GMA/甲苯/引发剂混合物以给定的速度用喂料泵连续注入反应釜中。与此同时，反应釜中的反应产物以同样的速率由熔体泵连续注入双螺杆脱灰挤出机中，脱除溶剂和残留单体，再将 P(MMA-*co*-GMA) 熔体冷却、造粒。

将 PLA 真空烘干 8h，去除水分后，把 PLA、MBS、P(MMA-*co*-GMA) 在密炼机中混炼 5min，转子转速为 55r/min，温度为 200℃。

（3）产品性能

核壳结构粒子 MBS 可以显著提高聚乳酸的韧性。P(MMA-*co*-GMA) 的引入导致共混物的扭矩显著提高，PLA 与 MBS 壳层的玻璃化转变温度峰靠得越近，MBS 在 PLA 基体中分散得越均匀。以上原因在于 P(MMA-*co*-GMA) 中的 GM 与 PLA 两者之间发生了界面反应，从而导致共混体系的相容性提高。随着 MBS 含量的增加，共混物的冲击强度显著提高；但相容剂 P(MMA-*co*-GMA) 的引入没有使共混物的脆韧转变提前发生，其对 PLA/MBS 共混物的冲击性能没有积极的贡献。

8.4.1.25 发泡聚乳酸/聚丙烯

（1）产品配方

PLA(2002D)	80	MAH-*g*-PP(Polybond 3200)	1～7
PP(PF814)	20	CO_2	适量

（2）制备方法

将 PLA 在 75℃下干燥 6h 后，将原料在双螺杆挤出机中挤出造粒，得到 PLA/PP 复合材料。挤出机各区温度设为 170℃、180℃、190℃、190℃，螺杆转速为 100r/min。

采用平板硫化机进行压片，上、下板温度均设为 190℃，样品厚度为 2mm；采用注射机制成标准拉伸和冲击样条；采用高压釜进行釜压发泡，将温度设为 170℃，待温度达到后注入 CO_2，将压力增加到 20MPa，保压 4h，然后将温度降为 120℃，泄压。

（3）产品性能

采用马来酸酐接枝聚丙烯（MAH-*g*-PP）作为相容剂，制备聚乳酸（PLA）/聚丙烯（PP）共混物体系。随着 MAH-*g*-PP 添加量的增加，共混体系的相容性得到了提高，加入 PP 则促进了 PLA 的结晶。当 MAH-*g*-PP 含量达到 7 时，PLA 的绝对结晶度达到 6.07；同时，加入 PP 提高了 PLA/PP 共混体系的熔体强度，使其发泡行为得到改善，共混体系的发泡倍率最大可以达到 8.1 倍。

8.4.1.26 增韧阻燃聚乳酸

（1）产品配方

PLA(3052D)	76～90	聚乙二醇（PEG2000、PEG4000）	8～10
APP	5～15		

（2）制备方法

PLA 和 APP 在 70℃下干燥 8h，PEG2000、PEG4000 在 120℃真空烘箱中干燥 3h。将 PLA、APP、PEG2000 和 PEG4000 按配方在双螺杆挤出机中熔融共混，挤出后切粒。其中，双螺杆挤出机的转速为 40r/min，3 段温度分别为 150℃、175℃、170℃。

（3）产品性能

采用聚磷酸铵（APP）对聚乳酸进行阻燃改性，并利用两种不同分子量的聚乙二醇（PEG2000 和 PEG4000）进行增韧改性，结果发现 PEG2000 和 PEG4000 的加入不同程度地提高了复合材料的断裂拉伸应变和冲击强度，分别提高到 37.1%、8.65kJ/m² 和 26.7%、3.15kJ/m²；APP 的加入使得复合材料的阻燃性能显著提高，极限氧指数最高达到 29.2%，垂直燃烧测试达到 UL-94、V-0 级。

8.4.1.27 SEBS-g-MAH 增韧聚乳酸

（1）产品配方

PLA	70~95	SEBS-g-MAH	5~30

（2）制备方法

将 PLA 和 SEBS-g-MAH 分别在真空烘箱中烘干 24h 和 8h 后备用。采用哈克流变仪对 PLA/SEBS-g-MAH 共混物进行密炼，温度为 175℃，转速为 80r/min。密炼后进行注塑成型，注塑机机筒温度是 190℃。

（3）产品性能

共混物的拉伸强度随着 SEBS-g-MAH 含量的增加而下降，断裂拉伸应变随着 SEBS-g-MAH 含量的增加而增大。当 SEBS-g-MAH 的含量为 30% 时，共混物的冲击强度提高了 2.5 倍，韧性得到改善。随着 SEBS-g-MAH 含量的增加，共混物熔体黏度的变化趋势与 SEBS-g-MAH 越来越相似，即熔体黏度随频率的增大而下降。

8.4.1.28 3D 打印用聚乳酸复合材料

（1）产品配方

PLA 聚合物	100	甘油	0.5~1
滑石粉	25~35	钛酸酯偶联剂（TCA-K38S）	1.5~2.5
弹性体	8~12	其他助剂	3~10

（2）制备方法

将聚乳酸、无机填料、增韧剂等在 80~100℃ 下干燥 4~6h，备用。将钛酸酯偶联剂配成水溶液，然后加乙酸调 pH 值到 5，将溶液以喷雾的形式加入填料中，然后用高速混合机混匀，放置 0.5h，80℃ 下烘 0.5h，然后升温到 100℃ 把填料烘干，备用。将所有材料按比例加入高速混合搅拌机中，搅拌均匀后将混合物加入双螺杆挤出机中进行混炼挤出。挤出温度为 170~220℃，螺杆转速为 40~100r/min，喂料速度为 5~15r/min。挤出物料依次经拉条、冷却、吹干、造粒工序制成 PLA 改性材料。将上述粒子在真空 60℃ 下干燥 4h，即制得所需的 3D 打印用聚乳酸复合材料。

（3）产品性能

该 3D 打印用聚乳酸复合材料性能优异、环保无毒、打印流畅，打印成品表面光洁、尺寸稳定、不易收缩，很好地解决了打印产品的翘曲、开裂、黏结性差等问题。

8.4.1.29 聚乳酸扩链

（1）产品配方

PLA(4032D)	100	环氧类扩链剂（ADR4370F）	0.25~1.25

（2）制备方法

将 PLA 在鼓风干燥箱中 80℃下干燥 12h，ADR4370F 在真空干燥箱中 50℃下干燥 12h；将 PLA 和 ADR4370F 置于高速混合机中混合均匀，得到的混合物在同向双螺杆挤出机中熔融挤出造粒，机筒温度分别为 130℃、140℃、153℃、165℃、175℃、180℃、185℃、183℃、180℃、180℃，螺杆转速为 180r/min。

（3）产品性能

以环氧类扩链剂（ADR4370F）经双螺杆挤出机对聚乳酸（PLA）进行熔融扩链，ADR4370F 的加入有利于提高 PLA 的缺口冲击强度，而对拉伸强度则无明显影响。当其含量为 1.0%时，复合材料的缺口冲击强度从 3.62kJ/m² 提高到 6.0kJ/m²，比纯 PLA 提高了65.8%。

8.4.1.30 透明耐热聚乳酸复合材料

（1）产品配方

PLA	100	聚甲基丙烯酸甲酯（PMMA）	10～100

（2）制备方法

将 PLA 和 PMMA 于 45℃下真空干燥 24h。然后按一定比例加入转矩流变仪中熔融共混，在温度为 190℃、转速为 32r/min 条件下熔融共混 4min；再于转速为 64r/min 条件下，熔融共混 4min 后即得到共混材料。

（3）产品性能

PLA/PMMA 共混材料在宏观上不发生相分离，PLA/PMMA 共混材料的弯曲强度、抗冲击强度和拉伸强度均优于纯 PLA 及纯 PMMA。PLA/PMMA 共混材料的维卡软化温度随 PMMA 含量的增加而提高。可通过热处理法制得透明耐热 PLA/PMMA 共混材料。

8.4.1.31 聚乳酸/聚氨酯/聚乙烯吡咯烷酮降解材料

（1）产品配方

聚乳酸（注塑级）	100	可溶性淀粉	5
聚氨酯（注塑级）	10～25	羧甲基纤维素	20
聚乙烯吡咯烷酮（PVP）	10～25	聚乙二醇（PEG400）	2

（2）制备方法

首先将双辊开炼机双辊间距调节至 3mm，温度调到 145℃。待温度达到预设温度后，依次将称量好的 PLA、PU、PVP、可溶性淀粉和羧甲基纤维素共混均匀后加入双辊开炼机中进行混炼，样品混炼均匀后向试样中滴加 PEG400，然后继续混炼 30min 后冷却到 60℃，把试样取下即得到聚乳酸/聚氨酯/聚乙烯吡咯烷酮降解材料。

（3）产品性能

PU 和 PVP 在基体 PLA 中可均匀分散且有效结合。该复合材料的拉伸强度可达69.2MPa，断裂拉伸应变可提高 1 倍。降解实验表明，复合材料在不同介质中均呈现出随降解时间的延长，质量不断降低的趋势。

8.4.1.32 聚乳酸/丁腈橡胶热塑性硫化胶

（1）产品配方

| 聚乳酸(3001D) | 20~50 | 邻苯二甲酸二辛酯 | 5 |
| 丁腈橡胶(3305) | 50~80 | | |

（2）制备方法

打开冷辊的双辊开炼机，将 NBR（丁腈橡胶）放上，待其可以包辊后加入各种助剂，割胶，打包，使其混炼均匀，得到 NBR 母炼胶，下片。

NBR 母炼胶的配方：

NBR	100	ZnO	5.0
S	1.0	硬脂酸	1.5
TS	1.2	防老剂 RD	1.0
CZ 促进剂	1.5		

将 PLA 放入烘箱中在80℃下烘干 2h；将烘好的 PLA 置于 165℃的热辊开炼机上，待其熔融后加入 DOP。塑化充分后，向其加入 NBR 母炼胶，待橡胶与树脂充分混合后继续动态硫化 6min，下片。

（3）产品性能

采用动态硫化法制备聚乳酸（PLA）/丁腈橡胶（NBR）热塑性硫化胶（TPV）。当 PLA/NBR 质量比为 30:70 时，TPV 的力学性能较好，加入 DOP 之后其力学性能更好；TPV 的单轴循环压缩中出现了明显的压缩 Mullins 效应。当压缩应变一定时，最大压缩应力、内耗和 tanδ 均在首次加载-卸载循环中达到最大值。第二次循环压缩时，下降明显，此后下降趋势减缓；在热处理条件下，TPV 的 Mullins 效应回复程度明显提升，且在 160℃时回复效果较好。

8.4.1.33 聚乳酸/聚氨酯材料

（1）产品配方

| PLA(4032D) | 60~90 | TPU(WHT1195) | 10~40 |

（2）制备方法

首先将 PLA 和 TPU 粒料在热恒温鼓风干燥箱中于 60℃下干燥 6h；再按照质量比进行称量，并在高混机中将 PLA 与 TPU 混合均匀；将混合均匀的 PLA 和 TPU 粒料通过双螺杆挤出机进行熔融共混，制备一系列的 PLA/TPU 共混物。其中，螺杆的各区温度分别设定为180℃、185℃、190℃、195℃、200℃，螺杆转速为 120r/min。

（3）产品性能

与纯 PLA 相比，添加 40% 的 TPU 后，PLA/TPU 共混物的断裂拉伸应变增加了 300%，冲击强度增加了 13.5 倍。在拉伸断裂过程中，PLA/TPU 共混物呈现粗长纤维-短细纤维-液滴的形态演化过程。在冲击断裂过程中，PLA/TPU 共混物呈现空穴-连续纤维的形态演化过程。当 TPU 含量小于 30% 时，PLA/TPU 共混物的储能模量比 PLA 高，损耗模量比 PLA 低；当 TPU 含量大于 30% 时，PLA/TPU 共混物的储能模量比 PLA 低，损耗模量比 PLA 高。

8.4.1.34 聚乙烯醇改性聚乳酸

（1）产品配方

| PLA(4032D) | 100 | 相容剂(4370S) | 2 |
| 热塑性 PVA | 2~10 | 抗氧剂 1010 | 1 |

（2）制备方法

将样品按配方在高混机中混合，得到预混物；接着将预混物经双螺杆挤出机熔融挤出、造粒。双螺杆从加料口到模头的挤出温度分别为 120℃、160℃、165℃、170℃、175℃、175℃、170℃，螺杆转速为 250r/min。得到聚乙烯醇改性聚乳酸。

（3）产品性能

随着热塑性 PVA 含量的增加，样品的拉伸强度降低，冲击强度和断裂拉伸应变均呈先增加后减少的趋势；当热塑性 PVA 的含量为 2％时，冲击强度和断裂拉伸应变相对最大；随着热塑性 PVA 含量的增加，样品的玻璃化转变温度从 63.5℃ 降至 60.6℃，结晶温度从 110.2℃ 降至 99.4℃，熔融温度从 165.2℃ 降至 160.0℃，均呈下降趋势。

8.4.1.35　聚乳酸/PBAT 微孔发泡材料

（1）产品配方

PLA(2003D)	80	扩链剂母粒(CE Joncryl 4360)	5
PBAT(C1200)	20	CO_2(纯度＞99％)	适量
苯基磷酸锌 PPZn	0.5		

（2）制备方法

将实验原料在 60℃ 干燥箱中干燥 6h，以排除原料中的水分，然后按照配比在密炼机中进行共混，密炼温度为 190℃，时间为 10min，密炼转速为 60r/min。密炼后，将样品在 190℃ 下压成 2mm 厚的薄片储存备用；发泡实验采用间歇式高压釜发泡，使用超临界 CO_2 作为发泡剂；将样品密封在釜内，在 10MPa 下选取不同温度（110℃、120℃、130℃），恒温、恒压 5h，待 CO_2 充分溶解于样品后，采用直接降压法快速释放釜内压力至常压发泡成型，从而制得泡沫样品。

（3）产品性能

扩链剂可以改善 PLA 的熔体强度，PPZn 可以促进 PLA 结晶。在实验条件下，经过直接降压法发泡后，所制得的 PLA/PBAT 合金泡沫的泡孔直径为 1～4μm，泡孔密度为 10^9～10^{11} 个/cm^3，均为微孔泡沫。

8.4.1.36　聚乳酸/乙烯-醋酸乙烯酯共聚物/碳酸钙复合材料

（1）产品配方

PLA(REVODE101)	90	$CaCO_3$	10
EVA(u100328)	10	钛酸酯偶联剂 NDZ	0.1

（2）制备方法

预先将 $CaCO_3$ 在 130℃ 烘箱中干燥 4h，PLA 在 70℃ 真空烘箱中干燥 8h，EVA 在 50℃ 真空烘箱中干燥 8h。按 100∶10∶1 的比例将干燥后的 $CaCO_3$、石油醚和钛酸酯偶联剂于高速混合机中在 25000r/min 下混合 4min 后，放入 90℃ 的烘箱中干燥 1h，使溶剂石油醚挥发；按配方准确称取经干燥的 PLA、EVA 和经偶联剂处理的 $CaCO_3$ 混合均匀后用双螺杆挤出机熔融挤出。挤出条件如下。温度从加料口至机头分别为：165℃、170℃、170℃、165℃，主螺杆转速为 170r/min，喂料螺杆转速为 30r/min。水冷、拉条后造粒，放入真空干燥箱中干燥 8h 后得到改性 PLA 复合材料。

（3）产品性能

EVA 具有增韧作用，但降低了复合材料的强度和耐热性；而 $CaCO_3$ 可以提高复合材料的强度、韧性、结晶性能和耐热性能。CaCO₃ 与 EVA 的加入对 PLA 有协同增韧作用，且不改变 PLA 的晶型。当 PLA/EVA 为 90:10，加入 10 份 CaCO₃ 时，复合材料有最佳的综合性能。

8.4.2 PBAT 基完全生物降解塑料

8.4.2.1 Joncryl 增容 PLA/PBAT 复合材料

（1）产品配方

聚乳酸 PLA	60	硬脂酸	1
PBAT Ecoflex	40	硬脂酸钙	1
Joncryl（ADR4368）	0.5	抗氧剂（PL34）	1

（2）制备方法

将原料 PLA 和 PBAT 在干燥箱中干燥，以排除原料中的水分，以 Joncryl（ADR4368）为增容剂，采用双螺杆挤出机熔融共混制备聚乳酸/聚己二酸-对苯二甲酸丁二酯（PLA/PBAT）共混物，双螺杆的挤出温度为 150～180℃，螺杆转速为 70r/min。

（3）产品性能

添加适量 Joncryl 可以增加 PLA/PBAT 共混体系的界面结合力，从而提高共混物的拉伸强度和断裂拉伸应变。

8.4.2.2 PLA/PBAT/PHBV 共混 3D 打印复合材料

（1）产品配方

PLA（聚乳酸）	70	DCP（过氧化二异丙苯）	0.2
PBAT（己二酸-对苯二甲酸丁二酯共聚物）	20	增刚成核剂（WNA-108）	0.2
PHBV（聚 3-羟基丁酸酯-co-3-羟基戊酸酯）	10	抗氧剂［三(2,4-二叔丁基苯基) 亚磷酸酯］	0.2
GMA（甲基丙烯酸缩水甘油酯）	3		

（2）制备方法

以 PLA/PBAT/PHBV 共混 3D 打印复合材料为线材，直径为（1.75±0.01）mm。采用单螺杆挤出机拉丝生产，其生产工艺流程：备料→干燥→拉丝→冷却→牵引→卷绕→成品。

首先按配比将 PLA、PBAT、PHBV、GMA、DCP、WNA-108 及三（2,4-二叔丁基苯基）亚磷酸酯等原料混合均匀，再将混合原料进行干燥，然后将烘干的混合原料加入挤出机的料斗；在挤出机螺杆旋转和加热装置的电加热作用下升温熔融，熔料在螺杆的旋转推动下进入挤出模头挤出线材；挤出后的线材先经过自然冷却，再进入水槽冷却，然后通过吹干机对冷却后的塑料线材进行干燥。最后，冷却干燥后的线材，经牵引后由卷绕机构收卷成盘。

原料干燥方法：将 PLA/PBAT/PHBV 混合原料进行真空干燥，从 50℃ 开始每小时升高 10℃，至 80℃ 时恒温保真空，干燥全程 12h。

挤出温度是材料挤出工艺中最重要的工艺参数。各区段挤出温度为：第一区段 150～160℃；第二区段 160～170℃；第三区段 170～180℃；第四区段 165～175℃。口模温度为 160～165℃。

（3）产品性能

该 3D 打印复合材料具有降解速率快，刚性、韧性等力学性能优良，熔融温度较低等特点，有较好的推广应用前景。

8.4.2.3 E-BA-GMA 增韧 PLA/PBAT

（1）产品配方

聚乳酸(3001D)	90	PBAT	10
乙烯-丙烯酸正丁酯-甲基丙烯酸缩水甘油酯三		其他	适量
嵌段共聚物(E-BA-GMA)	10		

（2）制备方法

将 PLA 及 PBAT 颗粒在 80℃下真空干燥箱中干燥 4h。然后将 PLA、PBAT、E-BA-GMA 以及各种加工助剂混合均匀后，经双螺杆挤出机进行熔融共混挤出。挤出机的温度由沿着机筒的 11 个环带独立控制，其温度范围为 155~180℃，螺杆转速为 300r/min，喂料速度为 30r/min。最后进行水冷、造粒。

（3）产品性能

E-BA-GMA 作为增韧剂对 PLA/PBAT 共混物的力学性能、流动性能、热性能和断面形貌都有影响。E-BA-GMA 的环氧官能团与 PBAT/PLA 体系的端羧基和端羟基发生反应，使得 PBAT 与 PLA 的相容性得到改善，共混物的冲击性能得到明显的提高；E-BA-GMA 的加入导致其结晶温度向低温方向偏移和结晶度下降。

8.4.2.4 TPS/PBAT 复合材料

（1）产品配方

PBAT	50~90	热塑性淀粉 TPS	10~50

（2）制备方法

将淀粉在 120℃下干燥 5h 后与甘油以 100:20 的比例在高速混合机里混合。混合均匀后，送入同向双螺杆挤出机中，在温度为 120~140℃进行挤出造粒，得到热塑性淀粉(TPS)，备用。

将上述制备所得 TPS 和 PBAT 在 80℃干燥 5h 后，按比例在高速混合机里混合。混合均匀后，送入同向双螺杆挤出机中，在温度为 130~150℃进行挤出造粒，得到不同 TPS 质量分数的 TPS/PBAT 复合材料。

（3）产品性能

力学性能分析表明，PBAT 可以明显提高 TPS 的拉伸强度和断裂拉伸应变，但随着 TPS 含量的增加，TPS/PBAT 复合材料的力学性能呈现下降趋势。热重分析表明，PBAT 可以明显增强 TPS 的耐热性能，但随着 TPS 含量的增加，TPS/PBAT 复合材料的耐热性能逐步下降。

8.4.2.5 PBS/PBAT 复合材料

（1）产品配方

交联 PBS	60~90	PBAT	10~40

（2）制备方法

将 PBS 与 PBAT 在 80℃鼓风干燥箱中干燥 8h，采用辐照剂量为 4kGy 的 ^{60}Coγ 射线辐照 PBS，辐照时间为 2h，交联度为 2.5%。将辐照后的 PBS 和 PBAT 以不同配比在双螺杆挤出机中进行熔融共混，PBAT 的质量分数在 10%～40% 之间，双螺杆 5 段温度分别设定在 140℃、145℃、150℃、150℃、145℃。将不同配比的 PBS/PBAT 共混物在 Brabender 塑化仪上进行吹膜，4 段温度分别设定在 135℃、140℃、145℃、140℃。

（3）产品性能

随着共混物中 PBAT 含量的增加，共混物的熔体黏度不断增加，结晶度下降，拉伸强度降低，断裂拉伸应变在 PBAT 质量分数为 30% 时达到 300%，约为纯 PBS 的 30 倍，复合材料的韧性明显提高。

8.4.2.6　ATBC 增塑 PLA/PBAT

（1）产品配方

PLA(4032D)	80	ATBC	10～30
PBAT	20		

（2）制备方法

先将 PLA 和 PBAT 在 80℃ 下干燥 8h，然后按比例称量各原料在密炼机里塑化混合，密炼温度为 190℃，转速为 90r/min，3min 后出料。

（3）产品性能

PBAT 和 ATBC 的加入能使 PLA 的结晶度提高。

8.4.2.7　E-MA-MAH 增韧 PLA/PBAT

（1）产品配方

聚乳酸(3001D)	90	PBAT	10
乙烯-丙烯酸乙酯-马来酸酐共聚物		加工助剂	适量
（E-MA-MAH）	1～10		

（2）制备方法

将 PLA 和 PBAT 在鼓风烘箱 80℃ 下干燥 4h，然后将 90 份的 PLA、10 份的 PBAT、相容剂 E-MA-MAH 以及各种加工助剂混匀后，在双螺杆挤出机进行加工，设置挤出温度为 145～180℃。

（3）产品性能

相容剂的酸酐官能团与 PBAT 和 PLA 共混体系的活性官能团发生反应，增加了界面的黏结力，使共混物的韧性明显提升。当 E-MA-MAH 含量为 5% 时，增韧机理为剪切屈服机理。DSC 分析表明，E-MA-MAH 加入后，PLA 的结晶温度和结晶度均降低。

8.4.2.8　3D 打印用 PC/PBAT 共混物

（1）产品配方

PC(HF1130-111)	70～95	PBAT(Ecoflex FBX-7011)	5～30

（2）制备方法

将 PC 与 PBAT 在 60℃ 真空条件下干燥 4h，备用。然后将干燥后的 PC 与 PBAT 按照配方比例在双螺杆挤出机中共混造粒。根据 PBAT 用量的不同，挤出机的挤出温度也有所不同，螺杆转速统一为 200r/min，并采用风冷降温。

将制得的 PC/PBAT 共混物以及纯 PC 和 PBAT 在毛细管流变仪上制备 3D 打印用线材。

选用 2mm 口模,通过控制料腔加热温度、压杆速度与收集辊筒速度比,将线材直径控制在 (1.75 ± 0.1) mm。

(3) 产品性能

PC 与 PBAT 为热力学相容体系,PBAT 的加入能够有效降低 PC/PBAT 共混物的玻璃化转变温度 (T_g),并提高共混物的流动性。相比于纯 PC 的 T_g,PBAT 质量分数为 20% 时的 PC/PBAT 共混物的 T_g 降低了 57℃,熔体指数提高到 2.25g/10min。此外,PBAT 的加入使得共混物的断裂强度及断裂拉伸应变降低,但拉伸弹性模量有所提高。采用熔融沉积成型桌面 3D 打印机考察 PC/PBAT 共混物的打印性能。结果显示,PBAT 的加入能够有效克服 PC 的打印翘曲问题。当 PBAT 质量分数为 20% 时,PC/PBAT 共混物的综合打印性能最好,即打印的长方体样品曲率低,仅为 $0.42m^{-1}$,且打印复杂制件时不存在褶皱现象。

8.4.2.9 PLA/PBAT/纳米 SiO_2 复合材料

(1) 产品配方

聚乳酸(REVODE201)	100	纳米 SiO_2(GRADE HL-200)	1~5
PBAT(Ecoflex C1200)	20	硅烷偶联剂(KH550)	0.5

(2) 制备方法

将 PLA、PBAT 及纳米 SiO_2 于真空干燥箱中 60℃ 下干燥 24h;分别按照配比称量上述原料;将预混好的 PLA/PBAT 混合物均匀加入高速混合机中,并把质量份为 0.5 份的硅烷偶联剂(KH550)均匀加入。混合 5min 后,再将纳米 SiO_2 分多次均匀加入,每次混合 5min,最后将混合物取出。将上述均匀混合物挤出造粒,主机频率设定为 5Hz,喂料频率设定为 2Hz,切粒机速率设定为 160r/min,挤出过程中温度范围为 145~160℃。

(3) 产品性能

随着纳米 SiO_2 含量的增加,PLA/PBAT/纳米 SiO_2 复合材料的弯曲强度和拉伸强度均先增大后减小。其中,当纳米 SiO_2 质量份为 2 份时,其力学性能最优,弯曲强度和拉伸强度分别提高了 17.17% 和 14.67%。

8.4.2.10 PLA 增强 PBAT

(1) 产品配方

PBAT(挤出级 C1200)	70	多元环氧扩链剂(ADR-4370S)	0.3~0.5
PLA(挤出级 4032D)	30		

(2) 制备方法

先将 PBAT 和 PLA 于 50℃ 抽真空干燥 12h,然后将 PBAT、PLA 以及多元环氧扩链剂按照一定质量比称取,在密炼机中熔融共混,共混温度为 180℃,转速为 50r/min,共混时间为 10min。其中,PBAT 与 PLA 的用量恒定为 70 份和 30 份。

(3) 产品性能

ADR 不但起到扩链和增黏作用,而且提高了共混物的加工热稳性;同时,起到原位增容作用。在保持 PLA 增强效应的同时,显著提高了共混物的拉伸韧性。当 ADR 添加量在 0.3~0.5 份时,共混物具有较优的综合性能。

8. 4. 2. 11　PBAT/PLA/TPS 生物降解薄膜

（1）产品配方

PBAT(C1200)	100	TPS	30～70
PLA(6202D)	30～70		

（2）制备方法

① 热塑性淀粉（TPS）的制备　将淀粉和甘油以 70：30 的质量比混合，在室温下高速搅拌 1min。

② PBAT/PLA/TPS 生物降解薄膜的制备　将 PBAT、PLA、TPS 先机械混合成预混料，再由双螺杆挤出机加料口加入，经熔融挤出、水冷、切粒。挤出造粒的条件为：双螺杆挤出机的各段温度控制在 140～175℃，螺杆转速为 100～180r/min，切粒机转速控制在 230～270r/min。烘干得到吹膜专用树脂，再经单螺杆挤出吹膜机采用上吹法吹塑，得到可生物降解的薄膜。吹膜的条件为：吹膜机的各段温度控制在 150～165℃，主机螺杆转速为 50～300r/min，牵引速度为 6m/min，吹膜机的模头直径为 65mm，吹胀比为 3～4。

（3）产品性能

PBAT/PLA/TPS 薄膜中 PLA 的冷结晶温度降低了约 40℃，PLA 的冷结晶能力增强。随着 TPS 含量的增加，PBAT/PLA/TPS 薄膜的拉伸强度降低、断裂拉伸应变增加。通过扫描电子显微镜观察后发现，PBAT/PLA/TPS 薄膜表现为明显的韧性断裂。水接触角和氧气渗透性测试表明薄膜具有良好的应用性能。

8. 4. 2. 12　TPS/PBAT 复合材料

（1）产品配方

PBAT	20～80	TPS	20～80

（2）制备方法

将淀粉与甘油以 100：40 的比例在高速混合机里混合，混合均匀后送入同向双螺杆挤出机进行挤出造粒，得到热塑性淀粉（TPS），备用。

将上述制备所得 TPS 和 PBAT 干燥后，按比例在高速混合机里混合，混合均匀后送入同向双螺杆挤出机进行挤出造粒。

（3）产品性能

在 TPS 中加入 PBAT 后，复合材料的熔体流动性明显提高；拉伸强度从 6.36MPa 先下降到 3.31MPa，然后升高到 13MPa。PBAT 的加入抑制了支链淀粉分子的重结晶，降低了复合材料的吸水率。

8. 4. 2. 13　发泡 PLA/PBAT 共混材料

（1）产品配方

PLA(4032D)	70	POSS(EP 0409)	1～7
PBAT(Ecoflex C1200)	30		

（2）制备方法

将 PLA 和 PBAT 置于 60℃ 干燥箱中干燥 12h 以去除原料表面水分；利用密炼机对 PLA、PBAT 和 POSS（笼形倍半硅氧烷）粒子进行熔融共混，熔融共混温度为 190℃，密炼时间为 8min，转速为 60r/min，熔融共混后的样品进一步进行干燥处理；

将 PLA/PBAT/POSS 复合材料置于高压釜内，升温至 150℃，将 CO_2 注入高压釜内，并维持压力至 20MPa，使 PLA/PBAT/POSS 复合材料浸泡在超临界 CO_2 中 4h，CO_2 分子逐渐溶解于复合材料中并达到平衡；随后，降温至 130℃ 并释放釜内压力至常压，得到发泡 PLA/PBAT/POSS 共混材料。

（3）产品性能

POSS 粒子具有增塑效应，降低了复合材料的脆化温度；POSS 粒子具有增强作用。当 POSS 含量达到 5 份时，复合材料的拉伸强度达到 47MPa 左右。此外，POSS 粒子含量为 1 份时，对复合材料具有一定的增韧效果，冲击强度达到 $34kJ/m^2$，但进一步提高 POSS 含量时，复合材料的冲击强度降低。

8.4.2.14 PBAT 木塑材料

（1）产品配方

PBAT(C1200)	40	硅烷偶联剂	1~7
木粉	60		

（2）制备方法

将适量木粉和 PBAT 分别在 60℃烘箱中干燥 12h，称取质量分数为 60% 的木粉和 40% 的 PBAT，置于高速混合机中混合均匀，再加入适量的硅烷偶联剂，混合均匀。在一定温度下，在开炼机中混炼均匀即得复合材料。

（3）产品性能

以木粉和聚己二酸-对苯二甲酸丁二酯（PBAT）为原料，添加硅烷偶联剂，制备 PBAT 木塑材料时，加入的硅烷偶联剂（KH560）用量为木粉和 PBAT 总质量的 2%，与木粉和 PBAT 在 130℃下混炼 10min，制备出的 PBAT 木塑材料的相容性较好，且复合材料的拉伸性能达到最优，拉伸强度和断裂拉伸应变分别达到 18.42MPa 和 56.58%。SEM 分析表明，添加 KH560 后，PBAT/木粉的相容性得到了明显改善，耐水性更好，吸水率从 13.04% 下降到 10.39%，制备出的 PBAT 木塑材料的耐热性能较原料木粉也得到了较大提高，在 395℃时仅分解 40%。

8.4.2.15 PBAT 木塑材料

（1）产品配方

PLA(REVODE 110)	60	REC(6000E)	0.2~1.4
PBAT(Biocosafe 2003)	40		

（2）制备方法

将 PLA、PBAT、REC 置于 60℃真空干燥箱内，恒温干燥 8h；再按配方混合均匀后使用双螺杆挤出机进行熔融共混挤出，温度为 135~175℃，然后水冷、造粒。

（3）产品性能

以环氧类增容剂（REC）制备 PLA/PBAT 共混物时，添加适量 REC 可以提高 PLA 与 PBAT 的相容性，改善 PLA/PBAT 共混体系的综合力学性能；当 REC 用量为 1.4 份时，共混体系呈现出良好的相容性，此时共混物冲击强度由 $26.8kJ/m^2$ 增加到 $68.1kJ/m^2$、断裂拉伸应变由 222% 增加到 357%。

8. 4. 2. 16　PLA/PBAT/MTPS 三元共混物

（1）产品配方

聚乳酸（4032D）	30~70	MTPS	20
PBAT	10~50		

（2）制备方法

① 改性淀粉的制备　将淀粉、甘油、马来酸酐预混合均匀后放入转矩流变仪中塑化。加工条件：温度为 130℃，转速为 100r/min，时间为 10min；淀粉、甘油的质量比为 80：20，马来酸酐质量分数为 2.5%。

② PLA/PBAT/MTPS 三元共混物的制备　将 PLA、PBAT、MTPS 按照一定比例加入转矩流变仪中共混。共混条件为：温度为 180℃、转速为 100r/min、时间为 6min。

（3）产品性能

熔融共混制备 PLA/PBAT/MTPS 三元共混物，PBAT 可以与淀粉发生酯交换反应。随着 PBAT 含量的增加，淀粉粒子尺寸减小。当 PBAT 含量达到 30% 时，PBAT 对淀粉形成包裹结构。此时，材料的韧性明显提高，伸长率可以达到 260%。此外，由于材料内部结构的改变，材料的耐溶剂性以及 PBAT 的结晶性能均明显提高。

8. 4. 2. 17　PBAT/改性电气石粉复合材料

（1）产品配方

PBAT（C1200）	100	电气石粉	1~10

（2）制备方法

① 电气石粉的表面改性　称取 10g 电气石粉加入 34mL 甲苯溶剂中，超声振荡 20min 后倒入四口烧瓶中，搅拌并水浴加热至 60℃。加入 0.3g 改性剂（山梨醇酐单硬脂酸酯），恒温搅拌 1h 后取出样品，用无水乙醇冲洗三次并抽滤、烘干，备用。

② PBAT/改性电气石粉复合材料的制备　将 PBAT 在 60℃ 下干燥 12h，称取 25g 置于三口烧瓶中，并加入 30mL DMF。在 150℃ 下搅拌，并油浴加热 1h，再加入改性电气石粉；搅拌 120min，在聚四氟乙烯板上涂膜，烘干。

（3）产品性能

添加适量的改性电气石粉可以提高 PBAT 的力学性能。当改性电气石粉添加量为 PBAT 质量的 3% 时，PBAT/改性电气石粉复合材料的拉伸强度和断裂拉伸应变均达到最大值，分别为 30.9MPa 和 844%。差示扫描量热分析（DSC）表明，改性电气石粉对 PBAT 起到异相成核的作用，提高了 PBAT 的结晶峰温度和结晶度；负离子释放量测试表明，PBAT/改性电气石粉复合材料具有优异的负离子释放功能。当改性电气石粉添加量为 PBAT 质量的 7% 时，复合材料的负离子释放量达到 460 个/cm^3。

8. 4. 2. 18　PLA/PBAT 共混材料

（1）产品配方

PLA（4032D）	75~85	PLA-*g*-MAH	1~10
PBAT（Ecoflex C1200）	13~15		

（2）制备方法

采用双螺杆挤出机熔融共混制备增容剂 PLA-*g*-MAH。其中，MAH、DCP 的添加质量分别为 PLA 总质量的 2％及 0.35％。将按比例用电子天平称量好的 MAH 和 DCP 放入盛有 100mL 丙酮的烧杯中，并将其置于超声清洗机中振动，溶解 10min，然后与纯 PLA 粒料均匀混合后放置于通风处待丙酮完全挥发后；再在双螺杆挤出机中熔融挤出制备接枝物 PLA-g-MAH，其后造粒干燥备用。挤出机各段温区（从口模至加料口方向）温度分别设置为 165℃、175℃、190℃、190℃、190℃、180℃，螺杆转速设定为 45r/min。

（3）产品性能

添加增容剂 PLA-g-MAH 后，PLA/PBAT 共混材料两相间的界面明显变得模糊，说明 PLA-g-MAH 对共混材料有一定的增容作用；随增容剂 PLA-g-MAH 的加入，复合材料的拉伸强度和弯曲强度相比于纯 PLA 略有下降，但其冲击强度有一定程度提高，断裂拉伸应变有显著提高，比纯 PLA 的断裂拉伸应变提高了约 17 倍，表现出良好的力学性能。另外，PLA-g-MAH 的加入提高了共混材料的生物降解性能。

8.4.2.19 PLA/PBAT/CNTs-COOH 复合材料

（1）产品配方

PLA(4032D)	70	CNTs-COOH	1～1.5
PBAT	30		

（2）制备方法

① CNTs 的羧基化处理　将 2g CNTs 放入 80mL 浓硝酸（65％～68％）和浓硫酸（95％～98％）（体积比 1∶3）的混合溶液中，超声分散 30min，然后在 140℃条件下搅拌 4h。冷却后用蒸馏水反复稀释、洗涤、过滤至中性，于 80℃真空烘箱中干燥 12h，得到羧基化处理的碳纳米管（CNTs-COOH）。

② PLA/PBAT/CNTs-COOH 复合材料的制备　将 PLA 和 PBAT 颗粒放入真空烘箱中，在 80℃条件下干燥 4h。将干燥后的 PLA、PBAT 和 CNTs-COOH 加入 SU-70M 型密炼机中，在温度为 170℃、转速为 50r/min 条件下，密炼 5min 得到 PLA/PBAT/CNTs-COOH 复合材料。

（3）产品性能

将 CNTs-COOH 引入 PLA/PBAT 体系中后，可在不降低拉伸强度的同时，有效提高冲击强度，降低表面电阻，CNTs-COOH 的最佳添加量为 1％～1.5％。该 PLA/PBAT/CNTs-COOH 复合材料可用于静电敏感产品的防静电包装。

8.4.2.20 PBAT 发泡材料

（1）产品配方

PBAT	100	CO_2	适量
$CaCO_3$	5～30		

（2）制备方法

先将 PBAT/$CaCO_3$ 复合材料放入预先达到设定浸泡温度（110～130℃）的高压发泡釜中，然后通入 CO_2 数秒，以便排空高压发泡釜中的空气。旋紧排气口，待釜内压力达 20MPa 时，保压 10～120min，确保发泡剂充分进入聚合物中，并且实现吸附平衡；再将釜内温度降到发泡温度（70～90℃），在 3s 内迅速泄压至大气压，最后打开釜盖取出泡沫塑料，于室温下冷却固化。

（3）产品性能

以超临界 CO_2 流体为物理发泡剂，$CaCO_3$ 为成核剂，采用釜压发泡法制备聚己二酸-对苯二甲酸丁二酯泡沫塑料，成核剂的加入可减小泡沫塑料的体积密度和泡孔直径，较理想的成核剂质量分数为 10%。工艺参数对产物性能有明显影响。其中，发泡温度和浸泡温度对产物性能有较大影响；浸泡时间过短，可导致泡孔尺寸不均一，泡孔塌陷明显。较优的工艺参数：浸泡温度为 110℃，浸泡时间为 60min，发泡温度为 70℃，保压时间为 30min，制备的泡沫塑料体积密度可达 0.11g/cm³，发泡倍率为 10.90 倍，泡孔直径为 $10\sim50\mu m$。

8.4.2.21 PLA/PBAT 材料

（1）产品配方

PBAT（Ecoworld）	50	TBT	0.1~7
PLA（3052D）	50	ATBC	0.1~7
BPO	0.1~7		

（2）制备方法

将 PBAT、PLA 置于 60℃真空干燥箱内，恒温干燥 8h，备用；按 PLA、PBAT 质量比为 50:50 称取原料，并向 PLA/PBAT 共混体系中加入 TBT、BPO、ATBC，置于双螺杆挤出机中进行熔融共混。挤出机 8 个控温区温度分别为 190℃、190℃、190℃、190℃、190℃、190℃、190℃、150℃，螺杆转速设定为 130r/min。

（3）产品性能

采用熔融共混法制备聚乳酸/聚己二酸-对苯二甲酸-丁二酯共聚物（PLA/PBAT）材料，相容剂 BPO 和 TBT 均能改善 PLA/PBAT 的相容性。当 BPO、ATBC 添加量分别为 0.5 份（质量份）时，共混物的拉伸强度达到最大值，分别为 39MPa 和 38MPa，使得材料刚性增加，但对材料的韧性改善效果一般；当 TBT 添加量为 0.5 份时，共混物的断裂拉伸应变达到最大值为 263%，使得材料的韧性提高。

8.4.2.22 多元酸增容 PLA/PBAT 材料

（1）产品配方

PLA（2003D）	85	多元酸（PHA）	1.5
PBAT	15		

（2）制备方法

将 PLA、PBAT 于 50℃真空干燥箱中干燥 12h，然后将 PHA、PLA 和 PBAT 分别按配方混合均匀，通过双螺杆挤出机挤出造粒，挤出温度为 150~160℃，螺杆转速为 30r/min。将挤出后的物料干燥后，通过注塑成型机注塑成标准试样，注塑温度为 155~160℃。

（3）产品性能

采用熔融共混法制备 PLA/PBAT 复合材料，加入适量的 PHA 可以提高 PLA/PBAT 复合材料的热稳定性和结晶度。当其质量分数为 1.5% 时，复合材料表现出较好的热稳定性和较大的结晶度；PHA 能改善 PLA/PBAT 复合材料的缺口冲击强度；SEM 断面形貌和流变性能测试结果表明，PHA 对于 PLA/PBAT 体系有较好的增容效应。

8.4.3　PBS基完全生物降解塑料

8.4.3.1　PBS材料

（1）产品配方

PBS(聚丁二酸丁二醇酯)	100	成核剂	0.3

（2）制备方法

将PBS及质量比为0.3％的成核剂在115℃于双辊开炼机中混炼均匀，然后用Brabender挤出机挤出造粒制得试样。

（3）产品性能

成核剂的加入细化了PBS球晶尺寸，使球晶规整均匀，且结晶温度向高温方向移动，成核改性PBS材料的力学性能较纯PBS也有所改善。

8.4.3.2　PBS/杨木粉木塑复合材料

（1）产品配方

PBS(HX-B601)	50～70	抗氧剂1010	1
杨木粉	30～50		

（2）制备方法

将PBS和杨木粉分别在80℃下干燥12h后，按一定比例加入温控高速混合机内搅拌15min，混合均匀；然后调整双螺杆挤出机工艺参数，以不同配方进行造粒。

（3）产品性能

随着杨木粉用量的增加，体系的流动性明显下降，可加工的温度范围越来越窄，杨木粉填充量每提高5％，需要升高5℃才能保证黏度变化不大；不同加工工艺对所制备的PBS/杨木粉木塑复合材料性能有较大影响，如综合流变性能和力学性能；杨木粉含量为30％、35％、40％、45％和50％时的PBS/杨木粉木塑复合材料的较佳加工温度分别为120℃、125℃、125℃、130℃和135℃。

8.4.3.3　麦秸秆/PBS发泡复合材料

（1）产品配方

PBS(3001)	80～90	玄武岩纤维BF	5～10
麦秸秆粉(120目)	5～10	发泡剂(偶氮二甲酰胺,AC)	4

（2）制备方法

将WS（麦秸秆）、BF、PBS原料置于烘箱中于80℃下干燥12h；按配方称量BF纤维、WS、PBS和AC发泡剂放入温控高速混合机内搅拌15min，充分混合均匀；最后以注塑机注塑成标准试样。

（3）产品性能

制备的麦秸秆/PBS发泡复合材料，BF纤维的添加使复合材料的力学性能显著提高，随着BF纤维长度的增加，复合材料的弯曲强度和弯曲模量先增大后减小，拉伸强度和冲击强度随纤维长度的增加而下降。当BF-WS总量为10时，3mm BF纤维增强复合材料的拉伸强度比未添加BF纤维的提高了14.6％，6mm BF纤维增强复合材料的弯曲强度达到最大值29.6MPa，冲击强度比未添加BF纤维的提高了47.6％；当BF-WS

总量增加至 20 时，3mm BF 纤维的承载效果更加明显，其拉伸强度比未添加 BF 纤维提高了 27.5%。

8.4.3.4　椰壳/PBS 复合材料

（1）产品配方

椰壳纤维	15~60	偶联剂（KH560）	2~8
PBS 树脂	40~85		

（2）制备方法

将椰壳纤维与 PBS 树脂按照一定的配比在转矩流变仪的密炼室中密炼 600s，制得椰壳/PBS 复合材料的粒料。

（3）产品性能

椰壳纤维和偶联剂含量对复合材料的力学性能影响最大。当椰壳纤维含量为 45% 时，复合材料的力学性能最好，其拉伸强度、弯曲强度和冲击强度分别为 38.6MPa、58.4MPa、10.45kJ/m²；偶联剂含量对冲击强度影响不大，但氢氧化钠浓度对冲击强度有一定影响。随着椰壳纤维含量的增加，材料的力学性能相应提高；偶联剂含量增加，纤维-树脂的界面黏结性能提高，材料的力学性能随之提高。扫描电子显微镜（SEM）图片显示，碱处理和偶联剂很好地改善了纤维-树脂的界面黏结性能。

8.4.3.5　PBS/SiO₂ 纳米复合材料

（1）产品配方

PBS 树脂	100	KH570	0.8
纳米 SiO₂	4		

（2）制备方法

① 纳米 SiO₂ 的改性　首先将一定量的偶联剂加入 pH=4 的醇水溶液（无水乙醇与去离子水的体积比为 1:1）中，并超声水解 1h。再在 65℃ 条件下，将已水解的偶联剂按不同的比例（偶联剂与纳米 SiO₂ 的质量比分别为：5%、10%、15%、20%、25%）加入纳米 SiO₂ 的去离子水溶液中，然后将溶液的 pH 值调至 10~11，在机械搅拌作用下反应 3h。最后经过滤、水洗、烘干，即可得经不同质量偶联剂改性的纳米 SiO₂。

② PBS/SiO₂ 纳米复合材料的制备　首先将 PBS 粒料在鼓风干燥箱中于 60℃ 条件下干燥 12h，将未改性和改性后的纳米 SiO₂ 在真空干燥箱中于 80℃ 条件下干燥 12h。然后，按不同的比例（SiO₂ 与 PBS 的质量比分别为：2%、4%、6%、8%）在高速共混机中混合 0.5h，再在双螺杆挤出机中挤出造粒，即可得纳米复合材料。

（3）产品性能

当经 KH570 表面改性的纳米 SiO₂（KH570 与纳米 SiO₂ 的质量比为 1:5）的质量分数为 4% 时，复合材料的维卡软化温度约提高了 10℃，拉伸强度约提高了 30%；同时，复合材料的降解性能比纯 PBS 的降解性能有一定提高。

8.4.3.6　PBS/EAE 复合材料

（1）产品配方

聚丁二酸丁二醇酯（PBS）	100	鞣花酸酯化物（EAE）	1~5

（2）制备方法

① 鞣花酸的制备　采用浓度60％丙酮溶液在五倍子粉末与丙酮溶液质量比1∶15、超声温度35℃、超声时间30min的条件下将五倍子粉末进行提取。将提取液过滤后加入过硫酸铵（用以提供碱性条件），用碳酸氢钠调节至一定pH值。采用鼓入空气的方式反应一定时间后过滤，滤饼用碳酸氢钠溶液洗涤后悬浮于去离子水中，用盐酸调节至pH=2.0，静置30min后过滤。粗产品于40℃真空干燥24h后，采用索氏提取法提纯后重结晶，得鞣花酸产品。

② 鞣花酸的酯化　称取2.0g利用最佳合成工艺制备出的鞣花酸，用一定量吡啶混合均匀后移至三口烧瓶。将与鞣花酸摩尔质量比为1∶2的乙酰氯用苯混合均匀后，用滴液漏斗缓慢滴入三口烧瓶中，在水浴55℃加热条件下反应18h，得到EAE。将EAE用旋转蒸发的方式去除其中的溶剂等挥发组分后，用无水乙醇重结晶并干燥后备用。

③ PBS/EAE复合材料的制备　将质量分数为1％、2％、3％、4％、5％的EAE分别加入PBS中。采用开放式炼塑机在110℃下将两者混炼10～15min，待均匀混合、自然冷却后取下制成标准试样。

（3）产品性能

利用五倍子单宁酸氧化制备鞣花酸，采用乙酰氯对其进行酯化，并与可生物降解材料聚丁二酸丁二醇酯（PBS）复合。鞣花酸合成的最佳工艺条件为：过硫酸铵0.6g、碱溶pH=9、反应时间24h。在此条件下，鞣花酸的产量为1.34g/10g五倍子粉末。复合材料FTIR分析表明EAE与PBS只进行了物理共混，两者相似相容。同时，EAE对PBS起到了成核剂的作用，使得复合材料的球晶尺寸变小，热稳定性、拉伸强度、疏水性较纯PBS均有所提高，断裂拉伸应变相应降低。

8.4.3.7　PBS/黄芩色素复合材料

（1）产品配方

| 聚丁二酸丁二醇酯（PBS） | 100 | 黄芩 | 1～9 |

（2）制备方法

将黄芩于40℃真空干燥24h，粉碎。称取10g黄芩粉末，加入120mL 60％（质量分数）乙醇溶液后在50℃下超声提取1h。过滤，浸提液在50℃下浓缩。将浓缩液冷冻干燥，制得黄芩色素。将不同质量分数的PBS与黄芩色素采用开炼机进行熔融共混，制备复合材料。

（3）产品性能

采用天然植物黄芩色素添加在可生物降解的聚丁二酸丁二醇酯（PBS）中，以取代对环境有害的化学物质，制备PBS/黄芩色素复合材料。黄芩色素对PBS的晶型几乎没有影响，但使其结晶度有很大提高。随着黄芩色素含量的增加，复合材料的热稳定性呈先升高后降低的趋势；拉伸强度和断裂拉伸应变先增大后减少，但均比纯PBS要小；复合材料的抗菌能力增强，并且对微生物降解有较大的促进。

8.4.3.8　酯化淀粉改性木薯渣纤维/PBS复合材料

（1）产品配方

| PBS（ECONORM 1201） | 70 | 酯化淀粉（SE） | 2 |
| 木薯渣 | 30 | | |

（2）制备方法

① 酯化淀粉（SE）的制备　将 5g 可溶性淀粉溶于 100mL 二甲基亚砜中，置于装有搅拌器、回流冷凝管及恒压滴液管的三口烧瓶中，将三口烧瓶置于 105℃ 恒温油浴中不断搅拌，并在 15min 内，通过恒压滴液漏斗向其中滴加一定量辛酰氯；加入缚酸剂三乙胺，使三乙胺与辛酰氯质量比为 1∶1，反应 3h。反应结束后，向其中加入 500mL 无水乙醇沉淀分离，在 2000r/min 的转速下离心分离 10min，得到酯化淀粉，并用无水乙醇多次洗涤，50℃真空干燥 10h 后，备用。

② 纤维的表面预处理　将 SE 溶于二甲基亚砜配制成质量分数 1% 的溶液中，并将溶液均匀喷在木薯渣纤维表面。SE 用量（以木薯渣质量计）为 1%～7%。处理后将木薯渣置于80℃ 的鼓风干燥箱中，干燥 24h 后备用。

③ 复合材料的制备　在温度为 130℃、转速为 25r/min 的条件下，在开炼机上混炼15min，熔融共混制备木薯渣纤维/PBS 复合材料。

（3）产品性能

以辛酰氯作酯化试剂，制备得到酯化淀粉（SE），并将 SE 作为界面改性剂应用于木薯渣纤维/聚丁二酸丁二醇酯（PBS）复合材料的合成。当 SE 用量（以木薯渣纤维质量计）为5.0% 时，表面处理过的木薯渣纤维/PBS 复合材料的拉伸强度 18.6MPa、弯曲强度67.5MPa 和冲击强度 4.89kJ/m^2，比未采用纤维处理制备的复合材料分别提高了 52.7%、24.0% 和 30.4%。SEM 分析表明，SE 处理过的纤维与基体之间表现出更好的相容性。初步推测 SE 增强复合材料界面结合的机理为：两亲性的酯化淀粉，其疏水端与 PBS 基体表面活性相近，易产生良好的相容性；而其亲水端易与木薯渣纤维上的羟基通过氢键结合，从而增强了复合材料的界面结合。

8.4.3.9　PLA/PBS/纳米二氧化硅复合材料

（1）产品配方

PLA	100	PEW	1
PEG20000	10	纳米二氧化硅	0.5～2.5
PBS	10		

（2）制备方法

① 纳米二氧化硅的表面改性　将纳米二氧化硅在 100℃ 下真空干燥 12h。取 0.25g 的硅烷偶联剂 GPTS 加入无水乙醇 50mL，然后用 0.1mol/L 的盐酸调节 pH 值至 5～6，然后在70℃ 下恒温预水解 30min。取 5g 的 SiO$_2$ 加入水解溶液中，超声分散 1h，然后在真空烘箱中干燥 24h。

② PLA/PBS/纳米 SiO$_2$ 复合材料的制备　按照配比，称量 PLA、PBS、PEG、PEW和纳米二氧化硅，充分混合。双辊炼机的前辊温度设置为 190℃，后辊温度为 185℃。当达到设置温度后，继续保温 0.5h 待温度稳定。此时启动双辊炼机，将混合物倒在双辊之间充分混炼得到厚度约为 1mm 的薄片。

（3）产品性能

采用 γ-缩水甘油醚氧丙基三甲氧基硅烷（GPTS）对纳米二氧化硅进行表面改性，然后采用熔融共混法，以聚丁二酸丁二醇酯（PBS）、GPTS/纳米二氧化硅为改性剂，聚乙烯蜡（PEW）为润滑剂，聚乙二醇为增塑剂改性聚乳酸（PLA）。对改性后共混物耐热性能、力学性能和流变性能的研究结果表明，改性纳米二氧化硅加入量为 1.5 份时，PLA 的综合力学性能最好，其拉伸强度为 63.4MPa。PBS 和纳米二氧化硅的加入并未使 PLA 复合物的耐热性能和加工性能降低。

8.4.3.10 乙酰淀粉/PBS/PVA复合材料

（1）产品配方

聚乙烯醇(PVA1788)	30	聚丁二酸丁二醇酯(PBS)	10
乙酰淀粉(乙酰取代度0.25)	50	丙三醇	10

（2）制备方法

采用转矩流变仪完成乙酰淀粉、PBS、聚乙烯醇（PVA）三元共混体系的挤出加工过程。称取共混物料，加入流变仪混合器中混炼约15min。

（3）产品性能

每50质量份乙酰淀粉中加入10质量份甘油、30质量份PVA和10质量份PBS，共混体系具有较好的流变性能；PVA和PBS的适量加入可有效改善共混物的力学性能。

8.4.3.11 亚麻纤维/PBS/TPS复合材料

（1）产品配方

PBS(注塑级)	30～70	亚麻纤维(脱胶处理)	0.5～2
TPS	30～70	硅烷偶联剂(KH550)	0.2

（2）制备方法

将淀粉干燥至恒重，与30％丙三醇共混，在挤出机中挤出，挤出机模头为2mm圆孔。挤出物料经冷却后切成2mm长颗粒，再与适量的PBS、亚麻纤维、硅烷偶联剂共混，注塑成型。

（3）产品性能

丙三醇是制备TPS的合适增塑剂，挤出加工能够较好地改变淀粉分子结构，使其具有热塑性。共混物的力学性能随着PBS含量的增加而增加。亚麻纤维和KH550都能够明显增加复合材料的拉伸强度和弯曲强度，但是其断裂拉伸应变降低。对于复合材料的拉伸强度来说，最优化工艺：PBS为质量分数60％、亚麻纤维为质量分数0.5％、偶联剂质量分数为0.2％。

8.4.3.12 PBS/纳米MMT复合材料

（1）产品配方

PBS(注塑级)	100	纳米MMT(粒径20～50nm)	1～7

（2）制备方法

① 纳米MMT的改性　在容量为2000mL的三口烧瓶中加入500mL去离子水、500mL无水乙醇、0.04mol十六烷基三甲基溴化铵，搅拌升温至80℃；再加入20g MMT，保持80℃，搅拌回流6h后，将所得的浑浊液减压抽滤；再用体积比为1∶1的去离子水/乙醇洗涤，反复数次直至分离液中不含Br。最后，将分离物在50℃下真空干燥后，研磨至粉末，过300目筛，得到改性纳米MMT。

② PBS/纳米MMT复合材料的制备　首先将PBS粒料在鼓风干燥箱中于60℃条件下干燥12h，将已改性的纳米MMT在真空干燥箱中于80℃条件下干燥12h。然后，按不同的比例在高速共混机中混合0.5h，再在双螺杆挤出机中挤出造粒，即得PBS/纳米MMT复合材料。

（3）产品性能

当改性纳米 MMT 的质量分数为 5% 时，复合材料的熔点约提高了 2.55℃，热初始分解温度提高了 33℃。当其质量分数为 3% 时，复合材料的拉伸强度提高了 9%，断裂拉伸应变提高了 3%，冲击强度提高了 23%。复合材料的流变性能，比纯 PBS 的流变性能有一定程度提高。

8.4.3.13　PBS/水曲柳木屑复合材料

（1）产品配方

PBS	70～90	水曲柳木屑	10～30

（2）制备方法

先用高速混合机把 PBS 颗粒与水曲柳木屑进行干混，速度为 500r/min，混合 5min。干混后的复合物通过双螺杆挤出机压出，螺杆转速为 80r/min，温度在 140～160℃ 之间，分为 5 段升温段。

（3）产品性能

水曲柳木屑和 PBS 界面相容性良好，显著提高了木塑复合材料的力学性能。在木屑含量为 30% 时，PBS/水曲柳木屑复合材料的抗拉强度和抗弯强度可达 74.4MPa 和 114.4MPa；木屑含量为 30% 的 PBS/水曲柳木屑复合材料吸水率最高可达 4.5%，此时抗拉强度和抗弯强度分别降低了 38.1% 和 13.4%，达到 50.5MPa 和 99.0MPa，这可能是由于水的增塑作用以及木质颗粒和 PBS 吸水后膨胀系数不一致导致的界面应力造成的。

8.4.3.14　PBS 增韧改性多壁碳纳米管/PLA 导电 3D 打印耗材

（1）产品配方

聚乳酸(3051D)	80	抗氧剂 1010	适量
聚丁二酸丁二醇酯(PBS)	10	内部润滑剂 528	适量
多壁碳纳米管(MWNTs)	10		

（2）制备方法

在制备前先将原料进行干燥处理，将 PLA、PBS 和 MWNTs 原料分别放在 80℃ 烘箱中干燥 12h 后，取出备用；称取适量的 PLA、PBS 和 MWNTs 并加入适量抗氧剂和内部润滑剂，混合均匀后，采用同向双螺杆挤出机进行共混挤出。挤出时控制双螺杆转速为 15～25r/min，进料口压力为 40～50MPa，出料口压力为 20～40MPa，双螺杆挤出机各区段温度设置为 175℃、175℃、180℃、180℃、185℃、185℃、190℃。

（3）产品性能

PBS 添加量对复合材料的性能有显著影响。随 PBS 含量增加，复合材料的电阻率升高，断裂拉伸应变和冲击强度明显提高，但拉伸强度、弯曲强度和硬度有所降低。当 PBS 含量为 10% 时，共混复合材料的综合性能最好。可根据最佳条件制成具有一定韧性的导电 3D 打印耗材，其实际使用效果良好。

8.4.3.15　PBS/PLA/滑石粉 3D 打印线材

（1）产品配方

PBS(HX-E201)	100	滑石粉(BHS-718A)	20
PLA(4032D)	5～30	硅烷偶联剂(KH560)	0.2

（2）制备方法

将 PBS 和 PLA 置于鼓风干燥箱中 60℃下干燥 12h，滑石粉在真空干燥箱中 105℃下干燥 2h，备用；固定 PBS/滑石粉比例为 100：20，分别加入不同质量份的 PLA 进行熔融共混。其中，硅烷偶联剂的添加量为粉体质量的 1%。将上述物料一同加入高速混合机中捏合 5min；混合好的物料投入双螺杆挤出机中造粒，各区温度分别为 90℃、100℃、120℃、130℃、145℃、150℃、150℃、145℃、130℃、125℃。螺杆转速为 180r/min，之后将母粒加入转矩流变仪单螺杆挤出平台中制 3D 打印线材。各区温度分别为 120℃、125℃、135℃ 和 130℃，螺杆转速为 35r/min，线径控制为（1.75±0.05）mm。

（3）产品性能

PLA 的加入使 PBS 的结晶温度下降了 5℃。随着 PLA 含量的增加，材料的复数黏度、储能模量和损耗模量均得到提高；而拉伸强度则随 PLA 含量的增加下降了 1.71MPa，缺口冲击强度下降了 8.63kJ/m^2；PLA 含量的增加使断面逐渐粗糙。在打印效果上，复合材料的打印模型随 PLA 含量的增加而变得美观、规整。当底板温度高于 110℃时，打印制件的翘曲度较低，同时拉伸强度随着打印温度的升高而增加。

8.4.3.16 聚酯纤维/PBS/PLA 可降解复合材料

（1）产品配方

PBS	50	玉米秸秆	10～90
PLA(3001D)	50	铝锆类偶联剂(CPM、CPG)	0.5%聚酯纤维质量

（2）制备方法

将干燥后（含水量低于 15%）的玉米秸秆粉碎成 10～20mm 的碎段。将粉碎后的玉米秸秆放入已达到预定温度的闪爆器中，系统升温至预定温度及压力，待闪爆器压力恒定到所需值后，按预定的时间保压，并隔离闪爆器，随后突然打开球形阀卸压，实现闪爆。经干燥处理后的秸秆外观明显改变，梗状物减少，大部分都变成絮状物，蓬松柔软，从而改变了秸秆中粗纤维的整体结构和分子链的构造，使纤维素分子断裂，木质素熔化，有利于微生物降解并提高了与其他物料的相容性。

将混合处理后的物料加入改性剂进行耦合处理，进一步破坏半纤维素和木质素（改性剂采用铝锆类偶联剂，温度控制在 90～100℃，时间 15min）。

耦合处理后的物料与其他助剂配比后送入混合搅拌机进行共混捏合，在特定的工艺温度控制下直接生产出可降解复合材料。

（3）产品性能

当 PBS/PLA 质量比为 1:1、聚酯纤维在复合材料中的比例为 0～45% 时，复合材料的冲击强度、拉伸强度、弯曲强度和硬度均逐步上升并达到最大值，随后下降；偶联剂为聚酯纤维质量的 0.5% 时，复合材料的各项性能指标分别达到最大值。植物纤维自身的含水率对复合材料的力学性能也有较大影响。

8.4.3.17 PBS/PLA 可降解膜

（1）产品配方

PBS(重均分子量 18 万)	50～85	PLA(4032D)	15～50

（2）制备方法

将 PBS 和 PLA 于 80℃下真空干燥 4h。将不同质量比的 PBS 与 PLA 混合物先经高速混合机混合均匀，再由同向双螺杆挤出机挤出造粒，从而得到 PBS/PLA 复合材料。该薄膜采用吹塑机组来制备。

（3）产品性能

制备的 PBS/PLA 复合材料较纯 PBS 树脂具有更好的刚性，且所吹塑的薄膜与包装用低密度聚乙烯膜各项性能相当。

8.4.3.18　PBS/空心玻璃微珠复合材料

（1）产品配方

PBS	80~95	空心玻璃微珠（HGB）	5~20

（2）制备方法

先将 HGB 与 PBS（质量比为 5：10）经单螺杆挤出机挤出制成高浓度母料，然后将母料与不同比例 PBS 再经单螺杆挤出机熔融共混挤出切粒，加热段温度为 120~140℃，螺杆转速为 30r/min。

（3）产品性能

HGB 会促进 PBS 的结晶，提高其结晶度，但对 PBS 的熔融特性影响较小；填充 HGB以后，PBS 的弹性模量和抗形变能力增强，拉伸强度和断裂拉伸应变下降；PBS/HGB 复合体系在应力-应变过程中，不存在屈服现象，显示出脆性断裂行为。

8.4.3.19　PBS/PBAT 复合材料

（1）产品配方

PBS（挤塑级）	65~95	PBAT（Ecoflex）	5~35

（2）制备方法

将 PBS 和 PBAT 以不同比例加入搅拌机中混合，PBAT 含量为 5%~35%，然后通过双辊筒炼塑机进行混炼并在平板压片机上进行压片。双辊筒炼塑机前、后辊温度和平板压片机上下板温度均设定为 150℃。

（3）产品性能

随着 PBAT 含量的增加，PBS/PBAT 复合材料的拉伸强度先升高后降低，断裂拉伸应变不断提高，冲击强度先降低后升高；当 PBAT 含量为 20% 时，与纯 PBS 相比，断裂拉伸应变提高了 10 倍，冲击强度提高了 82%，而拉伸强度仅降低了 6%。

8.4.3.20　PBS/CDA 复合材料

（1）产品配方

PBS	10	马来酸酐	2
纤维素二醋酸酯（CDA）	90		

（2）制备方法

在制备前先将 PBS 在 90℃进行干燥处理，再将各原料加入密炼机中混合密炼，温度为150~170℃，转速为 25r/min。

（3）产品性能

纤维素二醋酸酯（CDA）与 PBS 质量比为 9：1 时，PBS/CDA 复合材料的力学性能与纯 PBS 相当。当 MAH 含量为 2％时，PBS/CDA 复合材料的断裂拉伸应变和冲击强度达到 62.23％和 47.7kJ/m²，为纯 PBS 的 8.1 和 3.1 倍。PBS/CDA 复合材料是一种价廉的可完全生物降解塑料。

8.4.3.21 PBS/PLA/PPCU复合材料

（1）产品配方

PLA(4032D)	10~50	PBS(AZ91TN)	10~50
PPCU(二氧化碳基热塑性聚氨酯)	40		

（2）制备方法

将 PLA、PPCU 和 PBS 置于 55℃恒温干燥箱中烘干 6h。按配方将 PLA、PPCU 和 PBS 共混均匀后加入双螺杆挤出机料筒中，挤出机的温度范围为 155~180℃。经过熔融挤出、水冷、切粒、干燥，之后将 PLA/PBS/PPCU 共混物用吹膜机吹膜，设定螺杆区域温度范围为 160~170℃，螺杆转速设定为 38r/min，牵引速度设定为 8.0m/min，卷绕速度为 8.0m/min。

（3）产品性能

用熔融共混法和挤出吹膜工艺制备聚乳酸（PLA）/聚丁二酸丁二醇酯（PBS）/二氧化碳基热塑性聚氨酯（PPCU）薄膜。DSC 分析表明，PLA 与 PBS 的结晶可互相抑制，共混体系总结晶度下降，有利于薄膜的韧性提高。力学结果表明，PPCU 对 PLA 改性效果好，显著提高其力学性能。而 PBS 的加入进一步改善了 PLA 的柔韧性，断裂拉伸应变更高，弹性模量下降显著。PBS 的加入使体系黏度降低，流动性增加。PBS 对改善共混薄膜亲水性有一定作用。

8.4.3.22 PBS/杜仲胶复合材料

（1）产品配方

杜仲胶	90	防老剂 246	2
PBS	10	促进剂 CZ	1.5
氧化锌	5	硫黄	1.2
硬脂酸	2		

（2）制备方法

胶料用高温开炼机混炼，辊温为 90℃。天然杜仲橡胶塑化均匀后，加入 PBS 并塑化，均匀包辊后，辊距调至 2mm 左右。加料顺序为先加小料，最后加硫黄。每次加料均左右各薄通 3 次，混炼均匀后，最小辊距薄通 6 次下片。停放 24h 后，返炼薄通 6 次，辊距调至 1.8mm 左右下片。试样用平板硫化机硫化，硫化条件 150℃。

（3）产品性能

制备 PBS/杜仲胶复合材料时，随着硫黄用量的增大，交联密度逐渐增大，力学性能下降。DSC 曲线上结晶熔融峰减弱，熔点降低，结晶性能下降；复合材料的形变固定率不断增加，形变回复率先增加后减小。因此，在杜仲胶/PBS 共混比（质量份比）为 90：10 的条件下，当硫黄质量份 1.2 份时，复合材料的综合性能较为优异。

8.4.3.23　ESO 增塑 PBS 材料

（1）产品配方

PBS(1020)	92.5～97.5	ESO（环氧大豆油）	2.5～7.5

（2）制备方法

将干燥后的 PBS 和 ESO 按不同质量比置于密炼机中，在加工温度 130℃、转子转速 40r/min、密炼时间 6min 的条件下进行熔融共混，制备得到 ESO 增塑 PBS 材料。

（3）产品性能

ESO 可显著提高 PBS 的韧性；随 ESO 含量增加，共混物的断裂拉伸应变、冲击强度先增大后减小，在 ESO 含量为 5.0% 时达到最大值，分别为纯 PBS 的 15.0 倍和 1.4 倍。共混物的拉伸强度、拉伸模量、弯曲强度、弯曲模量则随之减小；ESO 能明显降低 PBS 熔体的黏度，使其在更低的角频率下呈现出剪切变稀的流变行为；ESO 与 PBS 是部分相容的，较高 ESO 含量的共混物会发生明显的相分离现象。

8.4.3.24　PBS/木粉复合材料

（1）产品配方

PBS	60～90	DCP	1.2～2
木粉	10～40	发泡剂 偶氮二甲酰胺	2
TMPTMA（三羟甲基丙烷三甲基丙烯酸酯）	1.8～3	发泡助剂 硬脂酸锌	1

（2）制备方法

将干燥后的 PBS、木粉及其他添加剂按配方在 120～130℃ 条件下包辊塑化 30min 后出片，放置 24h 后，在 160℃、10MPa 条件下进行模压发泡。

（3）产品性能

交联剂和木粉的加入能够有效提高 PBS 的储能模量、损耗模量以及熔体黏度，且流变性能随木粉含量的增加而呈升高趋势；所制备的发泡材料均为闭孔结构，且泡孔大小较为均匀；随着木粉含量的增加，发泡材料的拉伸强度先升高后降低，但变化幅度较小，密度逐渐增大，而拉伸强度、断裂拉伸应变和发泡倍率逐渐降低。木粉的含量为 30 份时，仍能制备泡孔相对均匀的 PBS/木粉复合材料，其密度为 $0.33g/cm^3$，且拉伸强度与未加木粉时相差不大。

8.4.4　PPC 基完全生物降解塑料

8.4.4.1　PLA/PPC/PHBV 复合材料

（1）产品配方

PLA	20～60	PHBV	20～60
PPC	20～60		

（2）制备方法

采用溶液浇铸方法制备各种不同比例的共混物。所有制备的样品在真空干燥箱中室温干燥 48h，然后放入干燥箱中储存，用于性能测试。

（3）产品性能

该三元共混体系是部分相容体系。PLA 增加了材料的强度，PPC 则增加了材料的断裂伸长，PHBV 提高了材料的环境生物降解速率，三者优势互补，是一种有应用前景的生物降解共混体系。

8.4.4.2　PPC-E/PBS 复合材料

（1）产品配方

PPC(BioTM 100)	50～90	稳定剂 E	适量
PBS(BS110)	10～50		

（2）制备方法

将 PPC、PBS 于 40℃真空干燥烘箱中干燥 12h。先将 PPC、稳定剂 E 经双螺杆挤出机挤出造粒制备 PPC-E，然后将 PPC-E 与 PBS 按不同的质量比熔融挤出，制备 PPC-E/PBS 复合材料。挤出成型温度为 140～150℃，螺杆转速为 50r/min。

（3）产品性能

加入稳定剂 E 后，初始分解温度较纯 PPC 提高了 105.3℃，玻璃化转变温度提高到 35.5℃；当 PBS 的质量分数为 10%～20% 时，PPC-E/PBS 复合材料表现出良好的综合性能。

8.4.4.3　PLA/PPC/OMMT 复合材料

（1）产品配方

PLA(2002 D)	50～90	OMMT(蒙脱土)	0.5～2
PPC (MXJJ-001)	10～50		

（2）制备方法

将具有层状结构的蒙脱土充分剥离，使其均匀分布于聚合物基体中。其工艺过程为：先将 PLA 和 OMMT 在 80℃下烘干 8h，将 PPC 于 60℃下烘干 8h；然后用双螺杆挤出机（螺杆转速为 120r/min，从加料口到机头各段的温度分别为 120℃、155℃、155℃）制得 PLA/PPC 配比固定而 OMMT 含量不同的 PLA/PPC/OMMT 复合材料。

（3）产品性能

在 PPC 含量低于 30% 时，随着 PPC 含量的增加，PLA/PPC 和 PLA/PPC/OMMT 体系中 PLA 的玻璃化转变温度（T_g）均降低，在 PPC 含量为 50% 时出现了明显的相分离；随着 PPC 含量的增加，PLA/PPC 的冲击强度增大；当 OMMT 的含量小于 1.5% 时，PLA/PPC/OMMT 体系的结晶度、拉伸强度、断裂拉伸应变和冲击强度均随 OMMT 含量的增加而增大。

8.4.4.4　PLA/PPC/TMBH 复合材料

（1）产品配方

PLA	80	TMBH	0.4
PPC(PPC101)	20		

（2）制备方法

将 PLA 在 80℃真空干燥箱中干燥 12h，PPC 在 60℃下干燥 24h，TMBH 在 60℃下干

燥 2h。将称量好的 PLA、PPC、TMBH 按质量比混合均匀。采用微型的锥形双螺杆挤出机熔融共混并挤出 PLA/PPC/TMBH 共混材料，螺杆转速为 23r/min，从加料口到模头的温度范围为 180～190℃。

（3）产品性能

芳基取代酰肼类化合物成核剂（TMBH）的添加对 PLA/PPC（80∶20）材料的相容性影响不大，但可显著改善材料中 PLA 的结晶能力，使材料的结晶度及组织均匀性提高、长周期减小。PLA/PC（80∶20）材料中 PLA 的晶体结构不受 TMBH 及 PPC 的影响。实验结果表明，当材料中 TMBH 含量为 0.4％时，材料的结晶速率最快，结晶度最高，材料的断裂拉伸应变和冲击韧性达到最高。

8.4.4.5 PLA/碳酸钙材料

（1）产品配方

聚碳酸亚丙酯树脂（PPC101）	100	硬脂酸	4
碳酸钙	20～100	铝酸酯	2

（2）制备方法

将碳酸钙与表面处理剂加入高速捏合机，在 1500r/min 转速下搅拌并加热使温度上升至 100℃，再搅拌 20min，使碳酸钙与表面处理剂充分混合均匀。表面处理剂质量分数为：硬脂酸 4％、铝酸酯 2％，然后将 PPC 101 和填料在 80℃下干燥 4h，再在 180℃下挤出造粒。

（3）产品性能

随着碳酸钙（$CaCO_3$）用量的增加，材料的维卡软化温度呈上升趋势，未进行表面处理的碳酸钙填料对 PPC 维卡软化温度的提高更明显；填料是否进行表面处理对 PPC 材料的拉伸性能影响不大，随着填料用量的增加，未进行表面处理和硬脂酸处理的碳酸钙填充 PPC 材料的拉伸强度均呈先上升后基本稳定的趋势，而使用铝酸酯处理的碳酸钙填充 PPC 材料的拉伸强度几乎不变；随着填料用量的增加，无论填料是否进行表面改性，试样的冲击强度和熔体指数均呈下降趋势；而且密度均呈线性上升趋势。

8.4.4.6 PPC/木质素材料

（1）产品配方

	1#	2#
聚碳酸亚丙酯	60～90	60～90
碱木质素（AL）	10～40	
木质素磺酸钙（CLS）		10～40

（2）制备方法

将 AL 与 CLS 在粉碎机中搅碎成粉末后在 80℃下干燥至恒重，置于干燥器中保存。按配比称取总质量为 60g 的原料，在粉碎机中混合后置于混合器装置中熔融共混，制得的共混物密封干燥，保存。

（3）产品性能

当 AL 含量为 40％时，PPC/AL 共混物拉伸强度为 13.4MPa，较纯 PPC 提高了 213％；断裂拉伸应变为 115％，较纯 PPC 降低了 86％，第 12 天的降解率可达 44％。当 CLS 含量为 40％时，拉伸强度可达 10.1MPa，较纯 PPC 提高了 134％；断裂拉伸应变为 397％，较纯 PPC 降低了 52％，第 12 天的降解率可达 38％。酯化反应和氢键作用等可能是木质素提高 PPC 性能的主要因素。

8.4.4.7　PPC 增韧 PLA 材料

（1）产品配方

PLA	100	二苯基甲烷二异氰酸酯（MDI）	1
PPC	10～20		

（2）制备方法

将 PPC 和 PLA 在 80℃ 下干燥 4h，然后在 175℃ 下由双螺杆挤出机挤出造粒。

（3）产品性能

PPC 树脂对 PLA 有明显的增韧作用，但增韧的同时会引起 PLA 拉伸强度和维卡软化温度的降低，随 PPC 用量增加，材料冲击强度持续升高，而拉伸强度和维卡软化温度持续降低；PLA/PPC 共混体系中加入二苯基甲烷二异氰酸酯后，可提高两者的相容性，从而起到增韧的作用。随 MDI 用量增加，PLA/PPC 共混物的冲击强度和拉伸强度呈先增加后减少的趋势。

8.4.4.8　PPC 扩链材料

（1）产品配方

PPC	100	扩链剂（MDI）	1～7

（2）制备方法

将 PPC 放入真空烘箱，在 35℃ 下干燥 12h；将干燥后的 PPC 和扩链剂 MDI 按比例混合均匀，熔融密炼 480s，密炼机温度设定为 170℃，转子转速为 40r/min。

（3）产品性能

利用二苯基甲烷二异氰酸酯（MDI）对聚碳酸亚丙酯（PPC）进行扩链改性，PPC 经 MDI 扩链改性后，其玻璃化转变温度（T_g）、拉伸性能以及阻透性能均得到提高。PPC 经 MDI 扩链改性后，熔体指数降低，添加 5% 的 MDI 后，熔体指数从 0.7g/10min 减少到 0.27g/10min；PPC 经 MDI 扩链改性后，PPC 的拉伸强度显著提高，但断裂拉伸应变减小。当 MDI 加入量达到 5% 时，PPC 的拉伸强度从 20.9MPa 升高至 49.0MPa。

8.4.4.9　PPC/聚氨酯弹性体复合材料

（1）产品配方

PPC	60～80	聚氨酯弹性体（S85A15）	20～40

（2）制备方法

将 PPC 在 60℃ 下干燥 24h，聚氨酯弹性体在 60℃ 下干燥 12h，然后在 180℃ 下于转矩流变仪中混炼 7min，转速为 40r/min。

（3）产品性能

采用熔融共混法制备聚碳酸亚丙酯（PPC）/聚氨酯弹性体复合材料。共混体系中材料的相容性较好，聚氨酯弹性体的引入提高了复合材料的热稳定性和力学性能。当聚氨酯弹性体的质量分数为 40% 时，共混物的拉伸强度达到 23.5MPa，提高了约 13MPa；5% 分解温度为 353.3℃，较纯 PPC 提高了 104.6℃。

8.4.5 PCL基完全生物降解塑料

8.4.5.1 聚己内酯复合材料

（1）产品配方

聚己内酯（CAPA 6800）	100	纳米碳酸钙	10～40

（2）制备方法

应用双螺杆挤出机挤出造粒。

（3）产品性能

在聚己内酯（PCL）复合材料制备时，采用超细碳酸钙改性PCL，可以在保持PCL原有形状记忆性能基本不变的情况下，有效提高复合材料刚性。

8.4.5.2 PLA/PCL复合膜材料

（1）产品配方

聚乳酸颗粒	20～80	PCL颗粒	20～80

（2）制备方法

① PLA/PCL复合粒子的制备 将PLA与PCL原料分别置于60℃和40℃的真空干燥箱中干燥，真空度为−0.05MPa，时间为24h。将干燥好的PLA与PCL分别在真空干燥箱中冷却后，按不同比例加入微型共混仪中共混。混合均匀后，挤出造粒，挤出机从料筒到机头各段的温度分别为：100℃、150℃、160℃、160℃、155℃、150℃、145℃、140℃，螺杆转速为100r/min。

② PLA/PCL共混膜的制备 将不同比例的PLA/PCL复合粒子溶解于二氯甲烷中配制成5g/mL的溶液，25℃下搅拌8h至完全溶解，用真空干燥箱抽真空，静置2h后脱泡。再将脱泡后的溶液倒入培养皿中，室温下静置48h，得到溶液浇铸法制备的PLA/PCL复合膜材料试样。

（3）产品性能

PLA与PCL可以以一定比例共混并浇铸成膜。力学性能测试表明，PLA/PCL复合膜材料可以克服单一材料在力学性能上的缺陷。

8.4.5.3 PCL/纳米羟基磷灰石3D打印材料

（1）产品配方

PCL颗粒（PCL6800）	60～90	nano-HA（纳米羟基磷灰石）短棒状	10～40

（2）制备方法

将nano-HA与PCL按一定质量比混合，再经双螺杆挤出机熔融共混、挤出造粒，得到nano-HA质量分数分别为10%、20%和40%的PCL/nano-HA复合材料颗粒。加工温度为150℃，螺杆转速为50r/min。打印前，将材料在干燥箱中干燥2h，干燥温度为50℃。分别以纯PCL，nano-HA质量分数分别为10%、20%和40%的PCL/nano-HA复合材料为原料，通过熔体微分3D打印机打印测试试样。打印参数为：喷嘴孔径0.4mm，打印速度35mm/s，打印层高0.3mm，室温20℃，打印温度150℃，螺杆转速0.6r/min。

（3）产品性能

随着nano-HA质量分数的增加，PCL/nano-HA复合材料3D打印试样的拉伸强度和弯曲强度均呈现先增大后减小的趋势，而压缩强度一直增大，结晶性能变好。当nano-HA 质量分数为 20% 时，3D 打印试样的拉伸强度和弯曲强度均达到最大值，分别为 23.3MPa 和 21.4MPa。当压缩应变为 10% 时，nano-HA 质量分数为 40% 的 PCL/nano-HA 复合材料试样的压缩应力为最大值（31.4MPa）。PCL/nano-HA 复合材料打印试样中只含 nano-HA 和 PCL 两种相，有利于其保持良好的生物活性，有望在生物组织支架中得到应用。

8.4.5.4　增塑 PCL/淀粉材料

（1）产品配方

PCL	100	增塑剂	18
淀粉（工业级）	43		

（2）制备方法

将工业级淀粉在真空干燥箱中干燥。称取 PCL 和淀粉，加入甘油、聚乙二醇、乙二醇混合均匀，放入高速搅拌机中进行机械共混。将混合好的物料装入密封塑料袋中放置 24h 后用双螺杆挤出机造粒。

（3）产品性能

淀粉经塑化后，淀粉分子间相互作用力减弱，晶体结构被破坏，增加了淀粉的可塑性。不同增塑剂改性的淀粉/PCL 复合材料的耐水性、拉伸强度、弯曲强度和断裂拉伸应变有明显差异，甘油的增塑效果最佳。

8.4.5.5　PCL/竹纤维材料

（1）产品配方

聚己内酯（注塑级）	60	硅烷偶联剂（KH560）	0.4
竹纤维（毛竹纤维 BF）	40		

（2）制备方法

将 BF 置于 80℃ 烘箱中干燥 8h 备用。分别取 0.5%、1%、1.5% 的硅烷偶联剂（占竹纤维质量）溶于无水乙醇，按质量分数 60% 称量 PCL 颗粒，并与硅烷-乙醇溶液均匀混合，静置待乙醇全部挥发。按照质量比称取 BF 与改性后 PCL，将处理过的 BF 与 PCL 在 100℃ 下于开放式混炼机中熔融共混 15min，得片状物后粉碎为颗粒状。

（3）产品性能

当硅烷偶联剂用量为 1%（占竹纤维绝干质量）时，复合材料力学性能较佳，冲击、拉伸强度和断裂拉伸应变分别为 13.7kJ/m^2、12.7MPa 和 6.28%。当模压温度为 90℃ 时，复合材料的冲击、拉伸强度及断裂拉伸应变分别达到 15.0kJ/m^2、14.2MPa 和 7.2%，力学性能优良。

8.4.5.6　PCL/竹纤维材料

（1）产品配方

PLA 树脂（注塑级）	80	TBC（柠檬酸三丁酯）	8
聚己内酯	20		

（2）制备方法

将 PLA 树脂置于真空干燥箱中干燥，温度为 60℃，真空度为 −0.05MPa，时间为 24h。

干燥好的 PLA 与 PCL 混合均匀，以共混材料的总质量为 100 份按设定比例加入一定质量分数的 TBC，然后加入双螺杆挤出机中进行共混，挤出机从料筒到机头各段的温度分别为 100℃、130℃、185℃、185℃、180℃、175℃，螺杆转速为 100r/min。

（3）产品性能

PLA/PCL 为不相容体系，TBC 作为相容剂对体系的韧性和强度影响较大。在 TBC 的作用下，共混材料两相之间发生了酯交换反应，生成界面相容剂，降低了 PCL 分散相的尺寸，改善了两相之间的相容性，提高了共混材料的韧性。

8.4.5.7　3D 打印 PLA/PCL 材料

（1）产品配方

聚乳酸(医用级,PLA)	80	乙酰柠檬酸三丁酯(医用级,ATBC)	6
聚己内酯(医用级,PCL)	20		

（2）制备方法

① 熔融共混　将 PLA 和 PCL 放入 60℃真空干燥箱中干燥 24h，然后按照 PLA：PCL＝80：20 的配比和一定量的 ATBC 在高速混合机中充分混合，采用挤出机熔融挤出造粒，挤出机 3 段温度分别设定为 165℃、175℃、180℃。

② 线材制备　使用微型挤出机，通过改变挤出温度与螺杆转速，分别制备不同 ATBC 含量的 3D 打印 PLA/PCL 材料。

（3）产品性能

随着 ATBC 含量的增加，材料的直径、表面粗糙度、极限应力逐渐变小，相容性得到改善。打印制品的吸水率降低，拉伸强度降低，但冲击性能得到有效改善。

8.4.6　PHBV 基完全生物降解塑料

8.4.6.1　阻燃 PHBV/PBAT 材料

（1）产品配方

PHBV(EM944I)	80	三聚氰胺	1
PBAT(Ecoflex C1200)	20	季戊四醇(PER)	1
聚磷酸铵(APP)	5	蒙脱土	3

（2）制备方法

① 先将粒料 PHBV 和 PBAT 放在鼓风干燥箱中于 70℃下干燥 12h，然后将 PHBV 与 PBAT 按照 80：20 的质量比混匀，用挤出机挤出造粒，放在干燥箱内在 60℃下干燥 12h。

② 制备复配聚磷酸铵基阻燃剂　将 APP、三聚氰胺和 PER 放在真空干燥箱内在 70℃下干燥 12h，然后按照 25：5：6 的质量比混合均匀，备用。

③ 制备复合阻燃体系，将 MMT 在 70℃下干燥 12h，然后将 PHBV/PBAT 复合材料粒料、复配的聚磷酸铵基阻燃剂和 MMT 按照不同的比例高速混合均匀。

（3）产品性能

聚磷酸铵基阻燃剂的添加提高了复合材料的极限氧指数，MMT 的加入使得极限氧指数进一步提高。当 MMT 的质量分数为 1% 时，材料通过了 UL-94 垂直燃烧 V-0 级别测试。结合流变性能测试与力学性能测试表明，聚磷酸铵基阻燃剂恶化了复合材料的力学性能，而 MMT 提高了粉体在基体材料中的分散性能，提高了复合阻燃材料的力学性能。锥形量热测试表明，MMT 的加入明显降低了复合材料的热释放速率以及产烟量。

8.4.6.2　PHBV/PBS 材料

（1）产品配方

PHBV	20～80	柠檬酸三乙酯（TEC）	5
PBS	20～80		

（2）制备方法

采用熔融共混法制备 PHBV/PBS 材料，将 PHBV/PBS 按不同质量比在密炼机中进行熔融共混，加工温度为 180℃，转速为 40r/min，时间为 10min。

（3）产品性能

随着 PBS 含量的增加，复合材料的冲击性能和断裂拉伸应变得到了改善，尤其是 PHBV/PBS/TEC 质量比为 20：80：5 时，冲击强度为纯 PHBV 的 2.5 倍；断裂拉伸应变达到 124％，是纯 PHBV 的 21.7 倍。

8.4.6.3　PHBV/PLA/Talc 复合材料

（1）产品配方

PLA（3100HP）	80	滑石粉	1.5
PHBV（Y1000P）	20		

（2）制备方法

① PLA/PHBV 复合材料制备　以 PLA 为基体、PHBV 为增韧剂，采用熔融共混法，按照配比将各物料在高速混合机中混合均匀后，采用双螺杆挤出机将其熔融挤出造粒。双螺杆一区至五区及机头的挤出温度分别为：140℃、150℃、155℃、155℃、155℃、150℃；

② PLA/PHBV/Talc 复合材料制备　将综合力学性能最好的 PLA/PHBV 共混物粒料与不同含量的滑石粉混合，再次采用双螺杆挤出机将其熔融挤出造粒。

（3）产品性能

采用熔融共混法制备 PHBV/PLA 复合材料，随着 PHBV 含量的增加，PLA/PHBV 的结晶度先降低后升高，断裂拉伸应变提高了 21.8％，冲击强度提高了 35.9％，拉伸强度降低；随着滑石粉（Talc）含量的增加，PLA/PHBV/Talc 的结晶度增大，冲击强度提高了 124％。但是，断裂拉伸应变和拉伸强度有所降低。在不显著降低拉伸强度和弯曲强度的前提下，PHBV 的含量为 20％且滑石粉含量为 1.5 时，复合材料的力学性能最优。

8.4.6.4　PHBV 废纸纤维复合材料

（1）产品配方

PHBV	100	废纸纤维	10
微晶纤维素	3		

（2）制备方法

将开式混炼机预加热到 175℃，再对共混材料进行充分混炼，等到材料混炼物冷却后放入多功能粉碎机中粉碎。

（3）产品性能

可以 PHBV 为基体，微晶纤维素（MCC）和废纸纤维为增强体制备生物降解复合材料。

添加 MCC 后的复合材料力学性能整体都得到了提高，且在 MCC 质量分数为 3％时，复合材料的综合力学性能最好，共混填充后的复合材料则在废纸纤维的质量分数为 10％时综合力学性能最好；复合材料的吸水性随着废纸纤维含量的增加而上升。

8.4.6.5　PHBV/稻秸复合材料

（1）产品配方

PHBV	100	聚乙二醇（PEG 6000）	5～30
稻秸	80		

（2）制备方法

① 稻秸纳米纤维素的制备　将稻秸参照国家标准制备成 α-纤维素。将制备得到的 α-纤维素分散在质量分数为 20％的硫酸溶液中。其中，α-纤维素与硫酸溶液的质量比为 1∶12.5，在 40℃下保持 4h，得到悬浮液。取出上清液，加入蒸馏水离心，重复 3 次。离心完成后将悬浮液放入透析袋中，透析至 pH 值中性并不再发生变化。透析完成后，进行高压均质处理，均质压力为 120MPa，均质次数为 8 次。均质完成后，再次离心，去除大量水。最后进行冷冻干燥，得到稻秸纳米纤维素（NCC）。

② PHBV 稻秸复合材料的制备　将 2％的稻秸加入已溶解 2.5％PHBV 的 DMF 中，超声至 NCC 均匀分散，然后按聚乙二醇（PEG）与 PHBV 的质量比分别为 5％、10％、15％、20％、30％加入聚乙二醇，在 90℃时搅拌 2h。将分散均匀的溶液倒入培养皿中，先在恒温水浴箱上（温度为 50℃，时间为 2h）蒸发掉部分溶剂；然后转移至真空干燥箱干燥，干燥温度为 110℃，干燥时间 30～40min，取出，揭膜，制得复合材料。

（3）产品性能

以稻秸制备的纳米纤维素（NCC）为增强相，PHBV 为基体材料，聚乙二醇为界面相容剂，采用溶剂浇铸法制备 PHBV 稻秸复合材料。结果表明，聚乙二醇可以与 NCC、PHBV 之间形成较强的氢键，改善两者之间的界面相容性。聚乙二醇的加入可以降低复合材料的结晶温度和结晶度。当聚乙二醇的添加量达到 30％时，复合材料的结晶温度降低了 20.4℃，结晶度降低了 53％。

8.4.6.6　PHBV/竹粉复合材料

（1）产品配方

PHBV	70	过氧化苯甲酰	适量
竹粉（BF）	30	氮化硼（BN）	适量
马来酸酐（MA）	适量		

（2）制备方法

将经过碱处理改性后的 40 目、60 目、80 目、100 目的竹粉在 130℃条件下真空干燥 12h，均干燥至含水率小于 1％；PHBV 在 80℃下真空干燥 12h，然后通过共混、挤出造粒和注塑成型制备样品。将经过干燥的竹粉、PHBV、各种助剂在高速共混机中以 3000r/min 共混 5min，然后使用转矩流变仪（单螺杆）进行共混挤出。挤出机温度设置为：155℃、160℃、165℃、168℃（从加料口到口模），螺杆转速为 60r/min。

（3）产品性能

以生物基可降解塑料 PHBV、竹粉为原料，马来酸酐为偶联剂，氮化硼为成核剂，通过共混挤出 PHBV/竹粉复合材料，随着竹粉粒径从 40 目增加到 100 目，复合材料的拉伸模量、拉伸强度、弯曲模量、弯曲强度、缺口冲击强度、热变形温度均呈逐渐减小的趋势；断裂拉伸应变和无缺口冲击强度呈逐渐升高的趋势。

8.4.6.7 增塑 PHBV/PBS 复合材料

（1）产品配方

	1#	2#
PHBV	80	80
PBS	20	20
TEC	10	
PEG200		10

（2）制备方法

将增塑剂 PEG、TEC 按不同配比加入 PHBV/PBS（80：20）共混物中，分别在双螺杆中混合加工，挤出机温度为：130℃、165℃、177℃、177℃、177℃、177℃，喂料速度为 10r/min，螺杆转速为 40r/min。

（3）产品性能

随着增塑剂添加量的增加，复合材料性能发生显著变化。当 PEG 和 TEC 用量均为 10 份时，复合材料的熔体指数分别增大到纯 PHBV/PBS 的约 3 倍和 1.8 倍；PEG 和 TEC 均使复合材料的拉伸断裂拉伸应变先增加后减少。其中，PEG 和 TEC 的含量分别为 8.5 份和 10 份时，复合材料有最大断裂拉伸应变。

参考文献

[1] 孟祥福，王建春，曹胜利，等.可光降解聚丙烯/黏土纳米复合物的制备与表征 [J].粉末冶金材料科学与工程，2008，13（6）：361-364.

[2] 顾书英，詹辉，任杰，等.聚乳酸/PBAT共混物的制备及其性能研究 [J].中国塑料，2006，20（10）：39-42.

[3] 王艳玲，戚嵘嵘，刘林波，等.聚乳酸基木塑复合材料的相容性研究 [J].工程塑料应用，2008，36（1）：20-23.

[4] 宋丽贤，姚丽娜，宋英泽，等.木粉/聚乳酸可降解复合材料性能研究 [J].功能材料，2014，45（5）：05037-0504+5044.

[5] 冯玉林，殷敬华，姜伟，等.环氧基团功能化弹性体增韧聚乳酸的性能 [J].高等学校化学学报，2012，33（2）：400-403.

[6] 杨关娟，薛平，张军.聚乙二醇对聚乳酸/热塑性淀粉复合材料性能的影响 [J].工程塑料应用，2009，37（12）：38-41.

[7] 郭扬，崔玉祥，孙树林，等.核-壳结构粒子MBS增韧聚乳酸的性能研究 [J].塑料工业，2014，42（8）：46-50.

[8] 焦建，钟宇科，焦蒨，等.TPS/PBAT混体系的结构、性能和形态研究 [J].合成材料老化与应用，2013，42（3）：16-19.

[9] 迟丽萍，张婷婷，谭洪生，等.椰壳纤维/PBS可降解复合材料的研究 [J].上海化工，2017，42（5）：20-25.

[10] 赵芸茜.吹膜级PBS/PLA复合材料的制备与性能研究 [J].工程塑料应用，2016，44（1）：41-44.

[11] 王勋林，宫恩寿，杜风光，等.碳酸钙改性聚碳酸亚丙酯研究 [J].塑料工业，2011，39（10）：48-51.

[12] 潘莉莎，熊亚林，庞素娟，等.聚碳酸亚丙酯/木质素熔融共混改性研究 [J].中国造纸，2011，30（11）：26-30.

[13] 王勋林，吴胜先.聚碳酸亚丙酯增韧聚乳酸研究 [J].塑料工业，2012，40（12）：26-28.

[14] 王闻，王希媛，翁云宣，等.二苯基甲烷二异氰酸酯扩链改性聚碳酸亚丙酯 [J].中国塑料，2017，31（2）：94-98.

[15] 纪雨辛，李新功，唐钱，等.竹纤维增强聚己内酯复合材料制备工艺 [J].林产工业，2016，43（5）：25-29.

[16] 肖森，杨其，蔡胜梅，等.PCL增韧PLA共混材料的制备与性能研究 [J].塑料工业，2010，38（6）：15-18.

[17] 刘文杰，周建平，黎永生，等.ATBC对3D打印用PLA/PCL线材的制备与性能影响 [J].功能材料，2017，48（11）：11162-11173.

[18] 段雨婷，许国志.PLA/PHBV共混改性研究 [J].中国塑料，2017，31（1）：29-35.

[19] 张效林，李佳，邓祥胜，等.废纸纤维/微晶纤维素增强PHBV复合材料性能研究 [J].功能材料，2018，49（8）：08097-08101.

[20] 翁云宣，吴丽珍，周迎鑫，等.增塑剂对PHBV/PBS共混物性能的影响 [J].中国塑料，2013，27（1）：36-41.

9

废旧塑料回收与应用实例

9.1　概况

　　高分子材料科学与工程技术的发展非常迅猛。近半个世纪以来，由于 Ziegler-Natta 引发剂系列的问世及高分子科学与合成技术的飞速进步，相关学科和技术的进展有力促进了高分子材料工业的发展；高分子材料加工机械设备的更新及各类加工助剂的开拓，使以塑料、橡胶、纤维为主体的高分子材料制品产业发生了巨大变化，并开创了以塑代木、代钢、代瓷的高分子材料新阶段。

　　塑料在给人们带来巨大的物质文明的同时，其废弃物的产生也给人们提出了严峻挑战。废旧塑料的回收利用对于节约能源、减少废料体积、降低废旧塑料对环境的危害及抑制油价上涨都有重要的社会和经济意义。塑料的主要成分是合成树脂，还有添加的各种辅助材料，如填料、增塑剂、润滑剂、稳定剂、着色剂等。塑料品种主要分为聚乙烯（PE）、聚丙烯（PP）、聚酯（主要指聚对苯二甲酸乙二酯，PET）、聚苯乙烯（PS）、聚氯乙烯（PVC）等。不同的塑料和不同的加工工艺，其回收利用途径也大不一样。

9.2　废旧塑料的分选

　　自改革开放以来，随着经济的持续高速发展与城市化的迅速扩大，由此带来的生活垃圾任意堆放、大量侵占土地、环境污染严重、资源大量浪费等问题，已成为影响环境保护和可持续发展的重要因素。由于城市生活垃圾是多种废弃物的混合体，一般采取卫生填埋、堆肥、焚烧等处置技术，通过生活垃圾分类改变垃圾的混杂性是实现生活垃圾分类处置、处理的资源化、减量化、无害化的重要前提。在生活垃圾分类方面，西方发达国家经过半个多世纪的研究和经验积累，已经形成了各自完整的分类体系，并取得了显著成效，对我国生活垃圾分类有着重要参考意义。

　　无论后期生活垃圾处理工艺路线焚烧、生化处理、填埋的技术如何纯熟过硬，实施如何严密合规，如果没有前端的有效分类，就都无法有序进行。我国关于生活垃圾管理方面的研究和技术应用主要从 20 世纪 80 年代末开始，最初重点关注垃圾的是末端处理处置。到 90

年代后期，生活垃圾管理逐渐由末端处置向全过程方向延伸、由单一处理方式向综合处理系统方向发展。生活垃圾分类的概念也是在 20 世纪 90 年代末进入中国，对国人而言已不再陌生，但真正落实起来，情况却不容乐观。

自 2000 年，我国确定将北京、上海、广州、深圳、杭州、南京、厦门、桂林八个城市作为生活垃圾分类收集试点城市至今，生活垃圾分类寻求突破势在必行。

传统的塑料生活垃圾分选方法主要有筛分、重力分选、风力分选、浮力分选、磁力分选、电力分选、静电分选、电磁分选及光电分选等。随着社会的发展，塑料生活垃圾分选也出现了一些新的技术。

9.2.1 筛分

筛分是依据固体废物的粒径不同，利用筛子将物料中小于筛孔的细粒物料透过筛面；而大于筛孔的粗粒物料则留在筛面上，完成粗细物料的分离过程。筛分包括物料分层、细粒透筛两个阶段。物料分层是完成分离的条件，细粒透筛是分离的目的。筛分主要可筛分出垃圾中的纸张、塑料、玻璃等有用物质。该方法的优点是生活垃圾中有近 90% 的物质为易筛物，因而通过碰撞可以导致物质通过筛孔的可能性增大，使得分选效率上升；缺点是生活垃圾组分复杂及成分不规则，易导致分选效率有极大波动。

目前，应用于塑料垃圾处理行业的筛分设备主要有张弛筛、滚筒筛和圆盘筛三类。张弛筛通过柔性网面的张弛运动实现粒径分级和自清筛面的功能，多用于含水率较高的塑料垃圾及小粒径组分的分离。滚筒筛按粒径分级和处理量的不同可分为单节单级、单节多级、双节多级的结构类型，设备通用性强，效率较高，适合不同尺寸物料的分离，但需要拆换筛面。圆盘筛多用于塑料垃圾的初、预筛，可以通过调节圆盘轴之间的距离适应不同尺寸物料的分离，且具有自净能力，不必采用另外的清理装置，但筛分过程中可能会有长绳类物料缠绕的问题出现。

9.2.2 重力分选与风力分选

重力分选是根据固体废物中不同物质间的密度差异，使颗粒群在运动介质中受重力、介质动力和机械力的作用，发生结构松散及迁移分层，从而得到不同密度产品的分选过程。风力分选与重力分选的原理一致，其实施方法是以气体为分选介质，在气体流动的作用下，轻物料被向上吹向水平较远处；而重物料则由于惯性，只能在水平方向抛出较近的距离，这样固体废物颗粒即可按密度和粒度实现分离。风力分选适用于重物质与塑料的分选，但能耗偏大，尤其是在塑料分选的终处理中会表现出较低的分选率。这是因为分选机内气流复杂，且终处理时塑料纯度的波动性大，在这种情况下，仅存在的较窄风速范围，使分选效率只能维持在 80% 左右。风选设备主要用于城市生活垃圾中轻质物料（如纸张、塑料薄膜等）的自动分选。按主体空间布置分为卧式风选机和立式风选机。卧式风选机结构简单、维修方便，但精度不高，常与破碎机和滚筒筛配合使用。立式风选机又可分为下鼓风、上抽风和鼓抽风结合等多种形式，具有占地面积小、布置灵活、分选精度高等特点。

9.2.3 浮力分选

浮力分选（简称浮选）原用于废旧塑料分选，主要针对表面性质不同的物料进行分选。该技术通过投加浮选剂，使物料借助气泡的浮力作用，从物料的悬浮液中分离。浮选与物料表面性质有关，而与其密度无关。能浮出液面的物质，对空气的表面亲和力比对水的表面亲和力大。颗粒能否高效地附着在气泡上，取决于能否最大限度地提高颗粒的表面疏水性。所以，在浮选工艺中选择和使用浮选剂是调整物料可浮性的主要外因。

9.2.4　磁力分选

磁力分选（简称磁选）原用于选矿工艺，主要针对磁性不同的物质进行分选。磁选有两种类型：一种是传统磁选法，直接用于磁性和非磁性物质的分选；另一种是磁流体分选法，先将物料在磁场中按磁性差异分离，之后按密度差异进行分离。当固体废物中各组分间的磁性差异小而密度或导电性差异较大时，采用磁流体可以进行高效分离。磁选技术相对成熟，现主要用于生活垃圾与焚烧灰渣中磁性物质的资源化回收。

9.2.5　电力分选与静电分选

电力分选适用于分离导电性不同的导体、半导体和非导体，是利用固体废物中各组分在高压电场中电性的差异而实现分选。将废物颗粒用给料斗均匀输入滚筒，颗粒随着滚筒的旋转而进入电晕电场区，此时导体和非导体都获得负电荷，因它们进入静电区时的放电速度不同，从而实现分离。电力分选法分离耗能较少、结构紧凑，对重力分选法无法分离的塑料易于分选，但该方法对分选物料的湿度及粒度要求较高。

静电分选主要针对生活垃圾中的废旧塑料。该技术通过不同种类的物料在一个容器中相互碰撞摩擦起电，使之分别带正、负电，并从排料口排出，进入由正、负电极形成的静电场，利用旋转电极使其产生静电感应，带正电的物料被吸到负电极一侧，从而实现分选。该类技术可将混合塑料分离成纯度达到99％以上的单类塑料。

9.2.6　电磁分选

电磁分选技术一般应用于废旧电池分类。利用电磁传感器原理，按照电池的内部结构和物质成分进行分选。当电池处于激励线圈产生的高频磁场时，电池的不同结构和物质成分产生不同的涡流，此时探测线圈通过探测涡流在电磁场中产生的变化来鉴别电池的种类。电池的分类过去由人工完成，电磁传感器因为能快速鉴别电池的内部结构和物质成分，因而效率可大幅提高。

9.2.7　光电分选

光电分选又称颜色分选，原用于农业选种，主要利用物质表面的光反射的特性不同来鉴别垃圾的种类。此技术要求先对垃圾进行预分类，之后由给料系统将垃圾物料均匀输送至光检系统，光检系统通过光源照射，显示出物料的颜色及色调。若预选物料的颜色与背景颜色不同，高频气阀被驱动，利用高压气体将物体吹离原来的轨道使物料分离。光电分选法适合于块状垃圾的分选。对于破碎后的细颗粒物质，由于光谱中某些波段会发生偏移，难以分选。此外，也不宜分选厚度薄的片状垃圾或黑色垃圾。

光电分选设备是近年来国外发展起来的一项新技术装备，目前在国内已有应用。光电分选多用于不同种类塑料的分离，但易受物料清洁程度、光谱差异显著性等影响。与光电分选原理类似的还有红外光分选机和颜色分选机。红外光分选机主要用于塑料瓶的分选，可将塑料分类为聚氯乙烯、聚丙烯、聚苯乙烯、聚乙烯、聚对苯二甲酸乙二酯等。颜色分选机主要用于玻璃瓶的分选，可利用瓶子的透光性，根据其颜色将单行排列的瓶子进行分类。

9.2.8 新分选技术

9.2.8.1 红外吸收光谱分析技术

红外吸收光谱分析技术主要是因为混合塑料的再生利用需要较高的鉴别准确度而发展起来的。其利用有机物的不同官能团在红外光照射下会产生相应的光谱图，而这些红外光谱又各有不同，由此作为精确鉴定的依据。按红外光波长不同，将红外吸收光谱分析技术主要划分为近红外分析技术（NIR）和中红外分析技术（MIR）。近红外区的波长范围为 $0.75 \sim 2.5 \mu m$，中红外区的波长范围为 $2.5 \sim 25 \mu m$。该技术响应时间短，灵敏度高，穿透试样的能力强，对体积大、光径长的物料（如塑料瓶）其谱图也可准确记录且重现性好。但 NIR 一般不适于鉴别黑色或深色的塑料，且某些峰有时不清晰，需要一些新光源来克服这一缺点。

9.2.8.2 图像识别技术

图像识别技术主要针对特定的垃圾进行分选。该方法通过工业相机对目标区域不断进行拍摄，图像经计算机处理，当识别为特定形状及颜色的物体时发出信号，继电器控制相应的气动电磁阀，使气流从喷嘴喷出，将颗粒吹至相应物体容器中，从而达到分选的目的。图像处理技术的影响因素较多，主要有供料系统、图像识别算法及颗粒种类等。

9.2.8.3 变重分选

变重分选是轻物质分选中的创新分选技术。该项技术根据塑料与纸等轻物质的亲水性差异，将一次风力分选后的混合物料在水池中浸泡一段时间后捞出，通过液压系统对浸湿的垃圾进行挤压，大部分水分挤出后，混合物料的密度发生改变。纸等由于吸水性强，挤压后体积变小，密度增大；塑料的吸水性差，挤压后体积变化不大，密度几乎不增加。塑料与纸等物料的相对密度关系即可从均为轻物料转化为轻重物料的混合。此时进行二次风力分选，可将塑料和纸成功进行分离。该方法分选塑料工序少、节省投资，但会使垃圾的含水率发生改变。

9.2.8.4 温度传感技术

现有的温度传感技术主要通过热源识别，利用 X 射线及热源将 PVC 从混合塑料中识别出来；或通过温差识别出不同物体，利用各种塑料脆化温度的不同，加热后于低温下通过热传感技术，可进行有选择地分选。同样的方法可适用于不同材质的固体垃圾。该分选技术可将生活垃圾大致分为有机物、无机物及金属，有一定的实用价值，但在实检方面还略显不足，有待进行深入研究。

9.3 废旧塑料的鉴别

日常生活中有大量塑料制品，可以被回收利用。对于初入再生塑料行业的新手，识料是基本的，也是最为重要的。塑料制品区别方法也很多，可以根据用途、原料、密度来区分等。

9.3.1 标记区分

我们国家及国际上对废旧塑料有统一的回收标志，即常用塑料回收标识。塑料制品回收标识，由美国塑料工业协会（Society of the Plastics Industry，现已更名为 Plastics Industry Association）于 1988 年确定。这套标识将塑料材质辨识码打在容器或包装上，从 1 号到 7 号，让民众不必费心去学习各类塑料材质的异同，就可以简单加入回收工作的行列。每个塑料容器都有一个小小的身份证，即一个三角形符号，一般就在塑料容器的底部。三角形里边有 1～7 数字编号，每个编号代表一种塑料。

回收标志中不同的数字表示该制品是用何种树脂制成。如果制品是由几种不同材料制成，则标示的是制品主要、基本的材料。目前这种标示方法已经被包括我国在内的很多国家接受和引用。在我国，塑料制品标注回收标志是非强制性的，一些正规的大品牌企业为了方便塑料制品的回收，近来纷纷开始标注回收标志。

塑料制品底部的回收标识就像是每个塑料容器的小小身份证，它们的制作材料不同，使用上也存在不同。

① "01" 为 PET（聚对苯二甲酸乙二酯） 矿泉水瓶、碳酸饮料瓶都是采用这种材质做成的。这种材料可耐热至 70℃，只适合装暖饮料或冻饮料，装高温液体或加热则易变形，溶出对人体有害的物质。此外，科学家还发现，这种塑料制品当用了 10 个月后，可能会释放出致癌物，对人体具有毒性。因此，饮料瓶等用完了就应丢掉，不要再用来作为水杯，或者用来作储物容器盛装其他物品，以免引发健康问题。

② "02" 为 HDPE（高密度聚乙烯） 盛装清洁用品、沐浴产品的塑料容器，目前超市和商场中使用的塑料袋多是此种材质制成，可耐 110℃高温，标明食品用的塑料袋可用来盛装食品。承装清洁用品、沐浴产品的塑料容器可在小心清洁后重复使用，但这些容器通常不好清洗，容易残留原有的清洁用品，变成细菌的温床，如清洁不彻底，最好不要循环使用。

③ "03" 为 PVC（聚氯乙烯） 据介绍，这种材质的塑料制品易产生的有毒有害物质主要来自于两个方面：一是生产过程中没有被完全聚合的单分子氯乙烯；二是增塑剂中的有害物质。这两种物质在遇到高温和油脂时容易析出，有毒物质随食物进入人体后，容易致癌。目前，这种材料的容器已经较少用于食品包装。如果再使用，千万不要让它受热。

④ "04" 为 LDPE（低密度聚乙烯） 保鲜膜、塑料膜等都是这种材质，耐热性不强。合格的 PE 保鲜膜在温度超过 110℃时会出现热熔现象，留下一些人体无法分解的塑料助剂；并且，采用保鲜膜包裹食物加热时，食物中的油脂很容易将保鲜膜中的有害物质溶解出来。因此，当食物送入微波炉时，先要取下包裹着的保鲜膜。

⑤ "05" 为 PP（聚丙烯） 微波炉餐盒常采用这种材质制成，耐 130℃高温，透明度差。它可以放进微波炉作为塑料盒，在小心清洁后可重复使用。需要特别注意的是，一些微波炉餐盒，盒体是以 05 号 PP 制造，但盒盖却以 06 号 PS（聚苯乙烯）制造。PS 透明度好，但不耐高温，所以不能与盒体一并放进微波炉。为保险起见，容器放入微波炉前，应先把盖子

取下。

⑥ "06" 为 PS(聚苯乙烯)　这是用于制造碗装泡面盒、发泡快餐盒的材质，又耐热，又抗寒，但不能放进微波炉中，以免因温度过高而释出化学物；并且不能用于盛装强酸性、强碱性物质，因为会分解出对人体不好的聚苯乙烯。因此，应尽量避免用快餐盒打包滚烫的食物。

⑦ "07" 为 PC(聚碳酸酯)　PC 是被大量使用的一种材料，尤其多用于制造奶瓶、太空杯等，因为含有双酚 A 而深受争议。专家指出，在理论上，只要在制作 PC 过程中，双酚 A 会百分百地转化成塑料结构，便表示制品中完全没有双酚 A，更谈不上释出。只是若有少量双酚 A 没有转化成 PC 的塑料结构，则可能会释出而进入食物或饮品中。因此，在使用此塑料容器时要格外注意。PC 中残留的双酚 A，温度越高，释放越多，速度也越快。因此，不应以 PC 水瓶盛装热水。如果水壶编号为 07，以下列方法可降低风险：使用时勿加热，勿在阳光下直射；不用洗碗机、烘碗机清洗水壶；第一次使用前，用小苏打粉加温水清洗，在室温下自然烘干。如果容器有任何摔伤或破损，建议停止使用，因为塑料制品表面如果有细微的坑纹，容易藏细菌。应避免反复使用已经老化的塑料器具。

9.3.2　燃烧法鉴别

专业人员可通过燃烧与气味来区别塑料制品。例如：聚丙烯（PP）容易熔融滴落，上黄下蓝，烟少，继续燃烧，有石油味；聚乙烯（PE）容易熔融滴落，上黄下蓝，继续燃烧，有石蜡燃烧气味；聚氯乙烯（PVC）难软化，上黄下绿，有烟，离火熄灭，有刺激性酸味；聚甲醛（POM）容易熔融滴落，上黄下蓝，无烟，继续燃烧，有强烈刺激甲醛味；聚苯乙烯（PS）容易软化起泡，橙黄色火焰，浓黑烟，炭末，继续燃烧表面油性光亮，有特殊苯乙烯气味；尼龙（PA）熔融滴落，起泡，慢慢熄灭，有烧焦羊毛味；聚甲基丙烯酸甲酯（PMMA）容易熔化起泡，浅蓝色火焰，无烟，继续燃烧，有强烈花果臭味、腐烂蔬菜味；聚碳酸酯（PC）容易软化起泡，有少量黑烟，离火熄灭，花果臭味；聚四氟乙烯（PTFE）不燃烧，在烈火中分解出刺鼻的氟化氢气味；聚对苯二甲酸乙二酯（PET）容易软化起泡，橙色，有少量黑烟，离火慢慢熄灭，有酸味；丙烯腈-丁二烯-苯乙烯共聚物（ABS）缓慢软化燃烧，无熔融滴落，黄色，黑烟，继续燃烧有特殊气味。

9.3.3　根据用途区分

专业人员还可根据用途来区分塑料种类，但是在区分方法中，聚乙烯、聚丙烯有些相似的地方，丙烯腈-丁二烯-苯乙烯共聚物与聚苯乙烯也有些相同的地方，因此区分不是特别精细。

9.3.3.1　聚乙烯

常见制品：手提袋、水管、油桶、饮料瓶（钙奶瓶）、日常用品等。高压与线型 PE 经常用于膜类，像工业膜、农业膜、方便袋等。而低压 PE 可以用于包装、注塑、中空等。

9.3.3.2　聚丙烯

常见制品：盆、桶、家具、薄膜、编织袋、瓶盖、汽车保险杠、无纺布等；用于拉丝、注塑、管材则较多。

9.3.3.3　聚苯乙烯

常见制品：文具、杯子、玩具、食品容器、家电外壳、发泡方面的包装材料、电气配件等。主要用于注塑、发泡、吸塑等。

9.3.3.4　聚氯乙烯

常见制品：板材、管材、鞋底、玩具、门窗、电线外皮、文具、医疗用品等。用于摩托车配件时，注塑产品较多。

9.3.3.5　聚对苯二甲酸乙二酯

常见制品：瓶类制品如可乐、矿泉水瓶等，主要用于化纤、注塑等。

9.3.4　根据外观手感区分

从业人员可根据外观与手感来进行区分，塑料品种见得多了，一看便知其主要成分。所以，以外观区分在这方面也是非常重要的。

9.3.4.1　聚乙烯

感官鉴别：手感柔软，白色透明，但透明度一般，常有胶带及印刷字（胶带和印刷字是不可避免的，但一定要控制其含量，因这些会影响其在市场上的价格）。

未着色时呈乳白色半透明，蜡状；用手摸制品有滑腻的感觉，柔而韧；稍能伸长。一般低密度聚乙烯较软，透明度较好；高密度聚乙烯较硬。

9.3.4.2　聚丙烯

感官鉴别：本品白色透明，与LDPE相比透明度较高，揉搓时有声响。

未着色时呈白色半透明，蜡状；比聚乙烯轻。透明度也较聚乙烯好，比聚乙烯刚硬。

9.3.4.3　聚氯乙烯

本品为微黄色半透明状，有光泽。透明度胜于聚乙烯、聚苯烯，差于聚苯乙烯。随助剂用量不同，分为软、硬聚氯乙烯，软制品柔而韧，手感黏；硬制品的硬度高于低密度聚乙烯，而低于聚丙烯，在屈折处会出现白化现象。

9.3.4.4　聚苯乙烯

本品在未着色时透明。制品落地或敲打时，有金属似的清脆声，光泽和透明度都很好，类似于玻璃，性脆易断裂，用手指甲可以在制品表面划出痕迹。改性聚苯乙烯为不透明。

9.3.4.5　聚对苯二甲酸乙二酯

本品透明度很好，强度和韧性优于聚苯乙烯和聚氯乙烯，不易破碎；白色透明，手感较硬，揉搓时有声响；外观似PP。

9.3.5 区分膜类废旧塑料方法

9.3.5.1 外观鉴别法

各种塑料薄膜及玻璃纸各有自己的特有外观，如光泽、透明度、色调、光滑性等，从外观来鉴别薄膜是一种比较简单易行的方法。无色透明、表面有漂亮的光泽、光滑且较挺实的薄膜是拉伸聚丙烯、聚苯乙烯、硬质聚氯乙烯、聚酯、聚碳酸酯和醋酸纤维素薄膜。手感柔软的薄膜是软质聚氯乙烯、聚偏二氯乙烯、聚乙烯醇等薄膜。介于上述两者之间的是未拉伸聚丙烯、尼龙拉伸薄膜。透明薄膜经过揉搓后变成白色或乳白色的是聚乙烯、聚丙烯等。另外，将薄膜一端固定后振动，发出金属声音的则是聚酯、聚苯乙烯等薄膜。将两个薄膜重叠时，滑爽性差的则是聚偏二氯乙烯、软质聚氯乙烯、低密度聚乙烯、乙烯-醋酸乙烯酯共聚物、尼龙（未拉伸）等薄膜。

压花薄膜、收缩薄膜等经过加工的薄膜与未加工薄膜的特性有些不同，所以鉴别时要加以注意。薄膜外观特性见表 9-1。

表9-1 薄膜外观特性

薄膜种类	光泽	透明度	挺力	光滑性
聚乙烯(低密度)	○	△ ○	× △	△
聚乙烯(中密度)	○	△ ○	× △	△
聚乙烯(高密度)	△ ○	× ○	○	○
乙烯-醋酸乙烯酯共聚物	○	○	×	△
聚丙烯(未拉伸)	○ ☆	○ ☆	○	△
聚丙烯(双向拉伸)	☆	☆	☆	○
软质聚氯乙烯	☆	☆	× △	△ ○
硬质聚氯乙烯	☆	☆	☆	☆
聚苯乙烯(拉伸)	☆	☆	☆	☆
聚偏二氯乙烯	☆	☆	× △	× △
聚酯	☆	☆	☆	☆
尼龙(未拉伸)	☆	○ ☆	△	△
尼龙(双向拉伸)	☆	☆	☆	☆
聚氨酯	○	○	×	× △
聚乙烯醇	☆	☆	× △	× △
普通玻璃纸	☆	☆	☆	☆
聚碳酸酯	☆	☆	☆	△ ○
醋酸纤维素	☆	☆	☆	☆

注：1. ☆—优；○—良；△—中等；×—差。

2. 温度高的时候，有些薄膜性能指标下降。

9.3.5.2 物理性能试验鉴别法

各种薄膜具有不同的物理性能，如强度、延伸率、撕裂强度、耐冲击强度、受热后的收缩性等。通过对这些物理特性的试验，可以在某种程度上鉴别薄膜的种类。

9.3.5.3 燃烧试验法

将小片薄膜用火点燃，观察其性质与状态的变化、燃烧的难易程度、自燃性的有无（离开火焰后是否继续燃烧）、火焰气味、火焰及烟的颜色、燃烧后残渣的颜色和状态等。

一般薄膜在点火后都可燃烧，而聚氯乙烯、聚偏二氯乙烯等则是难燃型薄膜。不同的薄膜，燃烧时生成的火焰颜色和状态各不相同，如果积累了丰富的经验，此法则是简便易行的方法。如果因经验不足而不能确定共聚物是否混有油墨、颜料、增塑剂及其他添加剂等成分时，可与已知薄膜试样进行对比试验来鉴别。

9.3.5.4　显色反应试验法

显色反应试验法是将某种试剂滴在薄膜表面，便可显示出薄膜特有的颜色，这是一种根据薄膜特有的官能基显色来鉴别薄膜种类的方法。采用这种方法的有利伯曼-斯托赫-莫拉夫斯基显色反应、醋酸鉴别法、缩二脲反应等鉴别方法。这些鉴别法适用于大部分薄膜，但用于这些试验的薄膜，必须是比较纯的、无色的薄膜。鉴别时要注意由于含有增塑剂而产生的差异。

9.3.5.5　溶解性试验

将薄膜试片浸于各种有机溶剂中进行观察，根据溶解性的不同，可鉴别薄膜的种类。采用这种鉴别方法，有时由于构成薄膜的分子聚合度的增加，或者由于延伸形成结晶而产生不易溶解的现象。因此，往往不能立即得出确切的结论。另外，薄膜如含有增塑剂等添加剂时，也会影响其溶解性。因此，有必要同其他方法并用。

9.3.5.6　红外线吸收光谱试验

这种测试方法是用仪器来分析复杂共聚物的成分，操作方法比较简易，即把红外线照在薄膜上，使薄膜吸收红外线，但不同的薄膜吸收的量不同。这种方法可以鉴别薄膜的构造。红外线吸收光谱仪是衍射光栅，将光源射出的光分光，分为 $2.5 \sim 25\mu m$（实际是 $16\mu m$）的波长，将光谱从 $2.5\mu m$ 依次照射于薄膜上，记录其光透过率，便可以进行定性测定和定量测定。各种薄膜的红外线吸收光谱图可查阅有关专著。

另外，通常市场出售的薄膜中含有增塑剂、填充剂、颜料等，复合材料中还有黏合剂。因此，在鉴别薄膜时是否应把这些因素考虑在内，是有很大差别的。为了更准确地鉴别，最好与前述其他简易鉴别法并用。

9.4　热塑性废旧塑料的回收利用

9.4.1　废旧聚乙烯的回收利用

在废旧聚乙烯制品中，大量制品是农膜。我国是一个农业大国，使用农膜、棚膜的数量与日俱增。专用性农膜，如除草膜、无滴膜、有色膜、可控光微生物降解膜等商品逐渐增多。农膜所采用的树脂基本都是 PE，一般是 LDPE/HDPE 并用、LDPE/LLDPE 并用，以及单一的 LLDPE，或某种牌号的 HDPE。PE 系列的农膜约占农膜总量的 85%，其次是 PVC 膜。

PE 农膜可以用来再生粒料，PE 再生粒料仍可用来生产农膜，也可用来制造化肥包装袋、垃圾袋、农用再生水管、栅栏、垃圾箱和土工材料等。下面试举废旧农膜再生利用的例子。

9.4.1.1 回收聚乙烯料生产塑料桶

(1) 产品配方

回收聚乙烯	100	防老剂(1010)	0.1
白油(或二辛酯)	0.2~0.6	颜料	适量

(2) 制备方法

回收聚乙烯再生料，经过原料配合过程，挤出型坯，趁热加入模具；闭模，充气吹胀，保压下冷却定型，放气，脱模，修边成为成品。其中，挤出机各段温度控制：加料段为160~170℃，塑化段为（190±10）℃，机头温度为170~180℃，模具温度为50℃。

(3) 产品性能

该产品加工过程简单易行，原料成本低，综合性能能够满足中低档用户需求。

9.4.1.2 回收HDPE料生产周转箱

(1) 产品配方

废高密度聚乙烯(HDPE)	100	石蜡	0.5
高密度聚乙烯(HDPE,可不用)	5~8	防老剂	0.2
润滑剂(硬脂酸)	0.8	活性碳酸钙	3~7

(2) 制备方法

回收聚乙烯再生料经过原料配合过程，挤出造粒，注塑成型得到产品。其中，料筒温度为180~230℃，喷嘴温度为170~190℃，注塑压力为60~150MPa，模具温度为50~70℃。

(3) 产品性能

该产品加工过程简单易行，原料成本低，综合性能能够满足中低档用户需求。

9.4.2 废旧聚丙烯的回收利用

聚丙烯在使用过程中会发生老化。在加工过程中，其分子结构也会发生变化。高温氧化、机械剪切等均会引起链剪断反应，导致发生交联反应和降解反应，大大影响分子量分布，从而改变聚丙烯材料的流变性能、力学性能等。聚丙烯应用场合不同，其废料的力学性能也不一样；使用过的高分子材料因存在引发剂等，缺陷降解速率会加快。因此，要调整再生材料体系的稳定性，通过添加稳定剂可使再生料的稳定性有较大提高或改善。对于使用过程中性能改变不多的废塑料，物理加工是再生利用的主要方法。

9.4.2.1 废旧聚丙烯再生料生产聚丙烯填充母料

(1) 产品配方

PP再生料	30	有机过氧化物粉末	适量
钛酸酯偶联剂	0.7	分散剂聚乙烯蜡	15
无机填料硅灰石	5~30		

(2) 制备方法

制备过程主要包括如下：①在高速混合机中将硅灰石干燥约20min；②高速活化硅灰石，温度为100~110℃，活化时间为15min；③将PP再生料、分散剂、助剂与活化后的硅灰石一起高速混合均匀；④挤出造粒。

（3）产品性能

该产品加工过程简单易行，原料成本低，回收 PP 的拉伸强度较低，一般制品在 18～25MPa 左右，综合性能能够满足中低档用户需求。

9.4.2.2　废旧聚丙烯制备打包带

（1）产品配方

PP 再生料	100	碳酸钙	5～30
偶联剂	0.3～1	亚乙基双硬脂酸酰胺（EBS）	0.1～0.5
无机填料硅灰石	5～30		

（2）制备方法

首先，经过挤出造粒过程，得到改性粒料；然后，在挤出机挤出后经过拉伸工艺。物料出挤出机口模后立即进行冷水冷却，同时进行第一次拉伸，拉伸由一对压花辊在压花的同时进行牵引拉伸；第二次拉伸在压花辊之后的烘箱内进行。

（3）产品性能

该产品加工过程简单易行，原料成本低，回收 PP 的拉伸强度较低，一般制品在 18～25MPa 左右，综合性能能够满足中低档用户需求。

9.4.3　聚氯乙烯的回收利用

聚氯乙烯（PVC）制品很多，按增塑与否可分为硬质与软质两大类。硬质 PVC 制品是用较低分子量 PVC 加 15% 冲击改性剂和 3% 加工助剂生产的；而分子量较高的 PVC 难于加工，通过加增塑剂则可加工为软质 PVC 制品。

PVC 制品在加工中添加大量的添加剂以保证制品的性能。在使用过程中，其受外界条件的影响，PVC 树脂及这些添加剂会发生变化。因此，在 PVC 废料再生加工之前，应首先对废旧制品中 PVC 的分子量（或黏度）、双键结构、剩余添加剂种类及含量有一定了解，然后根据再生制品的要求，判断需添加的添加剂种类及用量。例如，可以添加适量的吸收 HCl 能力较强、热稳定效果较高的三盐基硫酸铅，有较强抗氧化性和紫外吸收能力的二盐基亚磷酸铅以及有光稳定作用的甲基苯甲酰肼等热稳定剂，以满足再生制品的要求。

由于未加入增塑剂，硬质 PVC 制品是可以回收利用的，但仅 PVC 瓶回收再生有市场价值，且硬质 PVC 制品一般都含有颜料，回收利用后只能用于深色制品。PVC 塑料鞋类的回收主要采用重新造粒的方法，将经分拣洗净的废旧 PVC 鞋料在双辊炼塑机上混炼。此时，根据废料的具体来源和质量，加入各种添加剂，经充分混炼后出片、切粒，经过滤挤出，制得再生粒料。

9.4.3.1　回收 PVC 生产制备井下管材粒料

（1）产品配方
功能性添加剂浓缩粒料配方

PVC（SLK-1000）	100	抗静电剂	15
DOP	20	复合热稳定剂	5
阻燃剂 TCEP	8	加工助剂	2.5
轻质碳酸钙（偶联剂处理）	25	抗静电增效剂	8

再生废旧塑料粒料配方

废旧塑料粉碎料	100	热稳定剂	2
轻质碳酸钙（偶联剂处理）	10	加工助剂	2.5
三氧化二锑	3.5		

（2）制备方法

① 功能性添加剂浓缩粒料的制备　PVC＋各种添加剂→高混机→冷混机→混炼挤出机造粒。造粒温度控制为：1区150℃、2区155℃、3区160℃、4区150℃，出口140℃。

② 再生废旧塑料粒料的制备　以各种废旧塑料袋为主要原料，经撕袋机碎成直径5mm以下的粉碎料备用。根据分析，该粉碎料中56%是PVC，27%是PE，12%是PP，5%是其他。所以，应把PVC看成其为主要成分。制备工艺：粉碎料＋各种添加剂→高混机→冷混机→混炼挤出机造粒。造粒温度控制为：1区160℃、2区170℃、3区180℃、4区170℃，机头温度为150℃。

③ 将功能性添加剂浓缩粒料与再生废旧塑料粒料按1:3比例称量后充分混匀，再由双螺杆硬质PVC管材挤出机拉制管材。a. 机身温度为：1区160℃、2区165℃、3区170℃；b. 模具温度为：1区175℃、2区16℃、3区150℃，出口温度为140℃。

（3）产品性能

该材料氧指数大于47.5%，内、外表面电阻小于0.57MΩ，拉伸强度大于18.1MPa，断裂伸长率大于65%，最小耐爆破压力大于8.6MPa。

9.4.3.2　回收PVC生产改性再生钙塑地板砖

（1）产品配方

废旧PVC膜	100	三盐基硫酸铅	2
硬脂酸	2	炭黑	适量
重质碳酸钙(325目)	350	二盐基亚磷酸铅	1
DOP	2.5		

（2）制备方法

将PVC与活性填料、加工助剂高速捏合后，由密炼机初步混合，再由开炼机进一步混合均匀，经牵引冷却后，由切割机切割配片，进入层压机模压成型，冷却后经冲床得到成品。

（3）产品性能

该材料其手感与质感可媲美大理石和瓷砖等天然材料，符合国家标准，可以用于装饰的铺地板材料。

9.4.4　聚苯乙烯的回收利用

废弃聚苯乙烯泡沫塑料制品的回收利用，不仅可以保护环境、节约能源，而且具有很好的经济效益。塑料制品的回收利用常采用直接利用和转换利用方式。

聚苯乙烯泡沫塑料（PSF）回收利用的主要途径有：减容后造粒；粉碎后用作各种填充材料；裂解制油或回收苯乙烯和其他。聚苯乙烯泡沫塑料可熔融挤出造粒制成再生粒料。但因其体积庞大，不便运输，通常在回收时需先减容。方法有机械法、溶剂法和加热法。废旧泡沫塑料被粉碎后，经过红外线照射加热，其体积减少到1/20以下；然后与特殊的水泥相混合，制成米花糖状的建筑材料。这种建筑材料的消声效果平均为60%，对某些频率的噪声抑制可达到90%以上。这种材料现已被用作各种隔声设施的墙壁和天花板。

　　聚苯乙烯泡沫塑料制品经粉碎后可用作填料，如混凝土复合板制品、石膏夹芯砖、沥青增强剂、土壤改性剂。裂解制油或回收苯乙烯，可用于制造涂料和黏结剂等。废聚苯乙烯泡沫塑料中加入防沉淀剂、增塑剂、酚醛树脂及其他助剂，可制成用于水泥、钢铁、木器的涂料。

9.4.4.1　废旧聚苯乙烯制备涂料

（1）产品配方

混合溶剂（工业品）	44	十二烷基苯磺酸钠（化学纯）	1.3
聚苯乙烯泡沫塑料废弃品	26	碳酸钙（工业品）	15
邻苯二甲酸二丁酯（化学纯）	1.4	滑石粉（工业品）	8
OP-10（化学纯）	1.3	钛白粉（工业品）	3

（2）制备方法

　　① 溶剂的配制　将所选市售石油裂解副产混合物经处理后作为主要溶剂，与乙酸乙酯按质量份10：1混合、搅拌均匀，即得本研究所用溶剂。

　　② 废旧聚苯乙烯泡沫的溶解　将废旧聚苯乙烯泡沫塑料去垢、粉碎后置于容器中，在常温下加入混合溶剂，经充分溶解并搅拌均匀。

　　③ 涂料的配制　在溶有废旧聚苯乙烯泡沫塑料的基料中按比例依次加入乳化剂十二烷基苯磺酸钠及OP-10，混合搅拌均匀；再按比例依次加入固体填料碳酸钙、滑石粉、体质颜料钛白粉、增塑剂邻苯二甲酸二丁酯，混合搅拌均匀，即得涂料。

（3）产品性能

　　该涂料在常温下速干，防水防腐性能好，黏附力大，抗冲击力强，其涂膜光亮、美观，应用广泛，尤其适于用作外墙涂料。

9.4.4.2　废旧聚苯乙烯制造新型轻质建筑材料

（1）产品配方

水泥	220	膨胀珍珠岩	100
聚苯乙烯颗粒	25		

（2）制备方法

　　将聚苯乙烯泡沫塑料切碎成小块，与其他助剂及水在搅拌机中混合搅拌，使聚苯乙烯泡沫块表面包覆一层水泥混合物，倒入木模具中，放置24h使水泥硬化，脱模后放置2d即得到成品。

（3）产品性能

　　该材料在相对湿度80%以下的吸湿量接近4%，可以承受冻融循环25次，性能接近同号膨胀珍珠岩制品。其可用于制成屋顶隔热板。

9.4.5　聚对苯二甲酸乙二酯（聚酯）的回收利用

　　在塑料行业，聚对苯二甲酸乙二酯（PET）主要用作薄膜和瓶，而薄膜可用作包装、装饰、录音带基或电容器绝缘，PET片也用作照相片基。薄膜物性黏度与瓶用物料有差异，因此回收利用时也稍有差异。

　　PET瓶大量用于可口可乐、百事可乐、雪碧等碳酸饮料，目前大部分是由PET瓶和HDPE瓶底组成。瓶盖材料为HDPE，商标为双向拉伸聚丙烯（BOPP）薄膜，采用EVA型黏结剂黏附于瓶身。聚酯瓶回收后再利用的途径有再生造粒、醇解和其他等方法。

PET 工业废料也可用作黏结剂。日本大阪市立工业研究所和富士照相软片公司用 PET 工业废料与甘油反应制成黏结剂，用于金属粘接。PET 工业废料用己二酸或缩乙二醇改性，也可制得热熔胶，用于柔性材料，如布、皮革、纸、塑料、铝等。

废旧 PET 薄膜、片或纤维加上丙二醇、苯乙烯、丙三醇、邻苯二甲酸酐、顺丁烯二酸酐、对苯二酚及催化剂反应后可制得不饱和聚酯，用来制造人造大理石。

9.4.5.1 废旧聚酯瓶制备 PET/PE 合金管

（1）产品配方

回收 PET 瓶片	75	接枝共聚相容剂（马来酸酐接枝聚乙烯）	5
PE 粉碎料	15		

（2）制备方法

根据配方将 PET 瓶片、PE 粉碎料、接枝共聚相容剂放入高速搅拌机内混合 5min，搅拌速度为 200r/min，温度为 25℃；再将混合料置于同向双螺杆挤出机中熔融挤出。其中，机筒温度分别为 180～190℃、210～230℃、240～260℃、260～270℃、260～270℃，机头温度为 260～270℃，牵引速度为 3.8mm/min；再经过定型、冷却、牵引、切割（卷取）等步骤，挤出即得成品管材。

（3）产品性能

该材料拉伸强度能达到 33.2MPa，冲击强度为 40.3kJ/m²，可用于非食品领域的管材需求，如排污管、工程预埋管等，具有一定的价格优势。

9.4.5.2 废旧聚酯瓶裂解制备聚酯清漆

（1）产品配方

废旧聚酯块	16	催化剂（乙酸锰、三氧化二锑）	0.03
乙二醇	14	改性剂	10
丙三醇	5.2	混合溶剂	40～50
丁二醇	4.8		

（2）制备方法

将乙二醇、丙三醇、催化剂先后加入反应釜中，加热至 210℃，分批投入废旧聚酯块；搅拌，通氮气，继续升温至 240℃，保温 2h，充分解聚，形成均一透明液；降温至 200℃，加入二元酸等改性剂，继续升温并接入真空泵在 1h 内使真空度达到 93MPa，温度为 250℃；保温 0.5h 后解除真空，降温至 120℃，加入混合溶剂；再经冷却、搅匀后得到成品。

（3）产品性能

聚酯清漆的干燥时间为 1.5h，附着力达到 1.6 级，耐水 200h 后无变化。

9.5 热固性废旧塑料的回收利用

9.5.1 热固性塑料应用现状及回收困境

目前，热塑性塑料加热熔化后可以重新塑性成型，而且工艺过程是可逆的，可以反复进行。因此，热塑性塑料废弃后能够回收再利用，各种回收技术发展较为成熟。例如聚氯乙烯（PVC）的回收工艺：收集废旧 PVC 塑料产品，经过破碎、清洗、甩干、加温塑化、拉丝、冷却、造粒等工序，得到粒状的 PVC 材料，再将其作为原料制造各种 PVC 塑料制品。

热固性塑料固化前是线型或带支链的，固化后分子链之间形成化学键，成为三维网状交联的体型结构。这类塑料一旦固化成型，就不能在一般溶剂中溶解，只能被强氧化剂腐蚀或在溶剂中溶胀，在加热时也不能再熔融或变软流动了，改变形状只能靠切削等二次加工。因此，热固性塑料回收目前缺乏有效的再生处理方法，其废弃物的再生利用面临严峻的挑战，循环利用极为困难。在国内回收行业，废旧热固性塑料由于再生困难而被忽视，二次废弃现象严重，处理方式采用填埋或者以焚烧的形式销毁处理，造成严重的资源浪费和环境污染。废旧热固性塑料过去被认为是不能回收利用的，存在的障碍和困难主要表现为以下两个方面。

① 热固性塑料由于非可逆的固化反应特性、非线型的网状体型结构，再次加热后无法熔融，不能在化学溶剂中溶解，因此无法再次塑性成型或塑性加工。这种性质使热固性塑料及其制品具有优良的力学性能和耐久性。但是，热固性塑料制品废弃后，其不熔化不溶解的性质却成为其再生利用的最大障碍，是有效回收必须解决的关键问题。

② 热固性塑料种类多，成分复杂，使用分散，寿命周期长，在产品拆解过程中分拣难度大。热固性塑料一般除了主要成分热固性树脂之外，还有种类众多、组成复杂的增强填充材料、固化剂和其他添加剂的存在，加大了热固性塑料的处理难度。

热固性塑料品种繁多，规格不一，广泛应用于各类不同的产品中。当这些产品达到寿命周期后，热固性塑料便随着主体产品同时被废弃，成为废旧热固性塑料的主要来源。由于热固性塑料存在难以回收再利用的困难，不适应于未来可持续发展的需要，因此热固性塑料在塑料总产量和总消费量所占的比例逐年下降。

就目前而言热固性塑料的产量和消费量仍然在增长，因为热固性塑料的优良性能是热塑性塑料无法代替的，主要用于隔热、耐磨、绝缘、耐高压电等恶劣环境中。在电子电气、汽车、航空航天等各工业领域，热固性塑料均得到广泛应用。例如，在汽车工业领域，聚氨酯、酚醛树脂等热固性塑料可以替代金属材料，用来生产汽车仪表板、车身外板、保险杠等内外饰件和功能件，可以实现汽车的轻量化设计，降低成本，节约能源。热固性塑料具有良好的绝缘性，随着计算机、电子电气等产业迅速发展，电气设备、印刷电路、半导体、微电子等产品的制造和封装都离不开热固性塑料。热固性塑料具有良好的耐热性，可以制造各种隔热板等耐热产品，还可以用作制造管道等工程材料。

因此，开展对废旧热固性塑料的再生利用研究，使热固性塑料成为资源节约型的环境友好材料，拓展热固性塑料的使用价值，对节约资源、保护环境、实现可持续发展具有重要意义。

9.5.2 热固性塑料的回收方法

9.5.2.1 常见的热固性塑料简介

由于热固性塑料种类繁多、结构复杂、回收困难，现按照化学成分进行分类，讨论常见热固性塑料的结构、性质和用途。

（1）聚氨酯（PU）

聚氨酯，全称为聚氨基甲酸酯，由各种异氰酸酯与多羟基化合物在催化剂的作用下加聚而成，是主链上含有重复氨基甲酸酯基团（NHCOO）高分子化合物的统称。三维网状孔结构是聚氨酯的基本单元，聚氨酯的各种性能都不同程度与孔结构有关。聚氨酯化学反应复杂，种类繁多，可分为软质泡沫塑料、硬质泡沫塑料、热固性弹性体、黏结剂、涂料、纤维和薄膜等。例如，聚氨酯硬质泡沫塑料是一种性能优良的绝热材料和结构材料，属于高度交联的热固性塑料，主要特点是质量轻、绝热效果好。另外，由于发泡剂、催化剂等助剂的品种及比例差别，赋予了其发泡性、弹性、耐磨性、耐低温性、耐溶剂性、耐老化性等优良性能。但是，聚氨酯塑料因为具有三维网状交联的分子结构，不能在溶剂中溶解，也不能加热熔化。目前大量聚氨酯废料来自各种聚氨酯塑料产品，如建筑、冰箱和冷库使用的绝热材料等。

（2）酚醛塑料（PF）

酚醛树脂是苯酚和甲醛在催化剂作用下的缩聚产物，酚醛塑料是以酚醛树脂为基体的塑料总称。酚醛塑料是最早人工合成和工业化生产的塑料品种之一，俗称胶木或电木，外观呈黄褐色或黑色，加热固化后，无法再次塑性成型，具有成本低、力学强度高、坚韧耐磨、耐高温、耐腐蚀、电绝缘性能好等优良特性，产量仅次于聚氨酯。目前大量热固性塑料广泛用于机械、电子电气、建筑、采矿等各工业领域中，如电阻器、变压器、继电器等多采用耐高温的酚醛树脂制造和密封，中高压（6kV以上）电气设备大部分采用酚醛树脂或环氧树脂等作为绝缘材料。通用热固性酚醛树脂主要用于制造层压塑料、浸渍成型材料、涂料、各种黏结剂等。随着酚醛树脂性能不断提高，许多新的应用领域不断扩展。

（3）不饱和聚酯（UP）

不饱和聚酯是由二元酸（或酸酐）与二元醇经过缩聚反应而制得的不饱和热固性树脂，固化前是从低黏度到高黏度的液体，加入各种添加剂并加热固化后，成为刚性或弹性的热固性塑料。不饱和聚酯的主要用途是通过加入玻璃纤维增强材料制造玻璃钢。玻璃钢具有玻璃样的色泽，具有强度高、耐腐蚀、电绝缘、隔热等优良性能，应用广泛，可用于制造飞机零部件、小型船艇外壳、卫生盥洗器皿以及化工设备和管道等。

（4）环氧树脂（EP）

环氧树脂是泛指分子中含有两个或两个以上环氧基团的有机高分子化合物。分子链中含有活泼的环氧基团，位于分子链的末端、中间或成环状结构，可与多种类型的固化剂发生交联反应而形成三维网状结构的热固性塑料。环氧树脂具有优异的粘接、防腐蚀、成型能力和热稳定性能，可以作为涂料、黏结剂和成型材料，在电子电气、机械、建筑等领域应用十分广泛，还以直接或间接使用形式应用在几乎所有的工业领域。

其他种类的热固性塑料还有脲醛树脂（UF）、三聚氰胺-甲醛树脂（MF）、有机硅树脂和氟树脂等。

9.5.5.2 回收方法综述及分类

目前废旧热固性塑料的回收方法有：物理回收法、化学回收法、燃烧回收能量法和填埋法。

物理回收法是在不破坏热固性塑料的化学结构，不改变其组成的情况下，采用机械粉碎或粘接方法直接回收利用。这种方法属于开环回收，将回收物用于对材料性能要求较低的领域，用作制备新材料的原料，或者用来填充热塑性或热固性塑料来制备复合材料。物理法回收只改变材料的物理形态和物理性质，工艺简单，通用性好。但是，其应用面窄，经济价值不高。

化学回收法是在不同的介质中对废旧热固性塑料进行加热，或者通过化学反应，将热固性树脂基体分解成原料单体或低分子聚合物，从而达到与增强材料分离、实现回收再利用的目的。化学法回收的结果是将热固性塑料废弃物转化为化工原料或其他物质，相关回收技术有醇解、水解、碱解、氨解、热解、加氢裂解等多种方法。但是，化学法回收的缺陷是工艺复杂、适用性差、生产成本高，目前仍然处于实验研究阶段，要实现工业化应用还有很大的难度。

填埋法是目前废旧热固性塑料的主要处理方法。虽然填埋法简单易行，但是占用宝贵的土地资源；热固性塑料耐腐蚀，长期难以分解，会破坏土壤透气性能和蓄水能力，产生一系列的土地劣化现象。此外，一些有毒有害物质，会影响地下水质，对环境造成长期污染。热固性塑料的生产原料来源于不可再生的石油，在能源日益紧缺的条件下，填埋法是对能源的浪费。

燃烧回收能量法也是处理废旧热固性塑料的一种方法。在燃烧过程中，虽然产生的热量可以作为再利用的能源，但是这种方法严重危害环境，造成污染。在高温有氧条件下，聚合物发生热裂解，同时释放出大量有害气体；在燃烧过程中，塑料填充染色使用的有害物质如铅（Pb）、砷（As）等会挥发到大气中；还有燃烧残渣中含有镉（Cd）、铅等重金属，处理不当会对环境造成二次污染。此外，燃烧处理技术要求高、设备昂贵、维护困难，不适合推广。

近年来也有研究采用微生物降解塑料，但是这种方法只能对塑料做无害化处理，不能回收，而且效率低下。表9-2列出了废旧热固性塑料的回收方法及特点。

表9-2　废旧热固性塑料的回收方法及特点

方法类型	回收技术	技术特点	物料要求	再生产品特点
物理回收法	粉碎作为填料与黏结剂共混再生	物理性质及形态产生变化，工艺简单，通用性好	要求分类和清洗；对粉碎粒径有要求	低价值产品，如建筑材料
化学回收法	化工原料回收，如水解、热解、醇解等油化回收制取燃料	化学反应，具有规模效益，限制多，工艺复杂，成本高	要求分类和清洗，保证原料纯度，要求有充足原料	获取高价值化工原料，如聚氨酯水解获取多元醇
燃烧能量回收法	用作燃料直接燃烧	技术简单，产生二次污染	不需要分类清理	可用作能源或发电
填埋法	机械挤压减小体积，直接填埋，自然降解	技术简单，成本低；但占用土地资源，长期污染环境，产生二次污染	不需要分类清理	
微生物降解法	利用微生物使材料发生分解	对环境负面影响小，但技术复杂，降解周期长		

目前在国内，由于技术条件和成本限制，回收市场几乎对热固性塑料不再进行回收与再利用，拆解后的热固性塑料及其产品大量废弃，造成二次污染。对热固性塑料废弃物，环保部门及回收企业普遍采用填埋法处理。

9.5.3　废旧热固性塑料的再生利用

9.5.3.1　废旧热固性塑料用作填料

废旧热固性塑料成本十分低，又易粉碎成粉末状，因此可用作填料。

由于热固性填料本身具有聚合物结构，因此同塑料的相容性好于无机填料。如果将热固性填料加入同类塑料中（如 PF 填料加入 PF 树脂中），则这种填料可不必经过处理而直接加入，相容性很好。但如果将热固性填料加入其他各类塑料中，则其相容性往往不够理想。因此，填料在加入前往往要进行改性处理，处理方法如下。

（1）活性处理

将热固性填料用偶联剂进行表面活性处理。可选用的偶联剂有氨基硅烷等。

（2）加相容剂

相容剂可促进聚合物类填料同聚合物的相容性，可选用的相容剂有马来酸酐改性聚烯烃和丙烯酸改性聚烯烃。

（3）加无机填料

超细（1.8μm）滑石粉，用硅烷处理后，可促进热固性填料同塑料的相容性，加入量为10%～30%。废旧热固性填料不仅起降低成本的作用，更主要的是改善其如下性能。

① 改善耐热性　废旧热固性填料的耐热性都很好，其热变形温度在150～260℃范围内，填充玻璃纤维时则还要高，可达300℃以上。因此，这种填料加入通用热塑性塑料中，可改善其耐热性。

② 提高耐磨性　废旧热固性填料的耐磨性都很好，其耐磨值高，摩擦系数低（0.01～0.03左右）。这些填料加入非耐磨塑料中，可提高其耐磨性。例如，加入PVC鞋底中，可制成耐磨鞋底。

③ 改善阻燃性　热固性填料大都属于自熄性难燃填料，如脲醛、三聚氰胺甲醛、有机硅、聚氨酯及聚酰亚胺等。酚醛塑料填料属于慢性填料。因此，这种填料加入后，可提高塑料的阻燃性能。

④ 提高尺寸稳定性和耐蠕变性　不管加入何种塑料中，热固性填料在改善其性能的同时，降低了流动性。因此，在这种填料中，要加入适量润滑剂，主要有聚四氟乙烯蜡（可用于PF）、羟甲基酰胺（可用于氨基塑料、PF）等。这种填料除可用于所有塑料外，还可用于水泥、瓷、沥青等建材中。

9.5.3.2　废旧热固性塑料生产塑料制品

废旧热固性塑料不能通过重新软化使之流动而重新塑成塑料制品，但可将其粉碎后，混入黏结剂而使其互相粘接为塑料制品，此制品仍然具有很好的使用性能。

废旧塑料的粒度影响产品质量：粒度太大，产品表面粗糙；粒度太小，产品表面无光泽且强度太小，并需消耗大量黏结剂，增加成本。因此，要求粒度大小适中，一般为20～100μm；粒度还应呈正态分布，不应完全均匀。

黏合剂可以选用环氧树脂类、酚醛树脂类、聚氨酯类和异氰酸酯类等。

例如，废旧聚氨酯热固性塑料的再生方法为：先将废料粉碎至8～10mm粗粒，再用另一粉碎机进一步粉碎至50～80μm细粒，与黏结剂按85：15的比例，在搅拌器内混合均匀，按制件所需的质量，取一定量此混合物置于成型模具内，在压力为10～12MPa、温度为140～150℃条件下，热压1～3min，即可得到新的模塑制品（可用作汽车挡泥板）。此制品的拉伸强度为20～2MPa，伸长率为110%～140%，疲劳试验可达70000次，密度为1.17g/cm³，外观平滑并有光泽。

9.5.3.3　废旧热固性塑料生产活性炭

活性炭是一种重要的化工产品，可广泛用于吸附、离子交换剂。用废旧热固性塑料生产的活性炭成本低、性能好。

用废旧塑料生产活性炭的研究从1940年就已开始，其技术关键在于用高温处理形成的炭化物，使具有乱层结构并难以石墨化的炭化物形成具有牢固键能的主体结构，需要采取的措施如下：①注意炭化时的升温速率不能太快，一般以10～30℃/min为宜；②应引入交联结构；③加入适当添加剂。

形成立体结构的炭化物还要进行活化处理，以增大其比表面积，提高吸附能力。在炭化温度为600℃、炭化时间为30min、活化用水蒸气为1000℃时，酚醛塑料的活性炭生产率为12%、产品比表面积为1900m²/g；脲醛塑料的活性炭生产率为5.2%，产品比表面积为1300m²/g；蜜胺塑料的活性炭生产率为2.6%，产品比表面积为750m²/g。

用酚醛废旧塑料生产活性炭的工艺为：先将废料粉碎成粉末，在炉内升温，升温速度为10～30℃/min，升温到600℃，持续30min即可被炭化形成炭化物；将此炭化物用盐酸溶液进行处理，使其中灰分被溶解除掉，从而增大炭化物比表面积。将处理过的炭化物，再升高到850℃，用水蒸气进行活化，即得到活性炭产品。该产品的吸附能力好，对十二烷基苯磺酸钠的吸附力大于市售活性炭的3～4倍。

9.5.3.4　废旧热固性塑料裂解小分子产物

废旧热固性塑料的裂解方法有热裂解、催化裂解及加氢裂解等，其共同机理为分子链断裂，生成小分子产物，如单体等。

废旧热固性塑料一般采用加氢裂解的方法，使其中 C ═C 键被氢化，抑制高温下炭析出，防止炭化现象产生。在加氢裂解时，也需采用催化剂。常用催化剂为分解和加氢两组分双功能型，如铂-二氧化硅、钒-沸石、镍-二氧化硅等。添加催化剂之所以可提高液体产量是因为 PF 骨架结构中的氢氧基或醚键的氧及游离羟甲基，被吸附在催化剂的活性表面上，促进加氢作用的发生。

废蜜胺塑料在氧化镍存在下，也可以发生加氢裂解。这种裂解在反应温度为200℃时即开始发生，持续升温达到300℃时，裂解速度加快，再升高到400℃，蜜胺会全部加氢裂解。与酚醛塑料不同的是，其裂解产物不是液体，而是气体，其裂解气化率可达68%。其中，37%为氨气，31%为甲烷。

9.5.3.5　废旧热固性塑料降解生产低聚物

废旧热固性塑料具有交联主体结构，使其不溶不熔而不能重新加热塑化成型。如果采取适当方法使其交联结构破坏，降低交联度或成为线型聚合物，则又可重新模塑成新的制品。降解的方法主要有热降解、机械降解、辐射降解和氧化降解。

热固性聚酰亚胺膜是一种新兴的功能膜。其回收方法为：先将 PI 膜进行碱化处理，再进行酸化处理；酸碱处理后，再用水洗并干燥；最后，将此膜溶于溶剂中，即制成 PI 溶液。此溶液可用于制漆，如生产浸渍漆或重新用作 PI 膜生产原料。上述方法回收率可达95%。

9.5.3.6　废旧热固性塑料生产改性高分子

废旧热固性塑料中含有苯环、氨基等可反应基团。利用这些可反应基团进行高分子反应可生成新的高分子材料。例如，将废 PF 塑料用浓硫酸进行磺化反应，得到的新聚合物可用作阳离子交换剂；将其先氯甲基化后，再进行胺化，可得到阴离子交换剂。

参考文献

[1] 刘明华，李小娟等编著. 废旧塑料资源综合利用 [M]. 北京：化学工业出版社，2018.
[2] 刘伟编著. 废旧塑料回收利用技术创新发展研究 [M]. 北京：科学技术文献出版社，2018.
[3] 张玉龙编著. 废旧塑料回收制备与配方 [M]. 第二版. 北京：化学工业出版社，2012.

[4] 赵明编著．废旧塑料回收利用技术与配方实例［M］．北京：文化发展出版社，2014．

[5] 赵明，杨明山．实用塑料回收配方工艺实例［M］．北京：化学工业出版社，2019．

[6] 欧玉春主编．废旧高分子材料回收与利用［M］．北京：化学工业出版社，2016．

[7] 齐贵亮主编．废旧塑料回收利用实用技术［M］．北京：机械工业出版社，2011．

[8] 王加龙主编．废旧塑料回收利用实用技术［M］．北京：化学工业出版社，2010．

[9] 李东光主编．废旧塑料、橡胶回收利用实例［M］．北京：中国纺织出版社，2010．

[10] 周祥兴编著．废旧塑料的再生利用工艺和配方［M］．北京：印刷工业出版社，2009．

[11] 曹贤武，梁健飞，王瑾，等．聚烯烃热塑性弹性体接枝苯乙烯增韧废旧聚苯乙烯的研究［J］．塑料工业，2018，46（09）：58-62．

[12] 蒋灿，罗子娟，何慧，等．废旧聚烯烃热塑性弹性体/胶粉复合材料的制备及性能［J］．合成橡胶工业，2018，41（04）：256-260．

[13] 董金虎，赵东东，武鑫，等．废旧聚烯烃塑料/木粉复合材料的性能研究［J］．塑料工业，2016，44（10）：83-86．

[14] 董金虎．PP-g-MAH用量对废旧聚烯烃/木粉复合材料性能的影响［J］．中国塑料，2016，30（09）：82-87．

[15] 卢立波，陈英红，王琪．固相剪切碾磨制备聚丙烯/废旧橡胶/聚烯烃弹性体复合材料［J］．高分子材料科学与工程，2010，26（05）：119-122．

[16] 范勇，邹素华．废旧聚烯烃纤维复合材料的改性研究［J］．塑料工业，2008（08）：14-16．

[17] 李志杰，罗京科．聚苯乙烯泡沫塑料无害化环保再生技术研究［J］．再生资源与循环经济，2019，12（07）：30-32．

[18] 何平，梅加化，范益伟，等．废旧热固性保温塑料再生材料的制备与性能［J］．塑料，2018，47（06）：75-78+ 84．

[19] 王元苏．一种废旧热固性塑料再生设备及再生工艺［J］．再生资源与循环经济，2013，6（11）：45．

[20] 何平，吴仲伟，马玉平，等．基于机械物理法的废旧热固性塑料再生方法与试验［J］．塑料工业，2013，41（11）：115-118．